THWARTING ENEMIES AT HOME AND ABROAD

HOW TO BE A COUNTERINTELLIGENCE OFFICER

기만과 방첩

스파이들의 전쟁

William R. Johnson 저 | 전경만 역

박영사

출판사 노트

Thwarting Enemies at Home and Abroad의 1987년도 초판이 여러 해 동안 절판되었으나, 계속해서 전문가들, 학자들, 그리고 정보의 실제 세계에 관하여 관심 있는 많은 사람들이 이 책을 구하고 싶어 해 왔습니다. 조지타운대학교 출판부는 방첩의 원칙과 방책에 관한 William R. Johnson의 노련한 지혜가 다시 한 번 광범하게 활용될 수 있도록 하기 위하여 책을 다시 발간하게 되었습니다.

우리는 초판에서 저자가 자연스럽게 실수할 수 있는 문법과 구두점을 수정한 것을 제외하고는 원본을 전부 그대로 바꾸지 않은 채 다시 발간하였습니다. 또한 새롭게 서문을 추가해서 실음으로써 이 책과 저자의 경력에 관하여 올바른 시각을 제공하도록 하였습니다. 이 책은 두 가지 주요한 이유에서 기술 변화나 세계사 변화를 설명하고자 수정되지 않았습니다. 첫째, 이 책의 주요 포인트가 독자들에게 방첩에 관하여 어떻게 생각하는가와 이들 기본 원칙들이 시대에서 시대로 이전되고 있음을 가르쳐 주는 데에 있습니다. 현재 사건과 최신의 도구장치에 대해 설명하려고 초판을 수정하면 단기적으로는 편익이 몇 가지 있을 수 있겠지만, 몇 년 이내에 다시 또 연대가 오래 되어버릴 것입니다. 둘째, 저자가 재발간이 계획되기 이전에 세상을 떠버렸기 때문에 우리는 저자로부터 승인을 받을 수가 없어서 수정을 시도하지 않기로 결정하였습니다.

머 리 말

스파이활동(espionage)을 비밀절도라고 아주 고상하게 말하기도 한다. 이와 대조적으로, 방첩(counterintelligence)은 비밀을 적대국의 스파이, 호기심 많은 통행인, 심지어 언론인의 손아귀에 들어가지 않도록 관리하는 일에서부터 스파이활동에 가장 많이 포함되는 해외 정보기관 및 개인에 대한 조사 분석에 이르기까지 각종 책임이 들어 차 있는 복주머니(grab bag)와 다르지 않을 것이다.

대스파이활동(counterespionage)은 방첩의 또 다른 요소이면서 명백하게 더 민감하고, 가장 높은 수준에서 취급되는 방첩활동 요소이다. 그것은 체포되었거나 또는 탐지된 해외첩보원을 이용하여 그들의 배후 상부선을 기만하고 오도하는 일을 포함하고 있다. 우리 시대에서 가장 잘 알려진 대스파이활동에 관한 사례는 2차 세계대전 당시 연합국이 생포한 독일 스파이를 이용하여 연합국 통제하에서 연합군이 실행했던 노르망디 상륙은 "실질적인" 상륙지점이 그곳으로부터 수 마일 떨어져 있는 북쪽 해안임을 가장하려고 했던 단순한 양동 작전에 불과한 것이라고 히틀러로 하여금 믿도록 하기 위해 "정보"를 계속 해서 보고하도록 조종했던 일이다.

윌리엄 R. 존슨은, 미국 제2보병사단의 대위이자 대대 정보장교로서, 1944년 6월 6일 노르망디 해변을 질러 건너는 전투를 전개하였다. 1945년 5월에 이르기까지 그는 새로 해방된 체코슬로바키아의 필센에서 머물렀다.

전쟁이 끝나자 존슨은 한동안 대학원에서 공부와 강의를 한 후, 그의 한 오랜 친구에게 혹시 자기가 중앙정보국(CIA)에서 할 수 있는 일이 있는지 물었다. 존슨은 그 친구가 예일대학교에서 학부 문학잡지로서 많은 존경을 받았고, T.S. 엘리어트의 관심을 끌기도 했었던 *Furioso*를 편집해 발간하는 것을 도운 적이 있었다.

"그럼, 있지."라고 그의 친구인 짐 앵글톤(역자 주: 1917－1987, 약 20년간 CIA방첩국장을 지낸 인물)은 말했다. 그 당시에 앵글톤은 중앙정보국의 방첩부서 우두머리였다.

존슨에게 부과된 첫 과제는 유럽에서 냉전시기 초기에 중앙정보국이 가장 성공적으로 수행했던 여러 공작 중 하나를 일선에서 담당하는 것이었다. 새로 설립된 서독의 정보기관에서 고위 간부로 있는 하인즈 펠프가 처음 협의를 받게 되었을 때, 열렬한 스키어이며 등산애호가인 존슨은 무릎까지 내려오는 가죽바지를 입고서 자신의 주도하에 펠프가 있는 멀리 격리되어 있던 바바리아의 스위스풍 산장을 정찰하였다. 펠프는 그 산장을 미국에 있는 숙모로 추정되는 사람이 제공해준 자금으로 사들였다고 주장하였다.

아니나 다를까, 그 곳에는 대형 텔레비전을 완비한 조그맣고 새롭게 건축된 산장 하나가 있었다. 그 당시에 컬러텔레비전은 독일의 어느 공무원에게나 여전히 고가의 사치품이었다. 한 중간 직급의 공무원이 호화스런 주말 나들이용으로 건축할 수 있다는 것, 그리고 컬러텔레비전과 같은 값나가는 품목으로 그 집을 장식할 수 있다는 생각은 펠프와 그 공모자 일당을 체포하고 유죄 확신을 갖게 하는 설득력 있는 증거의 하나였다.

존슨이 유럽의 핵심 방첩분야에서 12년 동안 활동한 연후에 맡은 후임 보직은 워싱턴으로 돌아가서 중앙정보국의 극동지역 방첩활동을 1960년부터 그가 사이공으로 전근했던 1973년까지 담당하였던 선임관리관 직이었다. 이것이 중요한 전환점이 되었다. 방첩업무에 참여했던 중앙정보국의 선임관리관 중 많은 사람들이 X－2, 즉 윌리엄 도노반 장군이 이끌었던 전략사무국(OSS: Office of Strategic Services)의 방첩지부 요원으로서 2차 세계대전에 참전했었다. X－2 소속

요원들은 유럽과 극동에 있는 자기들의 영국인 동료들 중 경험이 많은 방첩요원들과 서로 자주 손을 잡고, 즉 긴밀하게 협력하였다. 그 일에는 독일 첩보원 체포 및 이들에 대한 나치 정보기관들을 기만하는 후속 역할의 지시 등이 포함되어 있었다. X-2는 태평양 작전지역의 방첩활동에서는 훨씬 적은 역할을 수행하였다.

2차 세계대전 기간 동안, 더글러스 맥아더 장군은 자기 관할지역에서는 어떠한 의미 있는 OSS 활동도 허용하기를 거부했었다. 이러한 포고(ukase)에 대해 드물었던 예외는 대체적으로 일본 방어선 후방에서 간헐적으로 있었던 준군사적 활동 경우로 한정되어 있었는데, 이 활동은 유럽과 극동에서는 전략적 작전으로 기록되었던 대스파이활동의 지원 필요성이 그다지 많지 않았었다. 방첩활동은 또한 유럽에서보다 극동지역의 OSS활동에 있어 훨씬 덜 부각되어 있었다. 윌리엄 존슨이 1960년에 CIA의 극동지역 조(組)에 임명됨에 따라 이 지역에 대한 중앙정보국의 경험에 새로운 수준을 소개하게 되었다. 그는 1973년까지 이 직위에 있었는데, 그 해에 사이공에 있는 상급지휘소에 배속되었다. 그는 1975년 미국 대사관 및 CIA 지부가 베트남으로부터 철수할 때까지 사이공에 머물렀다.

당시 우연한 사실이 하나 있었는데, 그것은 중앙정보국이 사이공에서 철수할 때 기밀로 처리된 많은 문서 파일을 버리고 떠났다고 하는 여러 주장들이 떠돌고 있었다는 점이다. 진실로 말하건대, 중앙정보국의 유일하게 파괴되지 않은 문서가 남부 베트남 정보기관의 연락사무실에 다수 남아 있긴 하였다.

그는 은퇴 후 얼마기간 동안, 중앙정보국에서 퇴직한 또 다른 베테랑이자 자기 부인인 패트리샤와 함께 워싱턴 지역에서 많은 베트남인 친구들과 가깝게 교류관계를 유지하면서 지냈다. 콜로라도로 이주하고 난 이후, 윌리엄은 정부 내부에서 정보에 관한 일련의 강의를 개설하였는데, 그것이 콜로라도대학교의 세계문제에 관한 컨퍼런스(Conference on World Affairs)의 중요한 요소가 된 것이다.

Thwarting Enemies at Home and Abroad는 방첩과 대스파이활동에 관한 독특한 연구임과 동시에 이 분야에 대한 길잡이 서적이다. 이 책은 그런 목적으로 잘 구성되어 있으며 그래서 미국과 외국에서 많은 대학교 수준의 학업과정에서 널리 교재로서 사용되고 있다.

윌리엄 후드

미국 중앙정보국 전임 관료 및

『두더지(비밀공작원): 미국의 첫 역스파이가 된 러시아 스파이의 진실이야기』의 저자

서 론

나는 방첩(counterintelligence)이 무엇인지 알기를 원하는 사람들과 방첩에 대해 일반직업 또는 전문직의 하나로서 흥미와 관심을 가질 수도 있는 사람들을 위하여 이 책을 집필하였지, 방첩이란 무엇이어야 하는가에 관해서 결코 쓰지는 않았다. 이 책은 정보관(intelligence officers)이 전문직업인으로서 "스파이 기술(tradecraft)"이라고 부르는 것, 구체적으로는 방첩이라는 특유한 분야에서 사용하고 있는 수단과 지식이 무엇인지에 관해서 다루고 있다. 이 책은, 비록 정치, 정책, 공산주의, 반공주의, 개발도상국의 정의문제, 인권, 또는 종교 등의 분야가 마치 주식거래, 석유 탐사, 그리고 언론보도 등의 분야에 영향을 미치듯, 방첩업무에도 영향을 주지마는, 그렇다고 해서 그것들에 관하여 저술한 것은 전혀 아니다. 이들 분야도 경우에 따라서 언급될 수 있을 것이며, 동시에 이것들에 대한 나의 관심도 분명하게 제시될 것이다. 다만, 그렇게 하는 것도 오직 방첩활동이 제대로 기능할 수 있는 하나의 환경 요소가 되는 경우로 한정할 것이다.

방첩분야에서 일했던 나의 30여 년은 모두 미국 관료로서 지내왔던 기간이었다. 그러나 그 기간의 많은 부분을 다른 나라의 방첩관들(counterintelligence officers)과 함께 일하는 데에 바쳤다. 나는 이 책이 미국의 독자뿐 아니라 미국과 동맹을 맺고 있는 나라는 물론, 스파이행위와 테러가 발생하고 있는 다수의 비동맹 및 비적대국에 있는 독자들에게도 유용할 것이라고 믿는다.

이 책은 다양한 사항을 설명하기 위해 실제 사례를 많이 인용하고 있다. 이들 사례 중 어떤 것은, 정확성에서 정도의 차이가 있겠지만, 이미 다른 기회에 공개적으로 서술되었으며, 또 어떤 것은 전혀 그렇지도 않았다. 언론인, 역사가, 또는 픽션 다큐멘터리 작가들의 관심대상에 여태까지 들어가지 않았던 사례들은 내가 이름, 일자, 그리고 장소를 좀 변조시켰다 (방첩분야 용어로는 "위생처리(sanitized)"하였다). 나는 그렇게 함으로써 나 자신을 보호하고 또한 미국법이 소위 "정보출처와 획득방법(sources and methods)"이라고 부르는 바를 적대국 행동으로부터 보호하도록 하고자 한다. 나는 본문 내용을 인내심을 갖고 신속하고 사려 깊게 검토해주었던 미국 중앙정보국(CIA)의 요청에 따라 몇 가지 변경을 가하였으며 어떤 소재는 아예 제외해 버렸다. 내가 나의 정부에 맹세한 관료로서 스파이 세계에 관해 배워서 알고 있는 바와, 그리고 바로 이런 까닭에 스파이 세계에 관하여 내가 알게 된 사실은 전부 정부 소유의 자산이지 나의 것이 아니다. 이 책에서 언급된 견해는 모두 저자 자신의 것들로서 중앙정보국이 시인하지 않았을 뿐 아니라, 그렇다고 해서 비난하지도 않았던 것들이다.

차 례

C/H/A/P/T/E/R 1

방첩이란 무엇인가?

사람들은 방첩(counterintelligence: CI)과 보안(security)을 혼동하는 경향이 있다. 실제, 이 둘은 서로 연관은 있지만 동일하지 않다. 즉, 보안은 방첩을 포함해서 모든 정보 업무에 관련되는 근본적인 부분이라고 생각하면 된다.

보안을 분류하면, 우선 물리적 보안(physical security)이 있다. 여기에는 건물을 둘러싼 담장, 사람들이 옷에 다는 휘장, 금고 그리고 이 금고의 잠금장치를 확인하고 정확하게 잠가 두어야 할 것이 외부에 있지는 않았는지 몇 시간마다 정기적으로 점검하는 직원, 소각대상 서류가 든 자루, 경비초소, 폐쇄회로 TV모니터, 도청을 방지하기 위해 암호화 한 전화 회로, 등을 비롯해 더 많은 것들이 포함된다. 이것들은 빈집털이가 침입하지 못하도록 하고 또한, 우발적이거나 혹은 방심한 나머지 발생할 수 있는 정보 분실을 방지하는 데 기여를 한다.

다음으로, 인원 보안(personnel security)이 있다. 이것은 임용 후보자의 신원

조회, 임용 중에 있는 사람에 대한 정기적 재조사, 등 많은 사항을 포함한다.

마지막으로, 그리고 정보업무 분야에서 특별히 강조하는 활동보안(operational security)이 있다. 이것은 한마디로, 입을 막고 지내면서, 개인적이든 정부에 의해 공식적이든, 기밀을 보호하고, 어느 누구로부터 자기가 직간접적으로 협박을 받을 수 있는 위치에 있지 않도록 해야 하는 것으로 요약된다. 또 한 가지 사항, 그것도 더욱 중요한 것으로서, 활동보안은 최소인원지득의 원칙(Law of Need-to-Know)을 철저하게 준수하기를 요구한다는 점이다. 즉, 민감한 정보는 한 조각이라도 그것을 알아야만 하는 구체적인 필요성이 있는 사람만이 그 정보에 한정해 접근할 수 있도록 제한해야 한다는 내용이다. 덧붙여 말하면, 이 원칙은 서류와 문서 취급을 감축한다면 효율성이 더욱 더 제고될 수 있다.

활동보안은 방첩(CI)이든, 대스파이활동(counterespionage: CE)이든, 스파이행위든, 간통행위나 또는 포커게임이든 간에, 우리가 모든 비밀스런 활동 속에서 살아가는 하나의 방법이다. 마치 작가나, 운동선수나, 또는 음악가의 개개인에 따라 다른 어떤 스타일이 있듯, 활동보안은 이와 같은 활동의 특성을 의미한다. 그렇다고 해서, 그 특성 자체가 하나의 일이나, 게임이나, 혹은 성과는 아니다. 모든 보안이 다 그렇듯, 활동보안의 목적 또한 사전 예방에 있다. 즉, 유독한 전염성이 있는 생명체는 미리 몰아내자는 것이다.

보안의 경우는 이만 언급하고자 한다. 방첩(CI)에 있어서는 무엇이 특별히 다른 것인가?

그 명칭 자체가 말해주고 있는 그대로다. 즉, 정보에 대응하고, 적극적인 적대적 정보활동에 대응하고, 적국 스파이에 대응하는 것을 목표로 한다. 그러면서 그 자체가 능동적이지 수동적으로 하는 것은 아니다.

방첩에서는 여러 가지의 기법을 사용하는데, 대부분이 다양한 종류의 탐지, 조사, 그리고 분석연구 등을 위한 기법들이다. 궁극적으로는, 방첩은 대스파이활동(CE)의 다양한 기법을 사용한다. 이 모든 기법을 사용하는 목표는 우리가 봉직하고 있는 정부에 속하는 기밀 또는 민감한 정보를 획득하려고 적극적으로 음모하는 외국 조직의 노력을 좌절시키는 데에 있다.

상당한 사람들, 즉 언론인, 정치인, 소설가, 그리고 전문 직업인들까지도 이 대스파이활동(CE)을 그 모체인 방첩(CI)과 혼동하는 경향이 있다. 영국의 경우, 오히려 "대스파이활동(CE)"에 "방첩(CI)"을 포함하여 사용하기도 한다. 이것은 이 책에서는 그 용어들을 사용하려는 방향과는 반대된다. 미국 중앙정보국에 게으름을 피우려는 정보관이 있다면, 그는 간단히 "방첩/대스파이활동(CI/CE)"이라는 식으로 줄여 말할 것이지만, 그렇게 하면 속이는 셈이 된다. 이 책의 목적을 위해서는, 대스파이활동(CE)은 외국 스파이 조직에 침투하고 기만하는 방첩활동(CI)의 한 분파로서 보고자 한다. 그것은 단순히 적극적이라기보다 공세적이어야 한다.

그래서 대스파이활동의 특별한 임무가 바로 기만(manipulation, 역자 주: 본 단어는 문맥에 따라 '조종,' '기만,' 또는 '날조' 등의 의미를 가짐. 'deception'은 정보 분야에 고유한 '기만'으로 번역함)이다. 기만은 모든 방첩업무(CI)의 최종 목표에 해당한다.

다른 관점에서 보면, 대스파이활동(CE)은 스파이활동(espionage)의 분파이며, 그리고 스파이활동은 곧 절도행위라고 기억하면 된다. 스파이활동은 곧 정보를 훔치는 것이며 그렇기 때문에 법, 즉 다른 사람의 법을 위반한다. 만약 당신이 정보를 훔치는 데 대해 처벌하는 법을 그 사람이 갖고 있지 않다면, 그 행위는 스파이활동이 아니라고 할 수 있다. 전문적으로 스파이활동을 하는 요원이 마치 앞치마를 두르고 5월에 떨어진 열매를 줍는 작은 소녀와 같다거나, 혹은 언론인과 같이 그저 정보를 모으기만 한다는 말을 듣는다면, 이것보다 이들을 격노하게 하는 말은 없을 것이다. 스파이활동을 맡은 정보관은 은밀하게 채용되어, 교육받고, 평가되고, 감시받고, 그리고 보호받고 있는 첩보원 조직을 사용하여 정보를, 주의하면서, 선택적으로, 그리고 은밀하게 훔쳐내야 한다.

대스파이활동(CE)도 마찬가지로 첩보원 조직을 사용해서 정보를 절도하는 것이다. 다만 차이점이 있다면, 만약 다른 나라의 공군이나 육군으로부터 군사기밀을 절취하거나, 혹은 외국의 해외 공관에서 정치비밀을 빼낸다면, 그것을 스파이활동이라고 부르는 데 비하여, 만약 그와 같은 기밀이나 비밀을 상대국의 정보기관으로부터 훔쳐내는 경우에는 대스파이활동(CE)이 된다는 점이다. 그래서 영국 및 미국의 정보기관이 그렇게 부르고 있듯, 외국 정부로부터 기밀을 훔치도록 채용해서, 교육시키고, 보호하고, 봉급주고, 그리고 감독하는 사람을 "첩보원(agent)"이라고 부른다. 만약 누군가가 구소련의 KGB(국가보안위원회)로부터, 혹은 스위스의 국립경찰로부터, 또는 PLO(팔레스타인해방기구)로부터 기밀을 훔쳐냈다면, 그 사람을 "침투공작원(penetration)" 또는 "비밀공작원(mole, 역자 주: 특히, 상대방 정보기관에 침투한 공작원을 지칭함)"이라 불러야 할 것이다. 어떻든 간에, 그 사람은 ("음모적인") 스파이 기관에 대응해 스파이 활동을 하는 스파이이며, 그가 훔치는 정보는 그 스파이기관을 기만(manipulation)하기 위하여 사용될 것이다.

이 책에서 나중에, 방첩활동(CI)의 기법, 즉 업무를 수행하는 수단에 관하여 언급할 예정이다.

- 지원조직
- 심문
- 감시, 물리적 및 기술적
- 이중스파이
- 침투공작원(비밀공작원)
- 망명자
- 연락업무
- 파일 대조

이상의 기법들은 방첩활동을 위해, 대테러와 같은 별도의 특별 임무를 위해, 그리고 방첩활동에서 요구되는 가장 중요한 임무인 전략적 기만(strategic deception)을 위해 모두 함께 사용된다.

C/H/A/P/T/E/R 2

누가 방첩업무에 종사하고, 왜 그런가?

오늘날 어느 나라든지, 크든 작든, 공산국이든 비공산국이든, 동맹이든 비동맹이든, 선진국, 저개발국, 또는 개발도상국이든 간에, 방첩업무를 수행하지 않을 수 없다. 방첩이 어떤 나라에서는 주요한 영역이 되기도 하고, 또 다른 나라에서는 지방경찰의 부수업무에 불과하기도 한다. 그러나 어느 나라도 스파이활동으로부터 면제될 수 없기 때문에 방첩업무는 어느 국가에서든 지속해야 하기 마련이다. 부르키나 파소, 파라과이, 그리고 룩셈부르크와 같은 나라에서는, 스파이들이 자기들 업무를, 주재국 정부를 대상으로 하는 것이 아니라 제3의 국가를 대상으로 하거나 서로 상대방 국가에 대응하여 수행한다. 스위스와 오스트리아가 스파이들에게는 악명이 높지 않은 활동무대가 되고 있는데, 그 이유는 이 나라들이 자신들만의 중요한 비밀을 갖고 있기 때문이 아니라, 스파이 활동을 수행하는 데 편리한 장소이기 때문이다.

이러한 국제적 스파이활동 상황에서 나타나는 결과의 하나가 "국제방첩협력단(International Counterintelligence Corps)"의 결성이다. 이것은 회원들이 어떤 언어를 사용하건 그리고 국가가 연주될 때 어떤 국기에 경의를 표하는가에 상관없이 동일한 일을 하고 또한 동일한 수단을 사용하는 회원들에 의한 비공식적인 사교모임이다. 인터폴(국제경찰)과 같은 공식적인 인터IC(국제방첩)는 없으나, 비공식적 수준에서는 방첩기관 간에 편안하게 협력이 취해지고 있는 것이다. 냉전기간 동안에는 반 소련 방첩기관들이 특별목적에 합의하여 공동으로 일했던 경우도 있었다. 소련 진영의 기관들은 KGB의 직접 통제하에서 일하였으며, 중립국가의 기관들은 양 진영 중에서 골라서 선택하였다.

방첩관(CIO)은 무엇이 특별한가?

노련한 유경험자는 자신의 방첩기관 내부뿐 아니라 다른 방첩기관에서도 공히, 정보 전문가들이 공통적인 특징을 갖고 있다는 것을 알게 되는데, 그 특징은 세 부류로 나눌 수 있다. 첫 번째는 *정책정보 분석관*(positive intelligence analyst) 그룹이다. 이 그룹에 속하는 사람들은 정보에 관해 서술된 용지를 배부하면, 이에 대해 즉시 세 가지 반응을 서술할 것이다:

1. 정확성을 확인한다.
2. 주제와 관련된 사항에 관해 자신이 알고 있는 맥락에서 그 정보의 위치를 평가한다.
3. 의사결정자에게 전파될 수 있도록 완성된 보고서 또는 연구결과를 생산할 의도로 그 정보를 활용하려는데, 의사결정자의 직급이 높을수록 더 좋다.

두 번째는 *스파이활동 공작관*(espionage case officer) 그룹이다. 첫 번째 부류와 마찬가지로 군사, 정치 또는 경제에 관한 정보를 수집하는 첩보원을 운용하고 있는 공작관에게 동일한 정보가 적힌 용지를 나눠 준다면, 이들도 마찬가지로 세 가지 일을 한다고 서술하기는 하는데, 완전 다른 내용일 것이다:

1. 정보출처를 식별하기 위해 조사한다.
2. 그 정보 공표에 대한 작성자의 동기를 알아보거나 추측하려고 한다.
3. 향후 누군가에게, 주로 첩보원이 될 사람에게 영향을 주고자 그 사용 방안을 모색한다.

그리고 세 번째 부류는 *방첩관*(CI officer) 그룹이다. 방첩관의 행동반응은 앞서 두 부류의 정보관들이 보이는 유형을 결합한 행태를 보여 준다:

1. 정보분석관과 같이, 방첩관은 그 정보를(최종 정보보고서로 완성하여) "배포할 목적"은 아니지만, 자기 차원의 지식으로 결합하여 개인적 작업파일에 추가하고 이것을 변경하는 데 이용하고자 한다(제16장과 제17장 참고). "정책적(positive)" 정보, 즉 군사적, 정치적, 경제적 정보는 기만되거나 날조된 것이 아닌 경우에만 관심 대상이 되며, 그래서 이것은 방첩활동의 표적이 된다.
2. 스파이활동 공작관처럼, 방첩관 또한 보고서를 누군가에게 영향을 주고, 스파이활동의 추가산출이 아니라 이중스파이나 침투공작원을 포섭하는 데 사용하고자 그 방법을 모색한다. 만약 그 보고서가 날조된 것으로 보이면, 출처 조사를 강화해야 하는데, 왜냐하면, 그런 출처는 적이 개입할 수 있는 접촉점이 되기 때문이다.
   참고: 정책정보 보고는 통상 두 부분으로 나눠지는데, 하나

는 정보 자체를 포함하는 것이고, 다른 하나는 어떤 종류의 암호에 의해 그 출처를 식별하는 것이다. 출처의 암호명을 적시해주는 부분은 사용자들에게는 배포되지 않는다. 스파이 활동과 방첩활동을 둘 다 수행하는 "대형 복합(conglomerate)" 정보기관의 경우, 방첩조직의 임무 중 하나는 첩보원에 대한 지속적 조사를 유지해, 자기 기관에 대항하도록 준비시킨 사람(유인 이중스파이)이나 또는 상대국에 의해 적발되어 이중 스파이로 "돌아선" 사람을 탐지하는 것이다.

3. 분석관이나 공작관과는 달리, 방첩관은 보고서에서 인적 사항에 관한 첩보를 모조리 삭제해버리며, 그 연후에 정보를 파일체계에 통합시킬 것이다.

물론 분명한 점은, 이들 구분이 임의적이라는 것이다. 실제로, 특히, 미국의 중앙정보국(CIA), 영국의 비밀정보부(SIS), 그리고 독일의 연방정보부(BND)와 같은 대형 복합 정보기관의 경우에 정보관은 한 활동분야에서 다른 활동분야로 이동해야 하며 가끔 여러 개의 모자(보직)를 동시에 써야 하는 경우도 있다. 비유하자면, 점심때까지는 스파이활동 공작관이다가, 저녁때까지는 정보분석관이 되다가, 그리고 잠잘 시각에는 방첩관이 되는 것이다. 이들 정보기관에서는 정보관 개개인들이 정신분열증으로 인해 제법 고생하는 경향이 있는데, 어느 하나의 활동분야를 자기 전문영역으로 정하면서부터는 그 증세가 완화되기도 한다. "방첩에 성향이 뚜렷한" 정보관을 부담이 무거운 스파이활동의 공작부서를 감독하는 직위에 임명하면 스파이활동의 질적 성과가 개선되는 것으로 파악되고 있다. 역으로, "성과 지향적인" 감독관이 방첩부서를 자기 지휘하에 두는 경우에 효율성을 올리는 일도 자주 있다. 대규모 복합 정보기관에서는, 모든 정보관이 전반적으로 지식을 두루 갖춘 제너럴리스트, 다시 말하면, 앞에서 언급했던 세 가지 유형이 혼합되면서 그 셋 중 어느 하나에 조금 더 성향을 갖는 전문가가 되어야 할 것이다.

방첩업무 특성: 당신이 갖춰야 하는 것들

방첩분야의 신참 요원들, 그리고 이 분야에서 활동하고자 고려하는 사람들은 아래에서 설명하는 방첩업무 특성에 관해 찬찬히 생각해 보는 것이 좋을 것이다.

호기심(Curiosity)

일을 단지 하나의 일로서만 취급하는 사람들, 즉 회전축은 그냥 돌아가는 하나의 축으로, 절차는 단지 준수하는 하나의 대상으로, 하루는 그냥 지나가야 하는 시간으로만 생각하는 사람은 방첩분야에서 직업 갖기를 원하지 않거나 또는 거기에서 원하는 사람이 결코 되지 못한다는 것은 말할 것도 없이 지당하다. 방첩관은 특별한 종류의 호기심을 가져야 한다. 즉, 우선 가장 인접해 있는 일이나 물건에 집중하며 그러고 나서 가까운 데를 초월해서 주변 영역으로 연결시켜 나가는 호기심이 있어야 한다. 파일 사무원으로 출발하는 초심자도 자기가 정리하고 있는 파일과 파일체계 자체에 대해서도 알고 싶어해야 한다. 방첩관 입장에서는 전문직업적 호기심을 발휘하더라도 자기가 알아야 할 필요가 있는 것에 한하여 알려고 해야 한다는, 존중되고 있는 활동보안 원칙을 위반하지는 않는다. 적절하게 정보구획을 설정하면, 비록 그렇게 추진하는 사람에 대한 호기심 없이는 그 자체가 가능하지 않겠지만, 그 규율은 준수될 것이다.

행동 패턴 인식(Pattern Recognition)

호기심에 대등한 의미로 사용될 수 있는 용어가 행동의 어떤 규칙성, 유사성, 그리고 대비성 등을 찾아보려는 습관적인 주의력이다. 행동 패턴(규칙성)의 가장 단순한 형태로서는 형사경찰이 흔히 범인의 고정된 버릇이라고 일컫는 동일수법(modus operandi), 즉 "일하는 방식"이 있다. 은행 강도가 스키용 마스크를 두 번이나 한 채 무기를 은행직원의 몸보다 머리에 두 번이나 겨냥하고, 그러다가 은행에서 달려서 도망치기보다는 두 번이나 뒷걸음질 하면서 빠져 나온다면, 그 강도를 식별해낼 수 있는 하나의 행동 패턴이 설정될 수 있다.

방첩업무의 세계에서는, 행동 패턴(규칙성)이 훨씬 복잡해진다. 만약 적국의 공작관이 당신의 이중스파이에게 스리랑카 위기에 대한 그의 정보판단이 모스크바, 프라하, 또는 하바나의 중앙당국에 의해 대단히 높게 평가되고 있으며 또한, 자기 기관이 그를 대령으로 곧장 승진시켰다고 말한다면, 당신은 당신의 이중스파이가 정보판단의 작성자로서가 아니라 보조첩보원(support agent)으로서 발전되고 있다는 것을 눈치 챌 것이다. 이 보조첩보원이 요구받을 다음 단계의 임무는 그 적국 공작관이 거부당하고 있는 어느 한 지역에 잠시 여행해서 연락정보의 무인수수소(dead drop)를 비우게 하는 일이 될 것이라는 것은 당연하다. 어떻게 그렇게 당신이 잘 알 수 있느냐고? 왜냐하면 당신은 행동 규칙성을 이미 터득하고 있기 때문이다. 즉, 소련, 체코, 혹은 쿠바 사람들은 습관적으로 자기들의 첩보원을 치켜세우기를 잘하고 안심시키려 하면서도 그들이 정보판단을 직접 작성하도록 지시하여 그 첩보원이 분주하도록 만드는 버릇이 있다. 그러고서 정보판단을 받으면 소각폐기용 자루에 던져 넣어 버리고서는 와가두구(역자 주: 아프리카의 부르키나 파소에 있는 교통 요충지), 엘 아리시(역자 주: 이집트의 시나이반도에 위치), 혹은 앨버커키(역자 주: 미국의 뉴멕시코에 위치한 도시)에 두고 있는 은밀한 무인수수소에 대해 협의를 받지 않으면서 그곳으로 여행할 만한 "가장(cover)"(알아채지 못하는 이유)을 하고 있는 첩보원에 의해 정보가 제공될 시기를 기다리는 것이다. 또는 상황에 따라서는 당신의 이중스파이가 적국 공작관을 어느 친분 있는 사람, 즉, 정보표적에 접근 가능한 누군가에게, 혹은 그와 같은 접근이 가능한 다른 친분이 있는 사람에게 소개하도록 요청을 받을 것이다. 적국 공작관은 당신의 이중스파이에게 벌써부터 사용해 오고 있는 가명으로 자기가 소개되도록 대가없는 점심식사를 제의할 수가 있다. 물론, 그 공작관은 점심회동을 흔히 있을 수 있는 그저 하나의 조그마한 성의로서 제의할 것이다. 당신의 이중스파이가 스리랑카에 대해 기술하는 그 중요한 정보판단과는 어떤 경우에도 전혀 관련이 없는 단순한 호의로서 말이다.

행동 패턴은 불법입국자들(서방 국가의 국적으로 등록되어 있으면서 실제로는 구 소련연방이나 위성국가의 시민권을 가지고 있는 첩보원)을 상대하는 경우, 절대 불가결한 요소이다. 냉전 기간 중 어느 시기에 외견상으로는 캐나다 사람 다수가 소련 첩보원으로서 적발된 적이 있었다. 이렇게 해서 러시아 KGB 정보원인 콜론 몰로디야가 고든 아놀드 론스데일이라는 이름을 가졌던 사망한 캐나다 사람의 신원을 사용했던 것이 밝혀졌으며, 또 다른 한 불법입국자는 아직 생존해 있지만 여권을 절대적으로 신청하지 않을 것으로 판단되었던 한 캐나다인의 신원을 사용하였다. KGB(소련국가보안위원회)가 자체 소속 보조첩보원을 사용함으로써 불법입국을 지원했던 지원조직은 출생증명서를 획득하고 그래서 여권을 날조해서 불법입국자들에게 발급해주기 위하여 캐나다(그리고 핀란드, 뉴질랜드, 남아프리카, 그리고 다른 국가 등)에서의 출생 및 사망 기록을 조사한다는 하나의 규칙성(패턴)을 형성해 있었다. 이 패턴이 서방 방첩관들에게 명백하게 밝혀졌을 당시에, 상당수의 많은 소련 불법입국자들이 사실 진술을 요구받았고, 또 다른 많은 불법입국자들은 KGB와 GRU(소련군사정보부)에 의해 서둘러 소환되었다.

행동 패턴(규칙성)에 대해 민감해하는 것이 속임수(deception)를 탐지해 내는데 근본 자질이다. 당신 기관이 정보활동에서 대성공을 할 것 같은 경우에도 꼭 짚어보아야 하는 일차적 패턴은 성공 그 자체이다. 속임수의 기초가 되는 기본 원칙은 당신의 정보표적이 당신에 대해 믿고자 원하는 바를 믿도록 말해주는 것임을 명심하기 바란다. 만약 당신이 성공을 당신의 손 위에 두고 있으면, 그것을 주의 깊게 보아라. 바로 그 성공이 당신이 믿기 원하는 바를 말하고 있는가, 아니면 다른 무엇이 논리적이고 개연성이 있다는 것인가? 언제나 그 사이에는 차이가 있기 마련이다. 삼손은 데릴라가 자기를 사랑한다고 믿고 싶었는데, 그 때 팔레스타인 사람들의 행동 패턴에 관한 간단한 논리와 지식이 삼손에게 있었더라면 데릴라가 자기의 머리가죽 털을 노리고 있었다고 삼손은 인지하고 있었을 것이었다. 너무 늦게야 삼손은 가자에서 자기 눈이 멀었음을 알게 되었으며, 노예들과 함께 맷돌을 돌려야 했다. 이 삼손과 데릴라에 관한 이야기는 방첩의 역사가 오랜 시간 뒤로 돌아가지만 그 근본원리는 변하지 않고 있음을 말해 주고 있다.

얼핏 보면, 스파이를 체포하는 것과 영문 시를 공부하는 것이 밀접하게 연관되어 있는 것처럼 보이지 않는다. 그러나 이들 둘 사이에는 한 가지 공통된 점이 있다. 즉, 역량을 충분히 발휘하면서 실행했다면, 둘 다 어떤 패턴에 기초하고 있음을 인식할 수 있다는 점이다. 2차 세계대전 당시 영국과 미국의 방첩관 중 가장 효과적이었던 사람들 상당수가 영문학 비평가의 지위에서 전쟁에 징집되었었다는 점은 우연의 일이 아니다. 그들은 단어와 구절 속에 숨은 가설을 조사하고, 시나 연극의 단순한 외형적 구성이나 표현이 아니라 전체 구조를 파악하고자 하여 다의적 의미를 찾아내는 훈련을 받았었다. 그렇게 하여 그 다의적 의미, 숨겨진 가설, 그리고 방첩활동 사례의 광범위한 행동 패턴 등이 그들이 활용할 수 있었던 핵심이었다. 그렇다고 해서 내가 우리 젊은 방첩관들이 복잡다단한 세익스피어의 연극을 토론할 수 있는 능력을 갖추라고 요구하는 것은 아니다. 그렇지만, 내가 그들이 브룩스와 워렌의 '운문의 이해*(Understanding Poetry)*'를 공부하고 있는 것을 포착한다면, 나는 그들을 사격훈련장에 즉각 보내버리지는 않을 것이다. 대신, 나는 그들에게 가서 클린쓰 브룩스의 "역설의 언어(the language of paradox)"에 관해 읽어 보라고 말해 줄 것이다. 왜냐하면 방첩이 바로 역설적 행동이기 때문이다.

사람들에 대한 관심

내과의사가 환자를 얼굴을 맞댄 채 진료하는 것을 좋아하지 않는다면, 차라리 방사선 학자, 법의학 병리학자, 또는 연구원이 되는 것이 나을 것이다. 이와 같이 사람들과 얼굴을 맞대는 접촉을 꺼리는 방첩관은 안전한 책상에서 공작관을 지원하는 일에나 충실히 하는 것이 오히려 나을 수 있다. 그가 누구이든 간에 적극적 방첩활동 부분인 심문, 현지조사, 이중스파이 운용 등을 맹세코 그만두어야 한다. 그리고 현장에서 뛰면서 사람을 만나고, 사람을 다루고, 사람을 조종하는 방첩관에 대해 영원히 종속하는 직위에 머물러 있어야 한다. 거기에는 어떠한 불명예도 있을 수가 없다.

현장에 있는 방첩관은, 현관 벨을 그저 누르기만 하더라도('실례합니다만, 아주머니, 제게 사실만 알려 주십시오'라고 말하듯), 외판원이나 선교사가 갖고 있는 바로 그 자질을 가지고 있어야 한다. 즉, 마치 사람들에게 빛을 보게 하려는 선교사처럼 그리고 사람들이 자기 물건을 사게 하려는 외판원과 같이, 사람들에 대한 동정심 어린 관심과 그들을 조종하는 유인책을 가져야 한다. 그와 같은 자질이 없다면, 그는 파일과 함께 책상에 머물어야 할 것이다. 그렇다고 해서 그런 자질 하나만으로는 충분하지 않다. 사실, 그것만으로는 방첩관에게는 재앙이다. 그는 이하에서 설명하고 있는 다른 자질도 함께 지녀야 할 것이다.

현장에 있는 공작관은 낯선 사람을 인터뷰하고, 감시팀을 관리하고, 이중스파이를 취급하고, 심문을 실시하고, 침투공작원을 (행운이 있다면) 운용하고, 망명자를 (역시 행운이 있다면) 처리해야 한다. 다시 말해, 많은 유형의 사람들을 다루어야 하는 것이다. 그리고 이와 같은 일은 방첩업무 분석에 관한 규율과 파일에서 언급된 모든 자료의 범위 안에서 해야 한다.

의구심(Skepticism)

방첩업무에 종사하는 신입요원과 함께 기존 경력자도 마찬가지로, 거짓말에 속아 넘어가라고 대가를 받고 있는 셈이라는 점을 명심해야 한다. 그런 거짓말은 당신이 접촉하는 접선상대의 입에서 나올 것이고 당신이 하고 있는 서류에도 나와 있을 것이다. 당신이 해야 하는 일은 분노를 억누르고 그런 행동 패턴(규칙성)을 구분해내는 것이어야 한다. 어떤 일이 그럴 듯해 보이면 보일수록, 더 많이 의구심을 가져야 한다. 그럼에도, 그와 같은 모든 일에 유머감각을 갖기를 희망하는 바이다.

인내심

앞에서 설명한 모든 방첩업무의 특성을 함께 결합하면 결국 인내심으로 귀결된다. 당신의 성질이 급하다면, 그것을 억제하는 방법을 배워야 한다. 경험이 쌓여 가면 일종의 권태를 느낄 것이며, 그래서 당신은 다시는 그다지 놀라워하지 않을 것이라고 생각할 수 있다. 그렇다면, 당신이 종국적으로 놀라는 일 자체도 지루해할 때까지 놀랄 것이며, 그리고 또다시 놀랄 일을 당할 것이다. 그렇게 된 연후 드디어 당신은 잘 길들어지고 인내심이 충만한 방첩관이 될 것이다. 가능하면 이른 시기에 인내의 덕목을 키우도록 시작하는 것이 필요하다. 그렇게 하는 것이 당신을 위궤양으로부터, 심장마비로부터, 고혈압으로부터, 그리고 알코올 중독으로부터 보호하는 길일 것이다.

담력(Nerve)

방첩의 세계에서는, 주어진 상황에 관해 충분한 사전 지식이 없어도 행동해야만 하는 경우가 자주 발생한다. 그런 점에서, 방첩업무는 전시의 전투상황과도 상당히 비슷하다. 전투에서와 같이, 때로는 주변 형세가 위험해져서 육체적 용기를 요할 수도 있다. 일상적으로는 그런 위험은 단지 관료주의적인 것이다. 그러나 그 위험은 책임을 받아들이고, 신속하게 행동하고, 그리고 잘못 판단한 경우에 나타나는 결과에 맞선다는 자발적 용기를 요구한다. 파일자료실과 같은 안전지역에서 공작활동을 분석하는 경우나 혹은 적 관할지역에 침투할 예정인 침투공작원을 접선하는 경우든 간에, 매 단계마다 담력이 필요하다. 방첩업무 세계에서는 카우보이를 원하지 않지만, 그 대신 자기 자신이 결정을 해서 끈질기게 매달리는 사람이 되어야 한다.

C/H/A/P/T/E/R 3

상충하는 목표: 법집행 대 조종

영국연방(및 독일)을 제외한 대부분의 국가들이 방첩업무를 경찰조직에 부여하고 있다. 그 이유는 명백하다. 즉, 간첩행위, 사보타지(파괴행위), 그리고 테러행위가 범죄이며, 범죄는 곧 경찰의 문제라는 시각 때문이다.

영국에서는 이 문제가 더 복잡하게 취급되고 있다. 영국은 적국 정보기관에 관여하는 일을 별도 기관에 부여하고 있지만, 이 기관은 체포권한을 갖고 있지 않다. 언론에서 이 기관을 아직도 MI5라고 부르지만, 그 요원들 자신은 보안부(Security Service: SS)라고 부르고 있다. 영국은 정보에 관련된 범죄기소 업무는 경찰의 특수부(Special Branch)에 부과하는 대신, 이 특수부가 이중스파이 활동 및 침투공작과 같은 대스파이활동용 수단을 사용하지 못하도록 금하고 있다.

영국연방인 호주, 캐나다, 그리고 뉴질랜드는 영국 시스템을 사용한다. 말레이시아 및 싱가포르와 같은 많은 과거 영국식민지들도 그렇게 하고 있으며, 독일도 또한 그렇다. 예컨대, 호주에서는 보안부(Security Service)가 호주보안정보기구(ASIO)로 혼돈스럽게 불리고 있는 반면, 독일에서는 발음하기가 어렵게도 연방헌법보호청(FOPC; BfV)이라 부른다. 이 연방헌법보호청에 대응되는 "특수부서"가 바로 독일연방범죄경찰국(BKA)의 내부에 설치되어 있는 보안단(Security Group: SG)이다.

이들 "국내정보"기관의 어느 것도 국경을 넘어 활동하는 "해외정보" 담당기관들, 예를 들면, 각각 본국에 있는 영국의 비밀정보부(SIS), 호주의 SIS(ASIS), 그리고 독일의 연방정보부(BND) 등과 혼동해서는 안 된다. 그러나 이들 기관은 모두 해외에서 스파이활동과 방첩활동을 둘 다 수행하고 있지만, 업무의 성격상 체포권한이 없다. 이들 기관의 기능은 미국 중앙정보국(CIA) 및 대부분의 다른 비공산권 국가들에서 두고 있는 "해외업무"기관의 기능과 동일하다.

미국에서는, 대부분의 다른 비영연방국가와 비공산권 국가의 경우에서와 같이, 국가경찰 조직이 다른 연방법들뿐만 아니라 스파이활동에 대응하는 법도 집행하고 있다. 그래서 예를 들면, 마치 오스트리아 국가경찰 또는 태국 국립경찰이 내부적으로 하고 있듯, 대스파이활동으로부터의 기소권한 분리가 미국 연방수사국(FBI)의 내부에서도 존치해야 한다. 그렇게 하면 한편으로는 파벌주의를 조장하는 측면이 없지 않지만, 또 다른 한편으로는 상호 교육에도 기여할 것이다.

방첩업무와 경찰

당신의 업무가 법집행이면, 당신은 사법기관을 이용해야 할 것이다. 이 말은 당신이 업무를 하는데 범죄를 탐지하고, 증거를 수집하고, 그리고 범인의 유죄입증을 하기 위해 공정한 재판에서 그 증거를 사용하도록 하는 형사 절차가 정밀하게 설계되어 있다는 의미이다. 당신한테는 범행에 관한 정보를 제공해 줄 제보자(informant)와 밀고자(stool pigeon)가 있으며, 그리고 당신은 이 사람들이 정보와 교환하는 조건으로 처벌 받지 않도록 돕기 위해 사전조정을 취할 수도 있다. 그러나 기본적으로 당신의 목표는 재판정에서 유죄판결을 이끌어 내는 것이어야 한다.

법집행관으로서는, 범인이 속한 갱 일당에 피해를 입히려는 취지의 범죄인 활용수사(criminal manipulation)가 자기의 맡은 임무의 일부가 된다. 그러나 그 법집행관이 부과하기를 희망하는 피해 정도는 배심원이 유죄 평결한 후에 판사가 그 일당의 다른 구성멤버들에게 선고하는 바로 그 형량에 해당할 것이다. 범행이 무장강도, 횡령 또는 불법도박일 경우에는, 이런 형사절차가 적합하다. 그런데 그 범행이 스파이행위, 파괴행위, 또는 테러살인이라면 법집행관으로서의 당신 생활은 또 다른 차원의 모습을 취할 것이다. 왜 그렇게 생각하느냐고? 스파이에 대한 판결과 사법적 처벌이 당신의 정부를 위해서는 반드시 유용한 목표가 아닐 수 있기 때문이다. 마찬가지로 간첩조직에 대한 그와 같은 판결과 사법적 처벌이 실효적이지도 않다. 예컨대, 냉전기간 동안 KGB요원을 사법 당국에 기소할 수가 없었다. 그렇지 않고 기소했었다면, KGB의 최고책임자를 법정으로 끌어다 세워야 하는 고통스런 시도를 했어야 했을 것이다. 법집행관이 보기에는 외국의 스파이활동기관과 범죄조직 사이에 유사성이 솔깃하게도 간단하지만, 그 유사성을 실제 사실 그대로 적용하려면, 세세한 방첩업무 프로그램이 마련되어야 한다.

만약 당신 조직이 법집행을 주로 하도록 편제되어 있으면, 그 집행절차가 당신이 하는 일에 영향을 주고, 때로는 아예 지배할 수가 있다. 비록 당신의 장기 목적이 외국 정보기관에 대한 기만이라고 지속적으로 인식하고 있다 하더라도 그럴 것이다. 문제는 당신이 첩보를 수집하고, 보관하고, 그리고 대조하는 방법에 있다. 당신은 증거를 조합하고, 그러면서 그 증거를 보충하고, 그 증거로 유도하고, 또는 그 증거를 구성할 첩보만을 수집해야 하는 압박을 받을 것이다. 그 증거는 확실하게 신원이 밝혀진 증인이 선서를 하고 진술한 것이거나 또는 법원 서기의 탁자에 올려 있는 총이나 칼과 같이 명백한 증거여야 한다.

그런데 애로사항은, 방첩활동에서는, 정보 출처가 정보원(源)으로서 역할이 완전히 종료되지 않는 한, 어떠한 출처도 법정에서 공개적으로 확인되어서는 안 된다는 점이다. 그리고 서류로 된 증거는, 법원 서기의 탁자에 놓여있든 아니면 심리 공판에서 단지 폭로되었든 상관없이, 그 정보 출처의 유용성을 파괴할 수 있다.

방첩업무와 스파이마스터

당신이 체포권한이 없는 정보기관의 내부에서 일을 하고 있다고 가정해 보자. 그러면 어떠한 형식의 "집행조치"(단순한 체포 또는 재판을 의미)라도 있게 되면, 당신의 방첩업무 프로그램이 실패한 것으로 간주하는 경향을 보일 것이다.

그러나 잠깐 보자. 당신이 스파이 한 사람을 탐지해서 이중스파이로서 협조하도록 포섭했던 그 마지막 순간에, 어떻게 그를 협조하도록 설득하였는가? 아마 당신은 그에게 협조하는 것과 체포되는 것, 이 둘 사이에서 선택하도록 요구했을 것이다. 좀 더 신뢰를 받으려고, 당신은 경찰관을 대동했을 수도 있다.

한 번 더 생각해 보자. 과거 헝가리 국가보안부(AVH, 헝가리의 KGB에 해당)가 그들의 첩보원이 이중스파이가 되면서 조종관(handler) 지위를 관두려고 한다는 것을 알고 있다고 당신이 방금 알게 되었다면, 이 사건을 어떻게 다루어야 하는가? 당신은 그 조종관에게 당신의 친한 경찰관과 함께 가서 마음을 돌리려고 시도할 것이다. 그런데 그 조종관이 당신에게 꿰져버리라고 말했을 때, 경찰관은 그를 체포해버렸다. 그렇다면 그 경찰관에게 물을 수 있는 질문은 다음과 같다. 우리가 그를 기소하기 위한 증거는 과연 있다는 말인가?

그리고 당신의 국무부 또는 외무부가 그 공작 건을 외교업무 프로그램의 일부로서 공개재판에 붙일 것을 요구하기로 결정했다면, 이 경우는 또 어떨 것인가? (이런 일은 자주 발생할 수 있다.) 당신은 경례하고 물러나서 당신이 가지고 있는 방첩 첩보를 증거로 제시하는 작업에 착수할 것이며, 검찰과 긴밀하게 작업하는 가운데서도 가능한 한 최선을 다해 당신의 정보 출처와 방법을 보호하려고 시도할 것이다.

그런다고 해서 당신이 그 일에 소임을 다했다고 의기양양한 기분에 빠지지 말아야 한다. 왜냐하면 주축이 되어야 하는 당신 직무는 방첩이지 법집행은 아니기 때문이다. 당신은 결코 법 위에 있지 않은 것이다.

경찰과 스파이마스터의 조화 및 융합

미국에서, 1947년 국가안보법(NSA)이 중앙정보국(CIA)과 연방수사국(FBI)의 설립을 규정하였다. 영토 내부에서 활동하도록 한 FBI는 수사권한과 체포권한을 가졌으며, 또한 증거 수집을 통하여 연방법원에 기소할 수 있는 일련의 업무절차를 갖추고 있다. 체포권한이 없이 해외에서 활동하도록 규정되어 있는 CIA는 해외조사, 이중스파이 활동, 망명자 활용, 그리고 침투공작원(비밀공작원) 투입, 등을 통하여 적국 정보기관에 관여하되 어느 누구도 체포하지 않도록 설계된 일련의 업무절차를(그 전임기관인 COI, OSS, SSU, 그리고 CIG 당시부터) 갖고 있었다.

양쪽 기관에 근무하는 사람들인 우리의 편의를 위해 국가안보법이 권한과 책임의 분리를 아주 깔끔하게 설정해 두었음에도 불구하고, 안타깝게도 실제로는 번잡스럽다. 이 법률에 의거해서, CIA는 해외에 거주하고 있는 미국시민과 미국 내에 거주하는 외국 관리들에 관해 획득된 첩보를 FBI에 넘겼다. 그러자 FBI는 처리하기 힘들 정도로 엄청나게 많은 첩보가 있음을 알게 되었다. 왜냐하면, CIA는 통상적으로 정보출처를 일일이 들춰 내지 않는데, 그래서 거의 모두가, 미국 연방의 증거주의(rules of evidence)하에서는 사용될 수가 없는 "배경(background)"수준이 되어 버렸기 때문이다.

이번에는 반대로, FBI가, 국가안보법에서 요구하는 대로, 미국 내에서 거주하고 있는 외국인이 외국으로 나가면, 그들에 대한 정보를 모두 CIA로 넘겼다. 그런데 CIA는 이들 정보가 조잡하고 종종 유관성이 없음을 알게 되었다. 마치 범행 주체의 일상적인 활동 자체는 근본적으로는 범죄가 아닐지라도 그 활동에 대해서는 의구심을 발휘하지 않는 것이 문제가 되는 것 같았다. 또한 FBI는 큰 그림, 즉 전 세계에 걸친 적국의 스파이활동에 대한 양상이나 KGB의 구조 또는 그 위성기관들과 같은 것에 대해서는 신경을 거의 쓰지 않은 듯해 보였다.

이와 같은 곤궁스런 상황은, CIA가 해외에서 개척해오던 이중스파이 또는 침투공작원 업무가 국무부로 이전되고 FBI의 관할로 들어가면서 반복적으로 생겼다. 새로운 조종관의 태도 차이, 적국 요구정보사항에 대한 관심 부족, 적국에 흘려 넘길 목적의 첩보에 대한 해제 및 제공에 관해 형식적이거나 혹은 수동적인 관심 표명 등, 이 모든 것들이 이중스파이를 당황하게 했고 사기를 저하시켰다. 나는 한 이중스파이가 유럽에서 전근되었던 사례를 기억하는데, 그는 유럽에서 적 접촉에 대한 자기의 보고가 미국 조종관의 관심을 대단하게 받는 데에 늘 익숙해 있었다. 그런데 그는 자기의 FBI 조종관이 자기가 적국 조종관을 만나려고 탔던 차의 주행거리계기를 단지 제대로 읽고 통지했는가에 관해서만 관심을 두고 있었음을 알게 되었다. 그 조종관의 주 기능은 적 정보관에 대한 FBI 감시를 확인하는 검사관으로서 관련 정보를 수집하는 것이었다. 그 이중스파이는 지시를 거역하였으며, 전임 해외 조종관을 접촉하는 경로에서 이탈해버렸다. 그러고는 그 멍청한 경찰관을 적어도 자기만큼은 스파이 업무를 잘 알고 있는 누군가로 교체해주지 않으면 관두어 버리겠다고 말하였다. 그즈음 소동(flap)이 한바탕 일어났고, 사람들은 이리저리 이동되었다.

("소동(flap)"은 미국의 관료사회에서 통용되는 속어로서 사전 계획하지 않은 사건에 의해 야기되는 일종의 낭패스런 상태를 가리킨다. 그 연원은 정확하게 알지 못하지만, 농가의 앞마당에 놀고 있던 병아리들이 매가 나타나자 날개를 불티나게 퍼덕거리는 모습과 관련이 있음직하다. 만약 그렇다면, "매(hawk)"를 의미하는 "혼란(havoc)"도 이 용어와 같은 어원을 갖고 있을 것이다. 이에 관련해 더 나은 이론이 있으면 본

저자에게 알려주기 바란다.)

대서양의 또 다른 쪽에서는, FBI에 의해 미국 내에서 육성되어 해외 조종을 위해 CIA로 인계되었던 이중스파이들이 그들의 사생활을 조종관에 의해 감독받는 것에 습관화되어 있지 않았으면서, 자기들의 공작활동을 임기응변적으로 처리하는 데에는 익숙하였다. 그들은 자신들의 매일 매일의 활동에 대해 자신들이 상세하게 보고되고 있다는 걸 알았을 때, 더 많은 소동이 일어났었다.

그러나 이런 이야기들은 이제, 다행스럽게도, 오래된 역사가 되어버렸다. 법을 집행해오는 FBI가 오래 전부터 이중스파이를 운용하고 침투공작원을 관리하는 방법을 터득하였으며, CIA는 증거를 뒷받침하는 형식으로서 첩보를 준비하는 방법을 알게 되었다. 그리고 양 기관은 방첩용 첩보의 공유가 서로에게, 나아가 미국 정부의 다른 기관들에게도 유용하도록 자료파일 관리 및 대조조사체계를 발전시켰다.

그럼에도 불구하고, 당신이 법집행을 하는 위치에 있든, 아니면 스파이마스터의 위치에 있든 간에, 당신은 경찰과 스파이마스터가 세계를 상당히 서로 달리 바라보고 있음을 발견할 것이다. 당신은 당신자신이 속해 있는 조직의 색채에 상당하게 물들어 있다. 내가 경찰에게 조언한다면, 스파이마스터의 자질 중 어떤 것은 받아들이라는 것이며, 마찬가지로 스파이마스터에게 해주고 싶은 조언도 당신의 기질 속에 경찰의 특질을 좀 가지라는 것이다. 그러고 나서 당신들이 원하는 모든 것을 논쟁하고 토론하려면 하여라. 그러면 양측 모두 서로 배우는 바가 있을 것이다. 당신들 둘은 많은 공통점을 가지고 있는데, 결국, 동일한 적과 얽혀 있다는 점이다.

또한 당신들은 상당히 좋은 친구가 될 수 있다. 사냥, 낚시, 포커, 체스, 오페라, 연극, 그리고 학부모회 등등... 내가 가장 친한 친구 중 몇몇은 경찰관이고 또 몇몇은 스파이마스터들이다. 나는 그들 중 몇에게 나의 인생을 맡겨 두고 있으며, 그리고 그들 몇몇도 자기들의 인생을 나에게 맡겨오고 있다. 우리들은 방첩 승부게임에서 몇 차례 패하기도 하였고, 또 얼마쯤은 이기기도 하였다.

그러나 희생자는 그다지 많지 않았다. 비록 소수이긴 하지만, 그들이 고이 잠들기를 빈다.

C/H/A/P/T/E/R 4

지원 조직

방첩활동을 위한 지원조직(support apparatus)을 설치한다는 의미의 정보분야 속어가 "배관설치(putting in the plumbing)"이다. 실제 배관공사 경우와 같이, 배관을 설치하는 데는 비용이 많이 들며, 무엇이 잘못되어 다시 고친다면 훨씬 더 많은 비용을 들여야 한다. 여기서는 방첩활동을 지원하는 조직이나 기구를 구성하고 있는 몇 가지 사항에 관해 이야기하고자 한다.

지붕과 벽

비밀은 효율이다. 비밀은 안전이다. 비밀은 가장(cover)을 요한다. 방첩분야 종사자들은 비밀 덩어리이다. 그들은 현재의 자기가 아닌 다른 사람으로 인식되기를 좋아 한다. 그들은 정보기관원 또는 대응스파이(counterspy)로서보다는 차라리 특허 변호사나 시장조사원, 또는 교통경찰로서 훨씬 더 인식되고 싶어 한다. 그래야 스파이에 대한 대응활동이 훨씬 더 쉬워질 것이다. 그들이 스파이 대응활동을 펴는 대상자들의 대부분도 이와 같이 느끼기 때문에, 방첩분야 종사자들도 일반적으로 스파이들과 어떤 유사성을 갖고 있다. 만약 이런 모든 비밀주의가 당신을 불편하게 한다면, 다른 계통의 일을 찾아보는 것이 오히려 나을 것이다.

가장(cover)이라고 하면 외견상 가장하지 않은 것처럼 보이게 하는 것을 말한다. 당신의 통제가 미치고 있는 어떤 곳에 실제로 "**보**안, **여**기 **들**어와 **모**든 걸 **말**하시오."라고 적은 표지가 붙어 있는 문이 하나 있다고 하자. 만약 그 문이 당신이 가까이서 일할 수 있는 누군가의 사무실이라면, 그것으로서 좋다. 그와 같은 가장을 "피뢰침(lightning rod)"이라고 부른다. 왜냐하면 그렇게 하면 그 문에서부터 "**청**소부 **근**무실, **부**디 **들**어오기 **전**에 **발**을 **닦**으세요."라고 적혀 있는 당신의 진짜 사무실에 이르기까지 걱정거리를 떨쳐 버리게 할 것이기 때문이다. 언론인들은 이런 부류의 회피행위를 도덕적으로 죄를 짓는 것이라고 보는데, 왜냐하면, 그렇게 하면 자기네의 '비밀보도'일이 제대로 되기가 더 어려워지기 때문이다. 만약 우리 사이에서 근본적인 차이가 없다고 한다면, 우리 방첩요원들은 저 혈기 왕성한 언론인들 때문에 마음을 몹시 힘들어해 할 것이다. 하지만, 그들은 비밀을 발설함으로써 자기 생활을 꾸려가며, 우리는 비밀을 지킴으로써 그렇게 하고 있다. 크레이턴 에이브람스 장군은 자기 참모에게 언론인들에게 말하는 것은 돼지와 레슬링 하는 것과 같다고 말하곤 하였다. 돼지는 행복한 시간을 갖는 것이지만, 당신은 더러워지기만 할 뿐이라는 의미이다.

당신이 하는 배관설치공사의 부분은 당신 자신을, 자료파일을, 사진현상소를, 사무실을, 그리고 당신 공작소의 배관설치공사 등을 보호하는 지붕과 벽을 어떻게 보이도록 하는가이다. 나는 우리가 "재건기획센터" 또는 미국 육군방첩단(CIC)이 사용했던 황당하고 의아스러운 "휴대용 식기 수리대대"와 같은 터무

니없는 가장으로부터는 벗어나기를 희망한다.

감시팀

제7장에서 상세하게 설명하고 있는데, 물리적 감시(physical surveillance)는, 당신이 참모직원들과 직접 하든(당신이 항상 시간의 상당 부분을 그렇게 사용하듯), 아니면 그 일을 하기 위해 별도로 채용하고, 훈련하고, 그리고 봉급을 주는 참모직원이 아닌 전문적인 사람들과 함께 수행하든 간에, 당신의 필수적인 수단의 하나이다. 당신은 일을 착수하기 전에 당신의 감시 시설을 적절한 장소에 갖추어야 하고 그 시설을 지속적으로 유지 관리해야 한다. 감시 기구는, 특히, 인적 부분은, 손전등용 건전지보다 더 빨리 소모되며, 그러면서도 재충전되지 않는다.

도청장치 제작소

제8장에서 자세하게 설명하고 있듯, 기술적 감시(technical surveillance)는 당신업무 수단 중의 하나이며 당신의 방첩조직 안에 포함되어야 하는 배관설치 공사의 일부에 해당한다. 기술적 감시를 보고목적으로는 "기술부서"라고 부르지만, 그것이 실제 하는 일은 "은닉 송화기(bug)"와 "유선 신호도청용 도구(tap)"를 제작해 서비스하는 것이다.

아마 이 "은닉 송화기(bug)"와 "유선 신호도청용 도구(tap)" 제작소가 부자연스럽게 부동산 면적을 상당히 차지할 것인데, 기계의 부피가 크기 때문일 뿐 아니라 그것들을 유지관리 하는데 여러 가지의 정교한 도구들을 둘만한 넓은 공간이 있어야 하기 때문이다. 그리고 적어도 잘 훈련된 기술자가 한 명은 있어야 한다. 만약 당신의 방첩활동 단위부서가 작으면, 당신이나 당신의 참모직원이 그 일을 직접 할 수 있도록 역량을 갖추도록 하여야 한다. 만약 큰 단위부서이면,

평소에 기술부서가 분리되고 사진기술과 위장기술을 포함해서 모든 기술 장비를 다루는 사람들로써 전문화되어야 할 것이다(아래 참조).

안전 가옥

왜 당신은 망명자와 이중스파이와 감시팀장을 당신 사무실("청소부 근무실"이란 표시가 있는 그 사무실)에 오도록 하지 않는가? 대답은 자명하다. 왜냐하면 당신은 적에 의해 감시당하고 있기 때문이다. 또한, 지역토박이 사무직원들, 지방 경찰관들, 일시적 정치운동가들, 그리고 워싱턴의 의회 위원회 소속직원들에 못지않게 거의 마음대로 정보를 누설하는 또 다른 부류의 사람들에 의해 그다지 우호적이지 않게 주목을 받고 있기 때문이다. 하지만, 이들을 제대로 제어할 장치나 별도의 대응방법이 없다. 최근 당신은 워싱턴에 가본 적이 있는가? 지독한 오줌 냄새가 하원과 상원 의사당 건물 내부 여기저기에 온통 퍼져 있는 것을 알아차렸는가? 이제 당신의 사무실에 인접해 있는 복도에서도 이 퀴퀴한 냄새가 날 것이다. 당신의 프랑스인 동료는 이런 경험을 *낌새* (déjà senti) 라고 부를 것이다.

그래서 당신은 안전한 가옥이 있어야 하고, 또한 그 가옥을 건립하고 교체하고 유지하기 위한 시스템을 갖추어야 한다. 물론 그렇게 하면 예산상 큰 부담이 되고 운용인력 유출이 발생할 것이다. 그러나 그런 안가가 없이는, 당신은 어디서 망명자를 받아들이고 공작을 조종하며, 어디서 이중스파이를 접선하며, 어디서 감시팀을 지도하며, 그리고 어디서 다른 안가를 임차하거나 그 안에서 청소와 세탁을 담당하는 사람들을 고용하는 사람들을 관리할 수 있는가?

약간 임시방편적으로 장소를 사용할 수는 있을 것이다. 잠깐동안 공실이 되고 있는 아파트를 일회성의 심문 목적으로 사용할 수 있다. 공개되어 있는 부서에서 일하는 동료들을 설득해서 일주일에 하룻밤 정도 그들이 영화를 보러 가도록 하는 동안에 숙소를 빌려 사용할 수도 있을 것이다. 그러나 언제나 당신이 그렇게 즉흥적으로 일해야 할 때에는, 보안이 취약해질 수 있음을 명심해야 한다. 그래서 안가를 자주 바꾸도록 하여라.

위조품 제작소

내가 가게에서 술을 사고 그 대금으로 수표를 낼 때, 점원이 나를 알아보면 나는 운전면허증을 보여줄 필요가 없다. 그러나 대부분의 경우 점원은 한 가게에서 단지 2주일 동안만 일하기 때문에 나를 알아보지 못한다. 그래서 그 점원은 자기가 결재하게 된 나의 수표가 부도 처리되어 돌아오지 않을까 두려워한다. 그런 까닭에 그 점원에게 나의 신분에 대한 공식 "문서"를 보여줘야 하는 것이다. 스파이 세계에서는 당신이 어디에 있든 그리고 무엇을 하든 간에 문서, 즉, *허위(false)* 문서를 항상 제시할 준비를 하고 있어야 한다.

만약 당신이 공작조정관(case officer) 다섯 명으로 하여금 각자 세 가지의 신분을 사용하여 일하게 한다면, 당신은 열여덟 가지의 신분에 대해 (진성 신분까지 계산해서) 하나의 완전한 신분문서 세트를 유지해야 한다. 거기에는 그들이 소지하는 잡동사니 신분자료까지 포함되어야 한다. 나아가서, 당신은 어떠한 순간에도 발생할 수 있는 우발상황에 대비하는 신분을 추가해서 보관용(backup) 및 예비용(reserve)으로 위조문서를 갖고 있어야 할 것이다.

정보기관이 어떻게 중요한 첩보원(공교롭게도 변사체이었음)에게 위조문서를 만들어 주었는가에 관한 실례의 하나로서 에웬 몬타규가 쓴 *『존재하지 않은 남자』*(The Man Who Never Was, 1954, 미국판, 93쪽 및 그 이후)를 읽어 보기 바란다. 그 첩보원은 당시 위장 신분이 윌리엄 마틴, 영국 해병대 소령이었는데, 1943년 4월 30일 영국의 한 잠수함에 의해 중립적이었던 스페인의 해안으로 배치되었다. 그는 두 가지 자기의 신분 디스크를 비롯하여 부모와 약혼녀로부터 온 편지를 포함해 동강 연필에 이르기까지 무려 사십 한 가지의 품목을 기술한 위조서류를 지니고 있었다. 어떻게 해서 허구가 사실보다 더 진실적인가에 대한 실례의 하나로서 더프 쿠퍼의 『하트브레이크 작전』(Operation Heartbreak)을 읽어보라. 이 책은 그와 같은 위장계획을 잘 이야기하고 있다.

이동수단

내가 일했던 어떤 지역에서는, 감시를 하기 위한 주요 이동수단이 자전거였다. 그러나 그런 곳에서조차도, 우리 직원들은 오토바이를 타야 했다. 왜냐하면 그런 지역에서는 유럽 사람이나 미국 사람이나 혹은 일본 사람이 자전거를 타고 마을을 돌아다니는 것이 눈에 두드러져 보였기 때문이다. (오래 전에 사이공에서는 이것이 오히려 유리했었다. 즉, 명백하게 미국인이 탄 세단 승용차에 화염병을 투척하도록 훈련받은 베트콩 잠복조들이 자전거를 타고 자기들 구역에 나타나는 미국인에게는 절대로 조준해 던질 수가 없었다. 그렇게 백인이 자전거로 나타나면 그들을 마비시켜버리는 것 같았다. 어떻게 그들이 자전거를 타는 자본주의 부르주아 제국주의 재산가를 심각하게 취급할 수 있다는 말인가? 분명히 그들은 그 사람을 협잡꾼 아니면 자기들의 동조자라고 생각했었을 것이기 때문이다.)

당신이 활동용 차량 하나를 청구하려고 문서 작업에 달라붙으면, 당신은 차 한 대에 관련되는 서류들 즉, 운전면허, 매매계산서, 보험양식, 세금영수증, 수리기록장부, 등을 요구하는 공문 서류의 엄청난 분량에, 이 세상 어디에 가더라도 깜짝 놀랄 것이다. 당신은 신속하면서 드러내지 않게 신규차량을 구입할 수 있는 체계를 수립해야 하고, 그리고 한 벌 이상 많이 구비해야 하는 서류에 휩싸이는 것에서 피할 어떤 방안을 확보해야 한다. 이렇게 *절대적으로 기본적인* 세부사항에 대해 당신이 풍부한 창의력과 방책을 갖고 있다면 얼마나 좋겠는가. 당신이 만약 하려고만 한다면, 이 정도의 배관설치 공사는 해두고 있다면 얼마나 좋겠는가. 그리고 당신이 그렇게 하지 않는다면, 또 얼마나 위험스럽겠는가.

물론 당신이 직접 잘 알고 있는 곳에서 일하고 있다면 조금은 더 쉬울 것이다. 즉, 법 집행을 담당하는 기관들은 자기들이 필요로 하는 만큼 많은 차량을 보유할 수 있도록 일반적으로 백지식 서류를 제출할 수 있으며 필요에 따라 위장 명칭이 무엇이든지 사용해서 서류를 작성하고 있다. 또한, 교통사고가 발생하는 경우에는 법집행 기관은 통상적으로 그 조사를 분별해서 삼가도록 조치할 수도 있다. 그러나 당신에겐 이런 조치 경우조차도 가장할 수 있도록 창의력과 주의력이 요구된다. 당신은 교통위반관리국이 교통사고의 이전에도, 혹은 그 이후에도 당신의 비밀업무 사실을 알게 되기를 원하지 않을 것이기 때문이다.

그런데 만약 당신이 주재국의 당국과 우호적인 업무관계를 갖고 있다면, 해외가 오히려 나을 수도 있지 않겠는가. 그렇더라도 주의해야 한다. 마찬가지로 당신은 당신 비밀을 그들이 알기를 원하지 않을 것이기 때문이다.

사진현상소

사진현상소는 난처하면서도 따분한 곳이다. 왜냐하면 그곳은 은닉되어 있어야 하면서도 전기와 수도 공급이 있어야 하고, 당신이 가장하고 있는 건물에서 표면적으로 정해진 업무시간에 개의치 않고 24시간 밤낮없이 작업을 해야 하기 때문이다. 또 다른 난처한 점은, 특징적인 냄새가 사진현상소의 복도로 풍겨나가서 천진난만한 안내담당 직원의 사무실 안으로 스며드는 성향이 있다는 점이다. 만약 당신이 장소를 물색할 수 있다면, 적의 후각으로부터 벗어나기 위해 아세테이트 증기를 뿜어내버리는 배기 환풍기가 도움이 될 것이다.

(덧붙여 말하면, 저 아세테이트 증기는 당신이 뒤쫓고 있는 첩보원들에 따라서는 문제가 된다. 즉, 그들이 사진현상 작업을 호텔 화장실에서 한다면, 그 아세테이트 증기가 화장실 바깥으로 나가게 되어 우리들 중 누군가는 벽의 반대편에서 누군가가 작업을 해오고 있는지 증명할 수 있기 때문이다.)

당신의 사진현상소는 아래에서 언급하는 일들을 할 수 있어야 할 것이다.

- *대량의 신속 복사.* 방첩관의 인생에서 행복한 날이 바로 이중스파이나 침투공작원으로부터 한 묶음의 서류더미를 받아 짧은 시간 내에 복사하고 반환하는 날이다. 만약 그 복사를 해야 하는 사진기술자가 장비와 그 일을 처리할 수 있는 작업과정을 구축하지 않으면, 그 날은 더 이상 행복한 날이 되지 않을 것이다.
- *대량 현상처리.* 감시팀 및 때로는 이중스파이가 대량의 네거티브필름을 생산해 와서 즉각 사용할 수 있도록 현상해야 한다. 예컨대, 한 건물에서 들어가고 나오는 모든 사람들을 사진으로 찍는(아마 밤에는 적외선 필름을 사용함) 고정 사진초점방식은 필름을 많이 소요하고 현상시간을 많이 들게 한다.
- *소형 사진(예: 신분증 사진)의 신속 복사.* 이것도 계속되는 소소한 일로서 특수 렌즈, 카메라 받침대 그리고 조명을 필요로 한다. 대부분의 방첩활동 목적의 사진제작소에는 이런 작업을 하기 위한 고정된 장치가 있다.
- *신분증용 사진 제작.* 이런 계속되는 일상적 잡무에는 당신이 운전면허증을 취득하는 곳에서 사용되는 것과 같은 특별한 장비가 요하지는 않는다. 다만 그런 장비가 있으면 더 도움이 될 것이다. 당신의 사진기술자는 그것이 지금 없으면, 당신에게 구해달라고 조를 것이다.
- *사진축소 처리.* 극소사진(microdot)은 극히 작은 점 크기(역자주: 1미리미터 크기)로 축소되어 일정한 기간 동안에 프린트 용지나 또는 타이프로 친 용지에 감출 수 있는 네거티브 사진을 말한다. 정상적으로는 책의 한 면 전부를 차지하지만, 사진을 촬영한 후에는 현미경을 통해 읽을 수 있는 크기로 축소된다.

극소사진(마이크로도트) 처리를 하려면 사진현상소와 첩보원의 도구상자 양쪽 모두에 특별 장비가 있어야 한다. 메시지 수신에는, 첩보원 자신의 장비가 어느 정도까지는 사용될 수 있다. 그렇지만 이중스파이는 그 사진을 읽기까지 해야 하는 까닭에, 내용을 인쇄할 수 있어야 한다. 이런 이유로 대형 장비가 필요하다. 만약 당신이 이따금 이중스파이나 침투공작원에게 마이크로도트로 지시문을 보내는 경우에는, 당신의 타이핑된 메시지를 마이크로도트 필름 위에 복사할 수 있도록 비교적 대형 장비가 필요하다. 그렇게 된다면 대성공이고, 당신은 본부로부터 받는 지원이 부족하지 않은 셈이다.

- *영화와 TV.* 영상 감시에는 종종 영화 기술을 사용한다. 영화 기술로 영화 필름을 생산하면, 현상소에서 그것을 현상할 수 있고, 영사할 수 있고, 그리고 선택적으로 정지영상을 만들 수 있어야 한다. 텔레비전 카메라를 사용하면, 영사는 더 간단해지지만, 정지영상을 인쇄하려면 특수장비가 있어야 한다. 정지영상 인쇄는 기본적이며 피할 수 없다. 당신의 문제가 바로 당신의 이중스파이가 상대하는 적 공작관의 신원을 밝히는 것이라고 가정해 보자. 당신은 장시간 텔레비전을 보는 것이 아니라 일련의 발췌하여 인쇄한 사진("사진명부, mug book")을 그에게 보여 줄 수 있어야 한다.

비밀정보 수수: 유인, 무인, 전화

비밀정보를 주고받는 주요한 방식으로서 유인 방식, 무인 방식, 그리고 전화 방식 등, 세 가지가 있다. 이들 각각에 대해 알아보고자 한다.

유인수수소(Live Drop)

인적으로 비밀정보를 수수하는 방식을 의미하는 유인수수소(live drop)는 흔히 임시주소(accommodation address)에 해당하는 "AA," 또는 편지함(letter box)에 해당하는 "LB"라고 부른다. 이 방식은 생동감이 있는데, 왜냐하면 그 주체가 사람, 즉, 포섭된 첩보원이며, 이들이 편지나 전보, 혹은 소포나 택배 물건 등을 받아서 누군가 다른 사람에게 건네주되, 받는 사람의 신원은 그것을 전달하는 사람의 신원 배후에서 차폐되기 때문이다. 유인수수소를 포섭해 공작(대가지급과 지시)하는 사람은 누구든지 자기 자신이 위장 신원을 사용해야 하고, 가능하다면 위장 국적을 사용하기도 해야 한다. 통상적으로 유인수수소는 어떤 구실로 인해서 포섭 당한다. 예컨대, "내게 이 여자 친구가 있어요, 보시듯이. 그런데 질투심이(그리고 돈이) 많은 아내 때문에 집에서 편지를 받을 수가 없어요. 그래서 당신이 나에게 오는 편지를 모두 받아준다면 일괄적으로 금전적 대가를 얼마 드리겠어요. 당신은 그 편지를 봉투 구석에 나 있는 재미난 표시를 보면 구별해 낼 수 있을 거예요."

가짜 편지를 자주 보내도록 해서 그 유인수수소가 계속해 수수하는 기능을 유지하고 있게 하여야 한다. 이렇게 해야 실제 메시지가 가짜들 가운데에 묻혀 있고, 유인수수소에 대한 일반 사람들의 호기심으로 인해 그가 노출될 위험을 차단하거나, 또는 바로 이 유인수수소가 당신을 협박하려는 생각을 가질 위험이나, 또는 다른 어떤 이유로 당신 유인수수소의 우편물을 예의주시하는 사람에 의해 탐지될 위험 등을 제거할 수 있다.

당신이 배관설치 공사를 시작할 때, 유인수수소를 다수 설정해서 당신이 당신의 이중스파이나 침투공작원에게 이 경로를 사용하도록 지시를 함으로써 그 유인수수소를 활성화하기 이전까지는 이들이 오직 가짜 자료만을 받도록 하여라. 언제나 유인수수소를 조금은 더 예비로 유지하도록 해야 한다.

마지막으로, 적의 유인수수소가 바로 당신의 가장 좋은 표적 중 하나임을 명심하여야 한다. 만약 당신이 적의 유인수수소를 통제할 수 있다면, 당신은 그들의 통신축선에 걸터앉는 셈이고, 그들의 숨통에 엄지손가락을 대어 놓고 있는 셈이다. 적의 유인수수소는 당신이 확보할 수 있는 최고 부류에 해당하는 이중스파이 중의 하나에 해당한다.

무인수수소(Dead Drop)

무인수수소는 종종 "은닉장소(cache)"라고 불리는데, 이것은 벽에 나 있는 틈이거나 기차역에 있는 보관함이거나 또는 사막에 있는 바위틈새, 혹은 은닉이 가능한 어떠한 장소를 말한다. 은닉되는 가장 공통적인 종목은 마이크로 필름통과 접은 화폐 다발이다. 그러나 무인수수소에는 마이크로도트(극소 사진)를 담은 우편엽서에서부터 코크로프 사례에서와 같이 암살용 권총이 감춰져 있는 차량 배터리에 이르기까지 어떤 것도 다 담을 수 있다. (니콜라이 코크로프는 KGB의 "주류판매사업부"(Department of Wet Affairs)에서 일하던 요원이었다. 당시 그 부서는 제13호라 불렸으며, 암살과 파괴 기술을 개발하는 곳이었다. 그가 독일에서 어느 정치적 망명지도자 한 사람을 암살하는 데 사용하기로 되었던 특수 설계한 권총들이 그 당시 그를 위한 무인수수소로 사용되었던 뮌헨의 한 기차역의 보관함 속에 있는 차량 배터리 속에 숨겨져 있었다. 그의 희생자에게는 다행스럽게도, 코크로프는 양심의 가책을 받았으며 그래서 그 희생자에게로 오히려 망명하였다.)

통상적으로 첩보원이 무인수수소를 "채웠을(filled)" 경우에, 그는 신호를 조종관에게 보낸다. 예컨대, 보도의 갓돌에 분필로 표시한다든지, 담장 기둥 위에 병뚜껑을 둔다든지, 공중 전화번호부의 이름 하나에 밑줄을 긋는다든지 하는 식이다. 무인수수소를 사용하는 모든 목적은, 통지되든지 혹은 감시되든지 간에, 스파이와 그의 조종관 사이에 직접적인 접촉을 피하도록 하는 데 있다. 보조첩보원(support agent)이 "무인수수소가 있는 장소(dead−drop site)"에서 소포뭉치를 걸어 간다면, 그는 그 무인수수소에 이미 "기여하고 있는" 셈이다.

그래서 당신이 당신의 이중스파이와 침투공작원 프로그램을 위해 배관설치 공사를 한다면, 당신은 무인수수소를 몇 군데 세우고, 그것들을 사진 찍고, 그리고 그들이 이것을 사용하는 연습을 하도록 하여라. 그리고 당신의 조사 자원을 동원하여 적국의 무인수수소를 찾아내도록 하여야 한다. 쉬운 일은 아니다. 그래서 당신의 이중스파이들의 도움이 좀 필요해진다.

이중스파이가 적을 위해 무인수수소를 채운다면, 두 가지의 귀찮은 문제가 발생한다. 누가 그곳을 사용하는가를 탐지해내기 위해 어떻게 그 무인수수소를 감시할 수 있으며, 그를 어떻게 미행하는가이다. 당신은 그 수수하는 내용물에 직접 개입을 하겠는가? 무인수수소에 둘 자료들을 잘 준비하고 있는 훈련된 첩보원이라면 함정(booby trap)을 설치해 그곳의 원상이 변경되었는지 표시할 것이다. 예컨대, 미리 잘 정돈된 곳에 접착용 셀로판테이프(스카치테이프) 밑에 머리카락을 둔다든지, 필름통의 테두리 밑에 가루를 살포해 두는 것 등이다. 당신은 무엇이 그 안에 있는지 죽을 정도로 알고 싶을 것인데, 그렇다면 실질적으로 정보를 훼손시키려 들겠다는 것인가? 그러나 손대지 않는 것이 나을 것이다. 우리의 미국 FBI가 한두 번 무인수수소를 알아냈었던 경험에서 보았듯, KGB의 함정을 쳐버리기에는 당신의 우편물개봉인소(flaps－and－seals shop)가 아마 충분히 양호하지 않을 것이다. 만약 당신의 감시팀이 그 무인수수소가 있는 장소 자체를 "날려버리지"(타협하지) 않고는 그곳을 위장할 수가 없다면, 그대로 내버려 두어라.

전화수수소(Phone Drop)

이중스파이 대부분과 침투공작원 모두는 바쁘게 생활하고 있다. 그들의 일정을 당신 업무시간에 일치되게끔 만들 수가 없다. 만날 시간은 공작관이 아니라, 첩보원에 의해서 정해져야 한다. 그래서 효율적으로 만날 시간을 정하는 방법이 전화를 하는 것이다. 그러나 분명한 것은 첩보원이 단순히 당신 집이나 사무실로 전화할 수가 없는데, 한편으로는, 그는 당신이 어디에 사는지 또는 어디서 일을 하고 있는지 전혀 알지 못하고 있고, 당신의 전화번호가 무엇인지 확실하게 알지도 못한다. 거기다가 전화통화는 추적될 수 있다. 그래서 유인수수소나 무인수수소에 상당하는 기능을 할 수 있는 전화가 있어야 한다.

가장 간단한 전화수수소는 유인수수소 방식의 하나로서, 첩보원이 메시지를 취하고서 그것을 당신에게 전달하는 것이다. 때로는 그 메시지가 단 한 가지 종류의 신호뿐일 필요가 있다. 예컨대, 벨 신호음의 수를 특별하게 정하는 것이다. 전화수수소를 하는 첩보원은 응답할 필요가 없고 그 신호음이 무슨 의미인지 알 필요도 없다. 그 첩보원은 단순히 몇 분 후에 전화를 걸어서 자기 전화에 신호음이 세 번 울렸고 삼분 후에 또다시 울렸다고 말만 하면 된다. 그러면, 이중스파이와 해둔 사전약속에 따라, 예컨대, 저녁 늦게 예정했었던 회동이 취소되었음을 알아차릴 수 있게 된다.

종종, 전화국의 송수신체계에 접근할 수 있으면, 특수 장비를 사용하여 일종의 전화를 사용하는 전화수수소를 만들 수 있다. 첩보원에게 준 전화번호는 전화번호부에 등재되어 있는 것일 수 있다. 그러나 당신의 특수장비는 다른 어딘가에서 전화벨이 울리도록 교차 연결되게 한다. 그래서 성능이 대단히 좋은 도청방지용 주파수대 변환기를 통하지 않고는 장거리 전화번호를 재차 다이얼로 돌리는 것을 권하지 않는다. 왜냐하면, 오늘날 장거리 전화의 대부분이 극초단파를 통해 가는 것이라서 도중에 도청될 수 있기 때문이다. 사실, 당신의 본부로 걸어오는 모든 전화는 적 정보기관에 의해 도청되어서 최고로 능란하게 분석되고 있다고 보면 맞다.

우편봉인, 마이크로도트, 비밀잉크

방첩기관은 사람들이 눈치 채지 못하게 하면서 그들의 우편물을 읽을 수 있어야 한다. 이 말은 용의자의 우편물에 손댈 수 있는 방법을 고안해 낸 후에 그것을 열고, 조사하고, 필요하면 복사하고 난 후에 수신인이 보고 싶어 하면 찾기 이전에 돌려주어야 한다는 의미이다. 그렇게 하기 위해서는 방첩기관의 지원조직 내부에 전문 기술자들을 보유하고 있어야 한다.

의사소통 목적으로 우편물을 사용하는 스파이들은 통상 비밀편지(SW: secret writing)를 사용한다. 만약 그들이 뜻하지 않은 검색을 피하려고만 한다면, 그들이 사용하는 잉크가 우편물 집배원이나 또는 호기심 있는 아이들을 충분히 속일 수 있을 만큼 보이지 않게 해주는 레몬주스이거나 왁스용지 카본이 될 수도 있다. 때로는 이 비밀편지가 아예 없을 수도 있다. 마치 여행 가이드가 일반적인 우편카드에 찍힌 소인(우편마크)으로 자기들의 여행일정을 신호해 주는 경우와 같다. 즉, 비밀 메시지가 우편서비스 제도 자체에 의해서 전달되는 셈이다.

다른 한편으로는, 첩보원은 국내 최고의 화학자에 의해 고안된 잉크, 즉, 좋은 암호 해독서와 같이, 탐지하려면 정교하게 화학적 처리절차를 거쳐야 하는 잉크를 사용할 수가 있다. 당신이 수취하는 우편물에 정교하게 만든 잉크나 마이크로도트가 사용되어 있다고 알게 되거나 의심이 든다면, 당신은 아마 중대한 공작 사건을 대면한 셈이다. 당신이 사용할 기술에 관한 논의는 당신이 함께 일하는 기술자들에게 남겨 두어야 할 것이다.

우편물 개봉인 작업은 신경을 아주 짓누르는 일이다. 기술자는 주의력 있고 방법에 철저하면서도 시간적 압박하에서 작업해야 한다. 이 일은 폭탄처리 전문가들이 하는 작업과 별반 다르지 않은데, 실제로 (편지폭탄(?)이라고 할 정도로) 때로는 그만큼 위험스럽기까지 하다.

무 기

국내에서 법집행을 담당하는 기관들은 무기사용 훈련을 위한 업무절차와 함께 무기의 획득, 보관, 유지 및 지급을 위한 표준 업무절차를 가지고 있다. 해외에서 가장을 견지하는 가운데 일해야 하는 방첩 조직은 국내에서 경찰이 전혀 꿈에도 생각해보지 않은 문제를 안고 있다.

무기에 관한 첫째 규칙은 무기를 사용해야 할 것이라고 예상되지 않는다면, 즉, 확고한 지식에 입각해서 *실질적*으로 그렇게 확신한다면, 절대 무기를 휴대하지 말아야 한다. 이것은 특히, 권총을 감추어야 하는 경우에 적용된다. 가죽곤봉(black-jack), 한 쌍의 주먹용 놋쇠조각(brass knuckle), 또는 심지어 전투용 나이프(fighting knife)까지도, 오늘날 정상적으로 문명화된 곳에서 길거리 범죄가 계속 발생하는 횟수가 주어져 있고, 또한 사람들이 그 문명화된 거리에서 보내야 하는 시간의 정도가 아마 주어져 있는 경우에는, 권총과는 성격이 좀 다른 범주로 분류될 수가 있다. 당신 정부가 당신에게 보호하도록 명령을 내린 예민한 물건을 사람들이 자주 지니고 다니려 할 것이기 때문에 당신은 매일 매일 아니 더 나아가서 매 시간마다 그 소지 여부를 판단해야 한다. 당신 정부는 당신이 그 사람들 자신을 보호할 뿐만 아니라 그들이 스스로를 보호하도록 당신이 또한 돕기를 기대하기 때문이다.

무기는 그 소지자가 사용하는 방법을 잘 알지 못하면, 그다지 자기 방어용이 되지 않음을 잊지 말아라. 이것은 교육뿐만 아니라 실습도 해야 함을 의미한다. 남자든 여자든 누구나, 말하자면, 브라우닝 9밀리미터 권총 한 자루쯤 불출하는데 확인받을 수 있고, 또한 과거 어느 한 때에 신속성과 정확성을 유지하면서 발사했던 경우도 있었을 것이다. 그러나 사격술이란 마치 당구처럼, 계속해서 연습할 수가 없다면 적어도 정기적인 연습이 필요한데, 그렇지 않으면 무기의 표적 중심, 사용 시기, 그리고 사용 감각을 잃어버릴 수 있다.

국내에서는 당신의 본부 지하에 사격연습장이 있어서 사격연습을 정기적으로 하는 일정을 잡을 수 있다. 그러나 해외에서는, 이러한 일은 당신이 어떤 가장을 하고 있든 간에 임시변통으로 해야 할 것이다. 그렇지 않으면 당신 직원이 정기적으로 본국으로 출장 가서 무기사용에 관한 교육과 연습을 받도록 해주어야 한다.

무기를 보관하고 유지하는 일은 당신 지원조직의 임무이다. 사진현상소, 우편물개봉인작업소, 위조품제작소, 그리고 음성장비 취급구역 등에 인접한 어딘가에 무기고를 설치해서 장비를 정비하고 안전하게 탄약을 저장해 둘 필요가 있다.

무엇보다도 어떻게 무기를 저장고에 들여다 두는가는 당신이 하는 위장 상황에 좌우된다. 어떤 경로든 가용한 경로를 모두 사용하고, 불가피한 경우에는 임시변통을 하여라. 주재국 경찰과 우호적이기를 희망하면서 혹시 그들이 비우호적인가에도 매우 주의하여라.

자물쇠, 열쇠 및 내부침입

1970년대 초에, 워터게이트라는 곳에서 서투른 내부침입이 한번 있었던 결과, 미국은 정치인들로 찼던 백악관 전체를 잃었고 모든 대외정책을 송두리째 상실하게 되었다. 은퇴한 정보 및 보안 요원들이 내부침입을 시도했었던 부적절한 행위는 그것을 지시했던 정치인들의 침입에 대한 정치적 동기와 범죄성만큼이나 충격적이었다.

당신이, 방첩관으로서, 당신 나라에서 법을 집행하는 조직의 일원이라면, 당신은 법의 테두리 내부에 머물러 있어야 한다. 즉, 사법적 질서, 승인권한의 분명한 위계, 그리고 당신 활동 하나하나의 유효성과 필요성에 대해 지속적으로 독자적 판단 등에 따라야 한다.

만약 당신이 해외 영토에서 활동하고 있으면, 당신 기관과 주재국 정부 사이에 아무리 많은 협정이 서명되어 있더라도 이에 상관없이 자명하게도 내부침입은 당신이 주재하고 있는 주재국의 법률에 의해서 불법이다. 그렇지만 어떠한 경우에도, 완곡하게 "은밀한 진입(surreptitious entry)"이라고 불리는 그 활동을 수행할 수 있도록 가용한 자원을 갖추어야 한다.

방첩 업무에서 내부침입의 궁극적 목적은, 서류를 직접 슬쩍 빼내거나 아니면 복사하거나, 혹은 당신을 위해 첩보를 훔치는 감시장비를 설치하든지(제8장을 참조) 해서, 첩보를 훔쳐내는 데에 있다. 그래서 이 까다로운 특별한 목적에 결부할 수 있는 사람들을 모두 활용해야 한다. 즉, 감시자, 사진기술자, 우편물 개봉인기술자, 위조품 제조자 그리고 (내부 침입자를 가장시켜 주는) 위장술자 등을 투입해야 한다. 그리고 물리적으로 보안 장벽을 뚫고 건물 내로 침투할 수 있도록 훈련 받은 사람이 또한 있어야 한다. 그 보안장벽은 옷걸이용 철사로 간단히 열 수 있는 자물쇠일 수도 있고 또는 통상적으로 통신실을 둘러싸고 있는 전자감응체계일 수도 있다. 그래서 이 사람들은 자물쇠 제조공의 작업을 위한 공구들로 꽉 채워져 있는 훌륭한 작업장으로부터 지원받아야 한다. 잠금과 열기에 관한 기본교육을 어지간히 받아 둔다고 해서 당신의 모든 공작관들(case officer)과 당신에게 전혀 해가 되지 않을 것이다. 즉, 어떻게 "경사각(rake)"을 이용할지 터득하고, 핀–배럴(pin–barrel) 잠금장치 원리와 표적 건물의 접근 가능한 출입문에서 가져온 간단한 견본으로 만들 수 있는 마스터 열쇠장치를 이해하고, 어떻게 안전장치가 설치되고 어떻게 안전자물쇠가 작동되는지를 알도록 하고, 또한 회의실을 오디오 감시로부터 차단하는 전자감응의 기본원리에 관해 잘 이해하고 있도록 하여라.

변 장

수염을 기르는 유행이 재출현한 것(한국전쟁 이후였던가?)은 감시를 피해야 하는 사람들에게는 은혜였고 감시를 해야 하는 사람들에게는 일종의 재앙이었다. 콧수염을 했었던 수많은 스파이들과 심지어 턱수염을 했던 어떤 스파이들은 급한 상황에 처하면 가짜 수염을 한 얼굴 모습을 순간적으로 바꾸기 위해 즉각적으로 면도해서 깨끗하게 바꿔 버렸다. 오전에 갈색이었던 턱수염이 낮에는 금발로 바뀌고 그리고 저녁에는 붉은 색으로 바뀌었다. 콧수염이 시간 단위로 칫솔에서 카이저 수염으로, 그리고 근위병의 장식 수염으로 바뀌었던 것이다.

그렇게 하는 것이 유치하다고? 아니면 신파조 연극과 같다고? 글쎄, 빅토리아왕조의 스릴 있는 연극은 아니더라도 변장술은 여전히 제 위치를 차지하고 있다. 당신이 건물을 떠나는 것을 동영상으로 찍은 몰래 무비카메라가 당신이 의상을 바꾼다든지, 턱수염을 다른 색으로 한다든지, 공깃돌을 구두에 넣어 절뚝거린다든지 하면 자주 혼동할 것이다. 당신의 뒤를 따르고 있는 미행팀도 마찬가지로 그럴 수 있을 것이다.

망명자의 외모를 변경시킨다면 관공서 건물에서부터 기다리고 있는 자동차로 그를 빼돌리기가 훨씬 쉬울 것이다. 그의 망명과 함께 당신을 저지하려는 트럭과 치명적으로 충돌하거나 또는 저격수의 총에 맞을 가능성도 낮아질 것이다.

그래서, 당신의 위조품 제작소 내에서 우편물 봉인작업용 의자 가까이 어딘가에는 가발과 털 염색제 및 가짜 턱수염을 비치한 화장품 걸이를 둘 필요가 있다. 또한 다양한 의복을 갖춘 옷장도 있어야 하고, 당신의 공작관(그리고 당신의 감시팀) 개개인 모두 당해 지역 주민들이 입는 종류와 같은 복장을 계속해서 입어야 하고, 자칫 정체를 드러낼 수 있는 물건인 구두도 등한시 하지 않아야 한다. 오스트리아에서 흔한 남성 복식인 스타이제 복장(Steireranzug, 역자 주: 회색과 녹색의 스타이제 유니폼식의 남성용 양복 복장)을 입고서 플로쉐임 구두를 신으면, 비엔나 거리에서는 썩 좋은 어울림이 못된다. 오스트리아 사람들은 항상 구두를 쳐다보는데, 오스트리아제가 아닌 구두가 어떻게 생겼는지 그 사람들은 잘 알고 있다.

C/H/A/P/T/E/R 5

심문: 실제 어떻게 하는가?

고문의 신화

2차 세계대전에 관한 영화에는 가학적인 게슈타포(나치독일의 비밀경찰) 요원이 프랑스인 레지스탕스(지하저항조직) 소속의 영웅적인 시민들의 눈알을 도려내는 장면이 있다. 또, 라틴 아메리카의 혁명에 관한 영화에서는 남녀가 고통으로 실신하기 전까지 구타당하고는 피가 흥건한 물을 몇 바가지 덮어쓰고 나서야 다시 정신을 차렸지만, 곧장 감방으로 끌려 돌아갔다가 다시 심문실로 끌려가서 재차 구타당하는 장면이 나온다. 사실, 고문을 드라마틱하게 만든 영화는 대단히 인기가 있어서 누가 정말로 병적 가학자인지, 영화에 등장하는 인물인지 아니면 그 영화를 보고 있는 관객인지, 궁금해 할 지경이다.

그러나 그런 영화들은, 도덕적 의도나 선전적 의도가 무엇인지든 간에, 실제 심문에 관한 한, 과도하게 허풍스러운 것들이다. (2차 세계대전 중에 시작했던)

심문에 노련한 경력자들로부터 그 이야기를 들어보면, 게슈타포의 고문자들은, 그들 중 많은 사람이 실제 생존했는데, 포로들로부터 단 1센트라도 가치 있는 첩보를 전혀 얻지 못하였다. 또한 국가 X에서 (당신이 그 이름을 대시오) 많이 생존해 있는 오늘날의 사악하고 무능한 낙오자들도 얻고 싶은 첩보를 거의 얻지 못했던 것은 마찬가지였다.

왜 고문이 효과를 내지 못하는가? 그것은 고통 속에 있는 사람은 정확한 보고자가 아니기 때문이다. 확인하고 싶으면 어떤 의사에게든 물어 보기 바란다.

중세 시대에는 고문의 목적이 첩보를 획득하는 데 있지 않았다. 범인이나 정적이나, 또는 이교도를 처벌하고, 복수를 하고, 권력을 과시하고, 그리고 재미를 얻기 위해서였다. 자백은, 오늘날에도 그렇듯, 어떠한 범죄행위에서든지 심문관이 이미 그 범행을 알고 있거나 또는 꾸며내는 것이 유익할 것이라고 알게 되는 범행에 대해서 실시하였다. 오늘날 심문이라는 이름으로 사용되고 있는 고문의 목적도 마찬가지다. 고문으로는 첩보를 생산해내지 못하며, 잠재적인 첩보원이나 이중스파이에 대한 통제를 훨씬 많이 약화시킬 뿐이다.

결코 착각하지 마라, 어떠한 종류의 심문이라도 그것은 더러운 일임을. 그것은 심문을 당하고 있는 사람의 품위를 떨어뜨리고, 가치를 저하시키며, 그에게 굴욕감을 주는데, 왜냐하면 심문이 그 사람의 사생활을 침범해서 방해하기 때문이다. 그래서 심문은 또한 심문관 자신의 품위를 격하하고, 가치를 저하시키는 (자신을 굴욕 당하게 하는, 다시 말해 비천하게 만드는) 것을 의미한다.

심문이 이렇게 더러운 일이기 때문에 가장 깨끗한 성품을 가진 사람들에 의해서만 실시되어야 한다. 당신 자신이 가학적인 성향이 조금이라도 있다면, 부디 지금 당장 그 일에서부터 벗어나라. 그리고 더 이상 이 책을 읽지 마라. 가서 방첩활동으로부터 멀리 떨어져서 나비의 날개나 잡아떼거나 하는, 그런 무언가나 하라. 우리는 당신이 동료가 되기를 원하지 않는다.

완벽한 심문관

훌륭한 심문관이 지녀야 하는 재능과 인격적 특징을 몇 가지 언급한다 하면 다음과 같다.

- 방첩의 다른 모든 규율에 대해 전반적 지식을 구비할 것
- 서류파일 자료에 대한 분석에 경험이 있을 것
- 심리학에 관해 생생한 지식을 가질 것
- 자기 자신을 이해하고 자신의 감정을 통제할 것
- 행동력이 상당히 있으면서 배우가 갖는 시간감각을 가질 것
- 인내성이 있을 것

야비한 심문관이야말로 가장 인간적인 상황에서조차 남에게 상처를 입히는 것을 즐기는 사람이다. 그런데 자기의 피심문자를 *조종하는 것*을 망설이는 인정 있는 사람도 역시 야비한 심문관에 속한다.

심문을 일종의 유도(柔道)라고 생각해보자. 유도는 당신이 상대방의 힘을 그 상대방에 불리하게 회전시키는 원리에 입각하고 있다. 상대방이 당신에게 공격하면, 당신은 그의 그러한 순간의 힘을 이용해서 상대방이 엉덩방아를 찧게 홱 뒤집는다. 그런데, 그렇게 하기 위해서는 상대방의 힘이 무엇이고 어느 정도인지를 당신은 먼저 알아야 한다. 그렇지 않으면, 그렇게 그의 힘을 이용할 수가 없다. 그리고 상대방이 공격하도록 하는 방법을 터득해야 한다.

심문관은, 성직자나 의사와 같이, 감정을 이입하는 재능을 가져야 한다. 즉, 다른 사람과 의사를 소통하고 싶어 하는 개인적 욕구, 상대방에게 감정적 압력을 최대한 가하는 경우에도 상대방이 가볍게 반응하고 지나가게 하는 관심, 등을 가져야 한다. 심문관이 포로를 향해 갖는 노염, 분노, 또는 혐오는 의사가 환자를 향해 갖는 부류와 같은 태도에 의하여 항상 진정될 수 있어야 한다. 의사

는 환자를 싫어할 수도 있으나, 그는 어떻게 해서 그 환자가 싫어지게 되었는가에 대해 파악하고서, 자기 자신의 증오심을 한 쪽 편에 치워둔다.

역으로, 만약 심문관이 포로에 호감이 간다고 스스로 알게 된다면, 그는 그런 자기의 친근한 감정을 제쳐 두어야 한다. 특히, 그 포로가 이성이거나 매력이 있는 경우에는 더욱 그렇게 해야 한다. 역사가 시작된 이래 신체언어와 용모가 예쁜 포로의 매혹적인 태도에 의해 속아 넘어간 심문관의 수가, 정확하게 한다면, 43,123,465명이나 된다. 바로 이 문장을 쓰기 위해 사용하고 있는 이 시간 동안에도 그 수가 314명이 증가하였다.

덧붙여 말하면, 우리가 여기서 모든 심문관이 남자라고 가정하고 있지만, 이 같은 규칙은 심문관이 여자일 경우에도 동일하다. 여자 심문관은 소수이지만, 이 분야에 진출하는 여자들은 일반적으로 아주 능력이 우수하다. 아마 그들은 공작 분석이나 탐지업무와 같이 허튼소리는 어떤 것도 용납되지 않는 일을 한 경험적 배경을 보통 가지고 있지만, 다른 한편으로는 남자들이 여성특유한 직감이라고 부르는 공감을 동반하는 래포(rapport)를 형성하는 재능을 가지고 있기 때문이기도 하다.

압 박

우리는 육체적 고통을 가하는 것이 심문에서 첩보획득과는 별로 상관이 없다고 이야기하였다. 그러나 불안, 굴욕, 고독, 그리고 자부심 등은 또 다른 이야기이다.

한국에 있던 중국인들은, 그리고 몇 년 후에 북베트남 사람들도, 포로를 세뇌시키기를 원하면서도, 고통 주는 방법은 사용하지 않았다. 그들은 불편, 기아, 굴욕 등을 사용하였으며, 무엇보다도 최악의 고문행태의 하나로서 고독을 이들 방법과 결합시켰다. 당신이 몇 주 동안 혼자 비좁은 감방에서 지내고 난 후에 배고프고, 화장지도 없고, 칫솔도 없고, 이와 벼룩과 싸울 방법이 없고, 시간이 얼마나 지났는지 감을 잡을 수가 없고, 한밤의 한기를 버텨낼 담요도 없고, 그리고 *이야기할 사람도 전혀 없는* 상황에 있으면, 당신은 “안녕하세요. 오늘은 어떠세요? 당신의 도움이 필요합니다.”라고 최초에 당신에게 말을 건네주는 사람의 손에 들어 있는 퍼티(putty, 역자 주: 유리창 또는 도장용 접합제)에 불과하게 된다.

당신은 그렇지 않다고 말하려 하겠지? 언젠가 한번 해보라. 당신은 심문이라고 부르는 방첩관 업무의 기본 계책에 관하여 지식을 얻게 될 것이다. 이것이야말로 방첩관이라면 자기 직무를 수행하기 위해 가져야 하는 바로 그 지식에 해당한다. 왜 그러냐고? 두 가지 이유가 있는데, 방첩관은 심문에 관련되는 사람들이 (자기 자신도) 심문상황을 잘 견디도록 준비해야 하고, 그리고 자신이 맡은 심문을 효과적으로 수행하도록 지식을 활용해야 하기 때문이다.

모든 심문이 감옥에서 실시되는 것은 아니라고 당신은 말하려는가? 그렇지 않다. *심리학적으로,* 심문받고 있는 모든 사람은 죄인이며, 그렇지 않다면 그것은 심문이 아니고 인터뷰이거나 또는 디브리핑(debriefing, 역자 주: 특정한 업무에 대한 상세한 경과설명)에 해당한다.

당신이 할 첫 번째 일이면서 모든 사례를 통하여 계속되는 일 하나는 관련 있는 모든 조사 자료를 제대로 파악해서 감당하는 것이다. 그럼으로써 사례가 진행함에 따라, 심문에서 얻는 첩보(information)와 오첩보(misinformation)를 가지고 그 사례를 계속적으로 검토하여야 한다. 당신의 자료파일이 피심문자를 대응하는 데 주된 무기가 되어야 한다. 그렇게 함으로써 당신은 당신이 알고 있는 것을 알고 있는 반면에, 당신의 피심문자는 당신이 알고 있는 것을 알지 못한 채로 있게 된다. 심문이 진행되고 그 방식이 복잡해짐에 따라, 피심문자는 통상적으로 자기가 말했던 바를 잊어버리며 자신과 자주 모순되기 시작한다. 이런 혼동 과정은 심문관이 자기 자료파일에 있는 사항들에 대한 잘못된 생각을 피심문자에게 주입하면 더욱 심해질 수 있다.

냉전 기간에, 소련 지배하에 있던 정보기관들이 종종 자기들의 포로로 하여금 강제적으로 어떤 진술을 반복해서 쓰고 또 쓰게 함으로써 이 과정이 기계적이게끔 하였는데, 나중에 심문에서 사용된 내용과 비교하여 불일치한 점을 발견해내서 그 차이점을 압박도구로서 심문에 사용하였다.

당신이 할 두 번째 일은 당신의 피심문자가 자기는 죄인이라고 느끼도록 관계사항들을 조치하는 것이다. 마을에서 밤을 지내고 집으로 오고 있는 만화 속의 남편은 심리학적으로는 화가 나있는 자기 아내에 대해 죄인이 된다. 그는 갈 곳이라고는 없으며 물음에는 즉석에서 대답해야 한다. 그가 집을 나가버리거나 자기 아내에게 뒈져버리라고 말하거나 또는 그녀에게 심하게 매질을 가하거나 한다면, 그 아내는 적어도 순간적으로는, 심문관으로서 실패한 것이다. 다음날 아침에 남편이 현관 계단에 돌아와서 (말하자면 감옥으로 돌아와) 후회하고 있는 것을 본다면, 이 경우는 그 아내가 심문에 성공하는 과정에 있는 것이다.

이 이야기는 당신이 전문성을 발휘할 수 있는 영역에서 심문해야 한다는 의미이다. 만약 피심문자가 오히려 전문성이 있는 영역에서 당신이 심문을 해야 한다면, 그 책임을 온통 당신이 떠맡아야 할 것이다. 출입문에 경비원을 세우고, 보조요원이 수첩이나 녹음기를 눈에 보이게 들고 문 안팎을 들락거리게 하고, 가구를 이동시켜서 당신이 가장 편안한 의자를 갖도록 하고, 당신 자신이 이리저리 걸을 공간을 확보하면서도 피심문자는 계속 앉아 있도록 하여라.

당신은 지금 당장의 상황에 부합하는 다른 심문요령에 대해 숙고해야 할 것이다. 그 요령을 피심문자가 고립되어 있다고 느끼게 만드는 데 사용하고, *정상적인* 환경을 그에게서 차단해 오직 당신에게만 말할 수 있도록 혼자 두어라. 모든 정상적인 사람은 유아시절부터 대화하고 싶도록 습관화되어 있음을 기억하면서 말이다. 누군가에게 말을 하고 싶고 누군가가 이에 반응하도록 하고, 그리고 또 다른 누구에게 반응을 보이고 싶어 하는 욕구가 인간 본성이라고 하는 것에 내재되어 있는 것이다.

당신이 심문에서 해야 할 세 번째 일은 당신의 죄인이, 거짓말을 하는 것만으로도 좋으니, 당신에게 말하고 싶은 충동에 따라 행동하게 하는 것이다. 당신은 이미 거짓말을 듣기로 해서 그 대가를 받고 있다는 점을 기억하여라. 그래서 문제는 무엇이 당신의 피심문자로 하여금 그렇게 행동하게 하는가를 파악해 내는 것이다. 예를 들면 행동 동인은 다음과 같다.

- *자부심:* 피심문자가 자기 일에 긍지를 갖고 있는가? 그렇다면 그에게 그의 긍지에 대한 당신의 오해를 고쳐달라고 하여라. 당신에게 가르치고, 강의하고, 당신의 무지에 대해 비웃게 하되, 말을 계속해서 하도록 하여라.
- *수치심:* 피심문자가 자기가 했던 일에 대해 수치스럽게 생각하는가? 그렇다면 그가 그 수치심을 어떻게 보상할 수 있는가를 당신에 대한 그의 존경심을 잃지 않게 하면서 점잖게 보여주어라. 그가 자기의 수치심과 자기 동정심에 푹 빠지게 하되, 말을 계속하게 하여라.
- *공포 #1:* 피심문자가 동료로부터의 보복을 두려워하고 있는가? 그렇다면 당신이 어떻게 그를 보호할지 계획을 세우는데, 그에게 도우라고 하여라. (당신 기관이 그를 항상 보호해줄 수 있다고 *허풍떨지* 말라. 아마 그렇지도 않을 것이다. 어쨌든 당신은 그의 불안을 나중에 그에게 대응하는 도구로서 필요할 수 있다.) 피심문자가 자기를 보호하려고 계획하는 데에 (그리고 자기의 과거 동료들에게 대항하려는 공모에도) 당신의 동업자가 되었다면, 그는 다른 모든 면에서도 당신의 동업자가 되어야 한다는 일종의 의무감을 느낄 것이다.
- *공포 #2:* 피심문자가 당신을 두려워하고 당신이 자기에게 무슨 일을 할지에 대해 무서워하는가? 그렇다면 그로 하여금 당신이 하고 있는 일을 돕도록 하여라. 그를 처벌하기를 원하지 않고 있고, 당신은 단지 첩보만을 원하고 있으며, 그를 처벌해야 하는 것을 피할 수 있도록 당신을 도와야 한다고 그에게 설명하라. 위협은 넌지시 비추되, 직설적으로 하지 않아야 한

다. 그리고 당신은 "게임의 규칙"을 싫어하면서도 시행하지 않을 수 없음을 설명해주어라.

슈미트 이야기

여기서, 다른 이야기 중에서도, 정서적으로 스트레스가 많은 심문에 상대적으로 인간적인 방법을 사용했던 이야기를 하나 하려고 한다. 2차 세계대전 중에 나치 독일의 방첩부대인 압베르(Abwehr)에 한 부정직한 장교가 있었다. 그는 런던과 뉴욕에서 발행하는 신문이 베를린에 도착하기 전에 서방의 한 우체국(그 이름을 밝히는 것이 금지되어 있음)에서 입수하는 평범한 직무를 수행하고 있었다. 그가 이렇게 사전 첩보를 접함에 따라, 슈미트는 (그를 슈미트라고 부르고자 함) 대서양을 건너오는 무기와 민감한 보급물자의 선적에 관해, 전해지던 바로는, 첩보를 수집하는 첩보망을 구성해서 베를린에 있는 자기의 방첩부대 상관들에게 일련의 보고서를 작성하였다. 그 신문들이 베를린에 며칠 후에 도착하면, 그 속에 있는 단편적인 정보들은 슈미트의 보고내용을 확증해주는 것처럼 보였고, 그래서 그는 거듭하여 승진하였다.

그러나 전쟁이 끝나자 슈미트가 실직하게 되었다. 또한 그의 동료 한 사람("뮬러")도 직장을 잃었는데, 뮬러는 전쟁기간 내내 베를린에 있는 압베르의 본부에서 업무를 보았기 때문에 종전 즈음에는 독일인들이 소련 공군에 관하여 알고 있는 모든 것을 잘 주지해 있었다. 그래서 슈미트와 뮬러는 한 팀이 되어 어느 한 연합국 정보기관에서 자신들이 고용되도록 하였다. 그들은 독일에 사무실을 하나 차렸으며, 항공기술에 관한 모든 연합국 잡지를 구독하였고 (놀라울 정도로 항공기술에 관련해 무분별하게 많은 연합국 잡지가 있었으며, 또한 현재도 있음) 소련에 비밀첩보망을 하나 구축하였다. 그래서 소련 항공기의 가장 최근 설계에 관하여 보고서를 생산하기 시작하였다.

처음에는 슈미트의 보고서가 연합국 정보당국에 의해 열광적으로 받아보게 되었다. 그러나 시간이 경과함에 따라, 그 보고서가 다른 출처의 보고서와 일치하는 정도가 점점 줄어드는 듯하였다. 결국 슈미트는 혐의를 받게 되었으며, 연합국 방첩관 한 명이 그를 조사하도록 임무를 배정 받았다.

항상 그렇듯, 조사를 위해 해야 할 첫 번째 일이 파일 조사였다. 그 방첩관은 (또는 그와 같이 일하는 분석관은) 연합국 정보기관들에 의해 획득되어 모은 독일 문서가 있는 한 도서관에서, 독일 방첩부대에 의해 1944년에 수행되었던 슈미트 조사에 관한 기록을 발견하였다. 슈미트가 보고했었던 폭탄과 폭격기 엔진을 운반했던 어떠한 선박도 독일 잠수함에 의해 그 위치가 추적되지 않았던 것을 알게 되자, 그 기록이 의심스러워졌다. 이상하게도, 독일의 조사가 슈미트의 친구인 뮬러가 중재했을 때에는 중지되었었다. 그래서 그 방첩관이 뮬러에 관하여 확인하였는데, 그가 서독의 한 도시에서 사무실을 열어 살고 있고, 그 사무실로 프랑스, 미국, 그리고 영국의 잡지들이 소포로 자주 배달되었다는 것을 알게 되었다.

이제 심문을 순서에 따라 할 차례였다. 그 연합국 방첩관은 연합점령군의 비상경찰 권한을 사용해서 슈미트를 아무도 모르게 체포하고 눈가리개를 해서 한 시간 동안 목적지 없이 차에 태워 돌아다녔으며, 그러고 나서 어느 성(城)에서 창문이 없는 텅빈 포도주 창고에 혼자 감금시켰다. 그의 침상은 돌바닥 위에 담요 한 장이 전부였다(여름철이었지만, 포도주 창고는 밤이면 쌀쌀했음). 그의 화장실은 큰 주석 깡통 하나였다. 그에게는 면도기, 칫솔, 거울이 없었다. 조명은 계속해 꺼지지 않은 채 천정에 매달려 있는 전구 하나가 전부였다. 그의 음식량은 충분하였지만, 문에 난 구멍을 통해 부정기적으로 제공되었고, 그의 경비병은 그에게 말하는 것이 금지되었다. 그래서 그는 여러 날 동안 바닥에 앉아 있었다.

어느 날 오후인지, 혹은 아침인지, 아니면 밤인가에, 슈미트는 시간관념을 상실했었는데, 한 경비병이 그 포도주 창고 속으로 들어와서 베갯잇으로 슈미트의 머리를 덮어 씌웠고, 그것으로 그의 허리도 묶었다. 그 직후에 그 연합국 방첩관이 (억양이 들어가지 않은 독일어로 말했음) 들어갔으며, 그리고서 모습을 드러내지 않은 채, 심문을 시작하였다.

"그렇게 건강한 모습을 보니 기쁘오. 무슨 질문이라도 있소?"

"내가 어디에 있습니까?"

"당신은 절대로 알지 못할 거요."

"다음에는 어떻게 되는 겁니까?"

"그건 당신이 하기 나름이오."

"나에게서 무엇을 원하십니까?"

"당신은 내가 원하는 것을 알고 있잖소."

"나는 칫솔이 필요합니다."

"미안하오. 지금 가야겠소. 나중에 돌아오겠소."

"언제요?"

"내가 언제 오는지 당신은 알건데."

더 많은 낮과 밤이 지나갔다. 그 방첩관이 돌아왔을 때, 그는 타자기와 한 연(500매)의 종이를 가지고 있었다.

"타자기와 종이를 두겠소. 그 베갯잇을 벗게 되면 보게 될 것이오. 내가 알고 싶어 하는 것을 써서 주시오."

"그것이 무엇입니까?"

"'슈미트 이야기'라고 부르시오."

그 방첩관이 돌아 왔을 때, 그는 타이핑된 24쪽의 종이가 타자기 옆에 있는 것을 발견하였다. 그는 그것을 읽지도 않은 채 찢어버리고 나가버렸다.

이 게임이 얼마나 오래 지속되었을까? 몇 주일? 아니면 몇 개월? 종국적으로 슈미트 이야기는 삼백 쪽의 분량에 다다랐으며, 모두가 사실이었고, 모두가 주의를 끌었다. 그리고 그 속에는 뮬러 이야기도 포함되어 있었다. 뮬러도 다른 성에 있는 비슷한 포도주 창고에서 다른 베갯잇에 둘러 묶인 채 타이핑을 하였었지만, 심문관은 양측 모두 동일하였다. 그 심문관은 그렇게 작업을 전부 하는데 일주일에 세 시간 정도씩 사용하였다.

슈미트와 뮬러는 서로 격리된 채 눈을 가리었고, 각각 별개의 도시에서 한 시간 동안 차에 태워 돌아 다녔다가 새로운 생활을 시작하기 위해 호주머니 돈을 얼마 받은 채 자유롭게 풀려났다. 어느 누구도 그와 같이 정보를 날조하는 세계에는 다시는 들어가지 않았다.

이 과정에서 고문이 사용되었는가? 글쎄, 슈미트와 뮬러가 고문과 같은 불편한 시간을 가졌었고 자존심도 많이 잃었었다. 그러나 그들은 원기 있는 사람들이었다. 그 방첩관은 양심이 좀 아팠을 때에는, 둘 중 어느 누구든 스스로를 강건하고 민활한 생존자라고 미리 인식하지 못하고 있었다면, 그 사람에게는 절대 그런 방식을 사용하지 않았었을 것이라고 스스로에게 말하였었다. 여러 해가 지난 후 이 세상의 다른 곳에서, 비록 슈미트는 현재의 친구가 과거에 자기의 적이었다는 점을 전혀 알지 못하였지만, 그 심문관은 슈미트의 편안한 친구가 되어 있었다.

심문요령이 통하지 않는 경우

앞에서 말한 요령이 항상 통하지 않는 사람의 부류가 세 가지 있다. 반사회적 병폐자, 고문생존자, 그리고 전문 정보관들이다. 여기에 이들에 대하여 조언 몇 가지를 하고자 한다.

반사회적 병폐자(Sociopath)

반사회적 병폐자의 범주에는 병적인 거짓말쟁이와 습관성 범법자가 포함된다. 그들은 대단히 총명하고 매우 박식하지만 자기 행동이 초래하는 결과를 무시한 채 자기가 직면해 있는 당장의 주위환경을 지배하려는 욕구에 의해 순간적으로 행동한다. 그들의 약점은 개인 대 개인 간의 상황에 대한 통제력을 상실하면 자신의 통제감을 회복하기 위하여 어떠한 짓도 (심지어 진실을 말하기까지도)

서슴지 않는다는 점이다. 그들을 당황하게 하면서도 협력의 길로 들어서도록 하기 위해서는 심문관이 그들이 어깨를 으쓱해 하도록 자존심을 세워주고 그 죄인 문제는 시간을 소비하기에는 대단치 않다고 말해주면서 심문을 끝내는 척하도록 한다. 반사회적 병폐자는 자기가 모욕감을 받으면서 잊힐 때에 고통을 받는다. 그래서 그들은 자기가 지배할 수 있는 종류의 음모에 자기 심문관을 가담시키려고 한다. 그렇게 되는 시점부터는 그들에게 유리해지는 게임을 하게 되는데, 다루기는 힘들지만, 필요한 일이다.

고문 생존자(Veteran of Torture)

오랫동안의 잔인한 심문에서 생존한 사람, 말하자면, 프랑스에서 게슈타포, 말레이 반도에서 일본인, 또는 루비앙카(Lubianka, 역자 주: KGB본부에 있던 감옥시설)에서 KGB의 손아귀에서 살아남은 사람은 각각 자기최면의 계책, 느긋해하는 능력, 그리고 마음을 차단하는 능력 등을 배워 익히 알고 있었기 때문에 목숨을 부지해 온 것이다. 당신이 이것을 무엇이라 부르든 ("자발적 자폐증"?), 이것이 심문을 소용없게 해서 중단시키기도 한다.

언제 당신이 그와 같은 고문 생존자를 마주치기나 할 것 같으냐고? 당신이 생각하는 것보다 훨씬 더 잦을 수 있다. 그런 사례들이 있다. 첫째, 중앙아메리카의 한 농부가 경찰심문에서 잔인한 처사를 받았는데, 그 결과로 그는 공산주의 게릴라 단체에 참여하는 동기를 갖게 되었다. 그는 그 단체에 포섭되어 총괄정보위원회(GDI: 쿠바 정보기관)의 한 공작원으로서, 말하자면, 푸에르토리코에서 일하도록 교육받았다. 둘째, 슬로바키아 유대인으로서 아우슈비츠 수용소에서 생존한 한 사람은 이스라엘에서 첩보원으로 복무하도록 체코 정보기관(CIS)에 의해 포섭되었다.

그렇지만, 그와 같은 죄인들이 있기 때문에, 당신이 고문 세계에 *머물지 않을 수* 있다는 유리한 점도 없지 않다. 또한, 인내심을 갖고 당신이 하는 심문과 오래 전의 잔인한 심문을 대비함으로써 죄인이 절실히 깨닫게 할 수 있다. 바로 여기에 당신이 위협을 모조리 포기해야 하는 이유가 있다. 만약 당신이 친분, 현실주의, 그리고 분석을 통해 그의 협력을 구할 수 없다면, 포기하여라. 그러나 당신이 적정하게 그것을 사용한다면, 당신은 아마도 포기할 필요가 없음을 알아챌 것이다. 누군가 한때 고문을 당한 사람과는 순수한 인간적 공감을 느끼기도 용이하고 전달하기도 용이하다. 그래서 그것이 심문관과 죄인 사이에 강력한 결속관계를 만들어 줄 수 있다.

전문 정보관(Professional CI Officer)

어떠한 피심문자도 적국 기관에서 온 방첩 전문가를 심문하는 것보다 더 어렵거나 혹은 더 재미있지는 않을 것이다. 그는 당신의 심문요령을 이미 알고 있고, 자료를 알고 있으며, 또한 그는 무엇을 포기해버릴 수 있으며 무엇을 보호해야 하는가에 대해서도 훤히 알고 있다. 그리고 그는 많은 첩보를 갖고 있기 때문에 더 중요한 것에서부터 하찮은 것에까지, 또는 일반적인 진실에서부터 구체적인 허위에 이르기까지 당신을 용이하게 비껴 나갈 수 있다. *전문가는 휘어질 수는 있어도 절대로 부러지지 않는다*는 점을 처음부터 명심하여라. (다음의 "극한점"을 참조하라.) 심지어는 진정한 망명자까지도 개인적 이유, 즉 창피, 과거 동료에 대한 의리, 정보를 독자적으로 이용하려는 계획, 등으로 인해 당신에게 절대로 이야기하려 하지 않는 비밀을 다수 가지고 있다. 그런데 때로는 그 비밀이 중요한 것들이다. 앞에서 이야기한 바 있는 슈미트도, 뮬러가 베를린에 있는 슐쩨-보이센 일당을 통해 소련 정보기관과 전쟁기간 동안 연결되어 있었다는 중요한 비밀을 포함해, 우리가 한참 나중에야 알게 되었던 비밀을 다수 지니고 있었다. (육군중위였던 하로 슐쩨-보이센은 1942년 탐지되어 처형되기까지 독일 공군정보기관의 본부에 침투했던 소련 공작원이었다.)

"합법적"인 정보관, 즉 외교적 면책특권을 가진 사람들은 이등 서기관, 문화담당관, 기타 이와 같은 자기의 "가장(cover)" 속에 "가공 이야기(legend)"(커버스토리)를 내장해 있다. 그래서 그들은 자주 "일회성 사용(throwaway)" 목적의 가공 이야기를 가지고 다니면서 자기가 실제보다 덜 중요한 스파이임을 인식시키려고 한다.

다른 한편, "불법적"인 정보관은 탐지당하는 것을 피하려고 통상적으로 남의 눈길을 오히려 잘 끌지 않으려 하며 일단 붙잡히면 자기의 가장을 지탱하는 데에 난관을 겪는다. 우수한 수사 작업과 분석에 의해 그들의 문서가 통상 날조된 것으로 밝혀질 수 있거나, 표면적인 생계 수단이 있을 법하지 않은 것으로 노출될 수 있다.

"고든 아놀드 론스데일"이란 이름으로 핀볼 기계를 파는 기업의 소유자로서 런던에서 일했던 KGB 불법 스파이이었던 콜론 몰로디야는 문서상으로는 죽은 캐나다 사람의 신원이었다. 출생기록이 캐나다에서 확인되었을 때, 실제의 고든 론스데일은 할례를 했었던 것으로 밝혀졌는데, 하지만 런던에 있는 고든 론스데일은 그의 표피가 그대로 있었다. 캐나다 경찰이 했던 이렇게 세부적 수사 작업은 런던에 있던 몰로디야의 심문관에게 환영받았다. 그러나 몰로디야는 입을 다물어버렸고 심문관들은 그의 불법적인 고정거주스파이(rezidentura)에 대항하는 공작활동을 진전시키려는 첩보를 그에게서는 거의 얻지 못하였다.

몰로디야와 같은 전문적 정보관에 대한 심문은 거칠지만, 그러나 어떤 관점에서는 오히려 쉬운데, 왜냐하면 이른 시간에 서로 전문가끼리의 래포(의기투합)가 거의 자동적으로 이뤄지기 때문이다. 텍사스의 한 석유 지질학자가 이란에 있는 자기의 경쟁자가 사용하는 동일한 기본용어로 이야기하는 셈이다. 그들은 폭력에 의존할 수도 있겠지만, 오히려 서로 이해할 수도 있다. 그래서 스파이 세계에서는 장점이 된다. 전문가를 심문하는 것은 처음 몇 분이 지나고부터는 마치 체스와 유도를 결합한 것과 같은 셈이 된다. 부디 행운을 빈다.

극한점

심문관들은 피심문자를 “극한적으로 몰아붙이는 문제(breaking)”에 관해 관심 있게 이야기한다. 이것은 피심문자가 모든 것을 털어 놓기를 결심하도록, 거짓말로 회피하는 것을 중지하도록, 처벌을 감수하도록, 그리고 당신의 지시에 복종하도록 유도하는데 빠른 방법이기도 하다. 극한으로 몰아가면 신경쇠약 증세가 동반하면서 자주 정신적 외상쇼크가 발생할 수 있다.

피심문자가 극한 상태로서 “자포자기 상태”에 이르게 되면, 이론적으로는 심문이 완료된 것과 다를 바 없다. 말하자면 이 시점부터는, 심문자는 피심문자로부터 디브리핑을 상세하게 들을 수 있고, 이중스파이로 포섭할 수도 있으며, 피심문자의 재판과정에서 제출하기 위한 자백을 녹취할 수도 있다. 그러나 현실적으로는, 심문이 전혀 끝나지 않은 것이다. 심문관과 피심문자가 수개 월 또는 수년 후에 만날 때, 그들 둘레에는 보이지 않는 감옥 벽이 솟아올라 있다.

그래서 심문관은 자기가 맡은 일을 일단 끝냈다면, 그렇게 되지 않도록 해야 한다. 심문관으로서 잘 귀담아 들어 두어야 하는 것은, 언제든지 악수할 수 있고 포옹할 수 있으며 그리고 친선을 맺을 수 있어야 한다는 점이다. 그렇지만 감옥 벽은 여전히 남아 있을 것이다. 그리고 만약 피심문자와의 일이 이제 이중스파이로서의 일로 전환되었다면, 심문관은 자기의 직무도 이제부터 공작관(case officer)의 일로 바뀌었다고 기억하는 것이 나을 것이다. 지나간 일이었던 심문이 이제 첩보원 시험 및 첩보원 공작조종 그리고 첩보원 생명보호 중의 하나로 바뀐다. 심문활동이 대스파이활동으로 전환된 것이다.

C/H/A/P/T/E/R 6

거짓말 탐지기를 어떻게 관리하나?

뉴스 미디어에 종사하는 인사들은 실제로 광고업계가 먹여 살리는 엔터테인먼트산업의 한 부류에 속하면서 그 속에서 생계를 유지한다는 점을 인정하지 않으려 하는데, 그래서 그런지 그들은 "거짓말 탐지기"라고 불리는 폴리그래프(polygraph, 鼓動同時記錄機) 기계에 대해서도 여간 싫어하는 것이 아니다. 또한, 뉴스 미디어야말로 정치인들이 활개 치는 바다라고 할 수 있는데, 정치인들 역시 "거짓말 탐지기"에 대해서 제대로 알려고 하지 않으면서 이러쿵저러쿵 말들이 많고 분개해 한다. 그러면서도 이 탐지기 앞에 서서는 자기 자신에 대해 알리려고 거의 신경 쓰지 않는다. 이러한 그들의 태도는 위선적인 분노라고 할 수 있다.

자기 신조에 충실한 한 애국적인 국무장관은 "이 정부에서 내가 신뢰 받지 못한다는 말을 듣는 순간이 내가 떠나는 바로 그 날이다.....나는 소위 말하는 거짓말 탐지기 검사가 마음에 대단히 걸린다. 그것은 과학적인 도구라고 보기가 어렵다. 죄가 없는 사람을 죄가 있는 사람으로 식별하면서 거짓말을 한 죄가 있는 상당한 부류의 사람은 놓치는 경향이 있다. 내 생각으로는, 전문직업적 스파이나 전문적 기밀누설자는 그 검사에서 적발되지 않도록 아마 자기들 스스로를 훈련시킬 수 있다는 것이 아주 잘 증명되고 있다."고 말할 수도 있다(조지 슐츠, 1985년 12월 19일 AP통신에 의해 인용). 나는 여기서 폴리그래프를 심문하는 도구로서 그 윤리적 문제에 관해 이야기하려는 것이 아니라 그것의 현실적 사용에 관하여 이야기하고자 한다.

폴리그래프는 무엇인가

폴리그래프는 하나의 측정 기구이지 그 이상의 것도 아니다. 그것은 세 개의 의료기구, 즉 (1) 혈압과 맥박, (2) 발한(發汗) 정도, 그리고 (3) 호흡 규칙성 등을 측정하는 기구가 결합(여기서 "poly"가 "많음"을 의미)된 것이다. 각 장치가 스타일러스(stylus)라고 부르는 붉은 잉크가 탑재되어 있는 기계적인 작성 도구(철필)에 각각 연결되어 있으며, 이 세 개의 철필이 동시에 두루마리로 된 차트 위에서 자동적으로 선을 그려 넣는다. 그것은 이와 같이 뇌파(뇌파기록장치), 심장 성능(심전계), 그리고 그와 유사한 것들(참으로, 이 기구들이 미래의 더 정교한 폴리그래프와 결합할 수도 있음)을 진단하는데 의사들이 사용하고 있는 많은 다른 기구들과 비슷하다. 그 기계 전체에, 종이, 잉크, 플러그 어댑터, 그리고 도구상자 등이 추가되면, "휴대용" 컴퓨터라고 부르는 것과 비슷한 단위의 패키지 완제품이 된다. 현장에서 폴리그래프를 작동하는 사람 중에는, 자기들의 "휴대용" 기계를 사무실에서 차로, 그리고 안가에서 안가로 무리하게 이동시킴에 따라 그 무게 때문에 탈장이 발생하는 비율이 높아지기도 한다.

혈압 측정용 구성부품은 당신이 신체검사를 했던 마지막 시간에 의사가 당신의 팔 위쪽 둘레를 감아 쌌던 아주 평범한 고무주머니이다. 의사가 당신 혈액

순환이 약간 막히게 하기 위해 공기를 그 주머니에 불어 넣어서 나머지 공기 압력이 눈금판 위에 표시되도록 한다. 폴리그래프는 눈금판 대신에 단순히 스타일러스를 사용하는 것이다. 혈압 변동이 움직이는 차트 위에서 스타일러스에 의해 긁혀서 표시를 만든다. 그리고 *맥박 수*는 자동적으로 나타나는데, 심장이 일일이 펌프질함에 따라 혈압이 오르다가 그러고는 조금씩 떨어지게 된다(심장 수축기/확장기).

*발한*의 측정은 땀이 염분을 포함해 있고 소금은 전기 전도체라는 사실에 의존한다. 땀이 많을수록 소금기도 많아지며, 그리고 땀을 통해 전기 흐름을 유지하면, 땀이 많을수록 전기 흐름도 많아진다. 이것이 손바닥에 고정시킨 검류계나 전류계에 의해 측정이 가능해진다. 그러면 그것이 번갈아 발한율의 변동을 차트에 기록하는 두 번째 스타일러스의 움직임으로 해석된다.

*호흡*에는 두 가지 측면, 즉, 빈도와 심도가 있다. 이들 둘의 규칙성은 조금 불편하지만 가슴부근 둘레에 고정시킨 유연한 벨트에 달려있는 세 번째의 스타일러스에 의해 기록된다. 만약 숨을 멈추면, 차트에 그것이 기록되어 보인다. 더 나지막하게 숨을 쉬면, 차트도 그렇게 기록한다. 우리 대부분이 거의 매분 또는 그 정도로 하고 있듯, 깊은 숨을 들이키면(또한, 우리가 안도감을 느낄 때도 그렇게 하듯), 차트에도 그렇게 나타난다.

차트가 이들 세 반응이 상호 관계에 있어서 어떻게 발생하고 있는가를 보여준다. 혈압과 발한은 동시에 올라가거나, 또는 그렇지 않을 수가 있다. 그리고 이와 동시에 호흡을 더 얕게 하거나 혹은 그렇게 하지 않을 수도 있다.

네 번째 요소가 이들 세 가지와 연관되는 것으로서, 심문관에 의해 가해지는 *구두자극*(verbal stimulus)이다. 심문상대가 말하는 동안 심문관이 펠트펜(동물털로 구성)으로 차트에 표시해 둔다.

폴리그래프는 어떻게 작동하는가

당신이 승객으로서 차를 타고 가는데 갑자기 한 아이가 차 앞으로 달려온다면, 당신의 혈압은 오를 것이며, 손바닥에는 땀이 날 것이고, 운전자가 차를 멈추거나 빗겨 나가게 하기까지 숨을 멈출 것이다. 만약 당신이 이 경험을 하는 동안 폴리그래프에 연결되어서 부착된 펜 세 개가 움직이는 차트가 앞 유리창을 통해 보이는 전망 옆에 있는 분할스크린에 나타날 수 있다면, 혈압과 땀을 나타내는 선이 뾰쪽하게 최고점을 이룰 것이고, 호흡을 표시하는 선은 갑자기 튀어 오를 것이며(마치 '숨이 턱 막히듯'), 그러고 나서 최저점으로 떨어진다. 당신이 아이를 보는 것과 차트상의 변동과의 사이에 시간적 차이가 있을 것인데, 생리적 반사에 관심을 가진 의사는 이것을 당신의 반응시간으로서 측정하고 연구할 수 있다. 만약 당신이 심하게 술을 마셨거나 체내에 약물을 들이켰다면, 의사(또는 경험 많은 폴리그래프 운용원)가 그 반응시간의 차이를 연구해서 알코올이나 마약성분을 탐지할 수 있을 것이다.

이상의 모든 것은 당신이 이미 알고 있는 것을 다시 서술했을 뿐이다. 즉, 당신이 보고 들은 것들은 당신의 심장과 피부와 폐가 순간에서 순간으로 작동하는 방법에 효과를 미친다는 점이다. 그것은 나의 뒷마당에 있는 사슴이 내 이웃의 개를 보거나 그 개가 그 사슴을 보자 짖을 때 재빠르게 달아나는 경우에 비교될 수 있다. 그러나 당신과 사슴 사이에는 차이가 있다. 왜냐하면 당신이 보는 많은 것(예컨대, 이 책의 현재 면을 읽는 것)과 당신이 듣고 있는 많은 것들은 단어(*words*)이기 때문이다. 그런데 단어, 또는 그 속에 담긴 의미가 또한 당신의 신체기능에 영향을 줄 수 있다.

당신을 폴리그래프 기계에 연결시키고 일련의 단어를 당신에게 읽어 줘 보자. "나무...유리...물...신...구름...전구...성...종이...구두" 등.

이제 그 차트를 보자. 거기에는 폴리그래프 운용원이 그 단어를 말하면서 자기가 단어를 하나하나 갈겨써 놓았다. 거기에 산이나 계곡의 모양이 있는가?

당신이 평범하지 않은 사람이 아니라면, 혈압이 그린 두 개의 작은 산과 땀이 그린 두 개의 작은 산이 있을 것인데, 각각에 "신(神)"과 "성(性)"이라고 이름을 붙여놓고서 호흡하는 경우에도 생기는 작은 골 두 개에도 같은 이름을 붙인다. 그래서 목록을 완성하면, 세 번째의 스타일러스에 의해 그려지는 산이 나올 것인데, 이것은 목록을 읽는 것이 끝났다는 안도감에서 당신이 한숨을 쉬는 것을 보여준다.

이제 당신에게 목록에 적힌 이름을 읽어주는 대신, 당신에게 "예" 또는 "아니요"라고만 답하기(이 경우 당신에게 그 질문을 사전에 자세하게 설명해주지 *않았음*)를 요구하는 일련의 단답형 질문을 했다고 가정하자.

1. "비가 오고 있습니까?"
2. "당신은 구두를 신고 있습니까?"
3. "아브라함 링컨이 대통령이었습니까?"
4. "당신은 이 폴리그래프 기계를 좋아합니까?"
5. "당신은 영어를 말합니까?"
6. "당신은 담배를 피웁니까?"
7. "당신은 옷을 입고 있습니까?"
8. "당신은 러시아 스파이입니까?"
9. "야구가 게임입니까?"

이들 각 질문에 당신이 8번을 제외하고 모두 "예"라고 답했다고 해보자. 그 운용원은 각 질문을 물어보면서 움직이는 차트 위에 번호를 휘갈겨 썼고, 그러고 나서 이제 산과 골을 본다. 그 운용원은 1번, 2번, 그리고 3번에서 특별한 점을 발견하지 않으며, 4번에서 약간의 반응을 보았으며, 5번에서 별반 반응을 보지 않았고, 6번에는 약간의 반응을, 7번과 9번에 별 반응이 없었는데, 그러나 8번에서는 큰 반응을 보았다.

왜 폴리그래프는 반응하는가

상당수의 심리학자들은 당신이 "전구(電球)"를 들을 때보다 "신(神)"을 들을 때 당신의 혈압이 오른다는 이론을 세운다. 왜냐하면 "신"의 *개념*이, 당신의 마음속에 그것이 무엇으로서 있건 간에, "전구"의 경우보다 감성적이고 지적인 의미를 훨씬 거창하게 암시하기 때문이다. 따라서 "신"에 대한 당신의 반응이 컴퓨터와 유사하게 생긴 두뇌에서 더 많은 회로를 사용하게 되고 그 속에 있는 더 많은 화학적 에너지뿐만 아니라 당신 *신체 전체에 있는* 화학적 에너지를 더 많이 연소한다. 왜냐하면 두뇌와 신체가 미주신경과 선(腺)체계(예컨대, 아드레날린선)를 통하여 연결되어 있기 때문이다.

보스턴의 한 의학연구원(브라이엄 앤드 여성병원의 앤드류 P. 셀윈 박사)이 어떤 종류의 정신적 자극도 예컨대, 머리로 수를 계산하는 일도 심 근육을 손상시키고 환자에 따라서는 종국적으로 통증을 동반하지 않으면서 심장마비에 이르게 하는 심장동맥 축소에 따르는 "국소빈혈(ischemia)"을 잦게 초래한다고 설명한 바 있다. 그래서 폴리그래프 사용을 통한 심문을 겪을 때 심장 손상은 위험하다. 이 위험 정도는 당신이 곱셈 구구표를 암송하거나 혹은 내가 이 문장을 작성하기 위해 생각하는 경우와 거의 동일하다.

바로 그 심리학자들이, *전부는 아니나 대부분의 사람들 경우에* 두뇌가 질문에 진실을 말하기보다 거짓으로 답하는 경우에 더 많은 전기화학적 에너지를 사용해야 한다고 믿고 있다. 즉, 간단히 말하면, 거짓말을 하려면 두뇌가 반응을 조직화하는 동안에 그 속의 라이브러리(자료실)를 더 많이 찾아보아야 하고 또한 신경회로를 더 많이 사용하여야 한다는 것이다.

다른 심리학자들은 "양심"의 최신식 용어인 *죄의식 조건반사*(guilt conditioning)를 더 많이 강조하고 있다. 그 사람들은 단어 "성(sex)"에 대한 당신의 반응이 "구두"에 대해서보다 더 강력하다고 말한다. 왜냐하면 당신은 태어나면서부터 성을 윤리적이고 도덕적인 용어로서 생각하는 데에 훈련되어 오고 있으며,

그래서 당신은 당신 자신의 성적 행태에 관하여 죄의식을 느끼는 데 길들여져 있기 때문이다.

해외에서 일하는 폴리그래프 운용원은 이 이론을 다소 수정해서 알고 있다. 그 운용원은 "죄의식 문화"를 공통적으로 공유하고 있는 북부유럽 사람들, 영국 제도(諸島)의 원주민들, 그리고 미국 사람들의 성 의식에 그 이론이 일률적으로 적용되는 것을 알게 되었다. 그렇지만 라틴 아메리카 사람들, 남부유럽 사람들, 그리고 중동아시아의 무슬림들에게는 덜 적용되었고, 동남아의 기독교인이 아닌 자들에게는 전혀 적용되지 않는다는 점도 알았다.

그러나 다행스럽게도, 성이 모든 것을 말해주는 것은 아니다. 거의 대부분(전부가 아닌)의 문화권에서는 진실을 말하는 것이 미덕이며 거짓말하는 것은 악덕이다. 심지어 예의를 갖추는 입장에서, 진실이든 거짓이든 간에, 자기들을 초청해준 주최 측 인사를 즐겁게 해주는 말을 하도록 길들여진 문화를 가지고 있는 피심문자에 대해서, 경험 많은 폴리그래프 운용원은 심문관에게 진실을 말하는 것을, 예의인지 아닌지에 상관없이, 의무라고 느끼게 하는 대인관계 상황을 조성할 수가 있다.

인종적으로 이국계인 상당수의 개개인들(신비주의자인 자바인들이 생각에 떠오른다.)에게는 우리 서방 사람들이 진실과 허위의 둘 사이에 있다고 생각하는 기본적 차이가 아예 없다. 그렇다면, 그들에게는 폴리그래프가 거짓말 탐지기로서 작동하지 않을 것이다. 그럼에도 불구하고, 폴리그래프는 심리적 평가를 위한 도구로서 그 사람들에게도 사용될 수 있으며, 그렇기 때문에, 이 책의 뒷부분에서 언급하겠지만, 이 기계는 다른 조사 도구들을 보조할 수가 있다.

우리가 "문화"와 "인종적으로 이국인"과 같은 용어를 각별히 사용하고 있는 점을 주목하라. 이것은 방첩관이 각자 자국의 외부에서 일하거나 또는 자기와 다른 배경을 가진 피심문자를 대하는 경우, 무엇이 피심문자로 하여금 행동에 옮기도록 하는지 반드시 알아야 한다는 것인데, 그래서 그 피심문자가 어디에서 왔는지 알아야 한다는 점을 시사하고 있다. 방첩관은 선교사가 될 수는 없으며,

따라서 그렇게 하려고 하지 않는 것이 낫다. 그렇지만, 인류학자는 되어야 할 것이다.

폴리그래프 반응의 의미

설명을 하기 위한 목적에서 우리는 다음과 같이 가정하고자 한다. 즉, 당신의 심문 사례가 단순한 것이며, 당신은 미국인 혹은 북부 유럽인 또는 영국인으로서 건전하고 마약을 하지 않으며, 그리고 정신병 의사가 당신은 정신적으로 건강하다고 생각하고 있다. 이 경우, 폴리그래프 운용원이 당신의 차트를 보고 어떤 결론을 내리겠는가?

당신은 러시아 스파이가 *아니라는* 취지로 번호8의 질문에 응답하였다. 그러나 당신의 혈압이 올라갔고, 당신의 손바닥이 땀에 젖었으며, 그 대답을 할 때 당신은 호흡을 멈추었다.

글쎄, 그 운용원의 결론은 당신이 거짓말을 하고 있다는 것은 *아니며,* 그러면서 당신이 정말로 러시아 스파이라는 것이다. 만약 그 운용원이 자기 직무를 제대로 알고 있다면, 그는 당신이 러시아 스파이일 거라는 생각만으로도 당신을 화나게 한다는 결론만 내릴 것이다. 왜냐하면 아마 당신이 정말 스파이이기 때문이거나, 혹은 당신이 그저 러시아 스파이를 싫어하거나 또는 스파이라는 품격을 떨어뜨리는 생각 자체를 싫어하기 때문일 수 있다. 그 운용원은 당신의 반응을 마치 번호6의 질문에 대해 좀 더 약한 당신 반응과 동일하게 분류할 것이다. 번호6에서 그 운용원은 당신 응답이 정직한 것이며, 당신이 담배를 피운다고 알고 있으나, 동시에 오늘날 모든 흡연자들이 흡연에 대해 방어적으로 느끼도록 하고 있음을 알고 있어서, 당신이 "예, 담배 피웁니다."라고 실제로 말하면, 그 운용원은 그것에 대해 당신이 조건부적 가책을 받아서 방어적 분노를 표시한 것으로 이해한다.

번호4 질문의 경우에는, 당신을 붙들어 매고 있는 이 기계를 좋아한다고 말함으로써 당신은 거짓말을 하였다. 어느 누구도 폴리그래프 검사를 받는 것을 좋아하지 않으며, 그래서 운용원에게 점잖게 대하려고 한다고 해서 그 검사에 대한 당신의 감정적 반응은 바뀌지 않는다. 그런데 비록 당신이 공손해 하지 않기로 마음먹고 "아니요"라고 말하기로 결심했더라도, 당신의 차트는 아마 여전히 그 질문 직후에 혈압-땀의 최고점과 호흡의 최저점을 표시해버렸을 것이다. 그 이유는 단순히 당신에게 붙들어 달려 있는 그 기계로 인한 불편과 자기모멸에 대하여 당신이 매우 강하게 느끼고 있기 때문이다.

그렇다면, 아홉 개의 *돌발적* 질문을 사용한 이 검사에서 그 폴리그래프가 거짓말 탐지기로서 낙제했었을 것이다. 다른 한편으로, 당신의 성격에 관해 무엇인가를 알아보는 수단으로서는 쓸모가 있었을 것이다.

그러나 그 아홉 개의 질문은 검사가 시작되기 전에 이미 당신과 상의되었었고, 그래서 당신이 각 질문에 하고자 하는 응답을 기록에 넣었었다고 가정해보라. 당신의 정신 상태가 이제는 달라져 있는데, 왜냐하면 당신은 당신 응답을 이미 기록해 버렸고 그래서 지금은 그 정확성에 대한 책임을 당신이 지고 있다고 알고 있기 때문이다. 당신이 당신 응답이 정확하다고 알고 있거나 또는 믿고 있다면, 응답하는 데 대한 감정적 긴장은 훨씬 적을 것이며, 그 기계에 연결되어 있는 당신의 두뇌와 신체가 에너지를 적게 사용할 것이다.

"검사 이전"에 했던 상의가 당신 마음의 평정을 위해 무엇을 했었는가에 주목하라. 흡연에 대한 죄책감(질문번호 6)이 상의되었고 그래서 예상 속에 이미 들어와 있었다. 당신은 번호4 질문에 "아니요"라고 응답하기로 동의했었는데, 왜냐하면 당신이 정말로 폴리그래프 기계를 싫어하기 때문이다. "러시아 스파이"라는 의미가 소련에 대한 모든 애매한 친근감 또는 공산주의에 관한 현명한 판단력을 제거한 채, 다만 스파이활동, 예컨대, 비밀회동, 비밀연락, 첩보 절취, 첩보원 포섭 후보자 관측 및 기타 등등에 필요한 전문기술을 사용하는 비밀음모활동을 구체화하는 것이라고 규정되었었다. 사실, "러시아 스파이"는 대부분의 사람들(소련의 전문 정보관들은 예외)에게 지저분한 말이기 때문에, 당신은 번호8의 질문을 감정적으로 덜 부담되는 언어로 보다 정밀하게 고쳐 응답하기로 폴리그래프 운용원과 합의해 있었다. 즉, "당신은 소련정보부의 통제를 받고 있는 첩보원입니까?"로 변경하였다.

당신의 차트가 어떻게 나타나 보이는가? 질문이 모두 돌발적이었었을 때 당신이 했던 응답과는 이제 전혀 달라졌는가? 그 질문과 당신의 응답을 다시 보기로 하자:

1. "비가 오고 있습니까?" 예
2. "당신은 구두를 신고 있습니까?" 예
3. "아브라함 링컨은 대통령이었습니까?" 예
4. "당신은 이 폴리그래프 기계를 좋아합니까?" 아니요
5. "당신은 영어를 말합니까?" 예
6. "당신은 담배를 피웁니까?" 예
7. "당신은 옷을 입고 있습니까?" 예
8. "당신은 소련 정보부의 통제를 받고 있는 첩보원입니까?" 아니요
9. "야구가 게임입니까?" 예

당신의 차트는 [표 6-1]처럼 보일 것이다.

표 6-1 거짓말 탐지기 검사 결과(돌발질문 9개 사용)

	효과			
질문	혈압	맥박수	발한	호흡
1	약간 상승	약간 상승	약간 증가	약간 하락
	해석: 검사 초기에 정상적 신경상태			
2	정상 회복	정상 회복	정상 회복	정상 회복
	해석: 스트레스 없음, 안정			
3	무 변화	무 변화	무 변화	무변화
	해석: 스트레스 없음			
4	약간 상승	약간 상승	약간 증가	약간 하락
	해석: 자아위협으로서 기계에 대해 약간 분노			
5	정상 회복	정상 회복	정상 회복	정상 회복
	해석: 스트레스 없음, 안정			
6	약간 상승	약간 상승	약간 증가	약간 하락
	해석: 흡연에 대한 약간 죄책감			
7	정상 회복	정상 회복	정상 회복	정상 회복
	해석: 스트레스 없음, 안정			
8	보통 상승	보통 상승	보통 증가	보통 하락
	해석: 질문 내용에 대한 혐오?, 거짓 응답이 더 강한 반응을 표출?			
9	정상 회복	정상 회복	정상 회복	심호흡
	해석: 스트레스 없음, 검사 종료시 안정			

기존 거짓말과 돌발 질문

앞서 질문 아홉 개를 사용한 사례에서, 당신의 폴리그래프 운용원이 결정적인 질문인 번호8에 대해 불확실하다고 느낄 수도 있다. 그는 반응을 "보통"이라고 통보했는데, 이것은 아마 그가 생각하기는 단지 "질문에 담겨 있는 생각에 대한 혐오"이었다. 왜냐하면, 아마 "거짓 응답이 더 강한 반응을 표출한 것?"이라고 보았던 것이다. 그렇다면 검사소견에 있는 의문부호는 무엇을 말해 주는가? 어떻게 해서 그 운용원은 이 특정한 피심문자의 경우에 그 반응이 실제로는 강한 것이 아니라고 확신할 수 있는가?

그 운용원은 자신의 판단으로서 확신하려면, 그의 특정한 피심문자인 바로 당신 경우에 정말로 강한 반응이 어떻게 보이는가를 알아야 할 필요가 있다. 한 가지 방법은 *이미 알려져 있는 거짓말(known lie)*에 대한 당신의 반응을 보는 것이다. 즉, 당신이 거짓말을 하고 있는 것을 그는 알고 있으면서 그가 알고 있는 것을 당신은 알고 있지 않다고 그가 알고 있는 경우이다. 그에게 다행스럽고, 또한 당신도 마찬가지로 다행스럽게도 그 운용원이 당신 공작 건을 담당하고 있는 조사관으로부터 제공받은 자료를 갖고 있다. 그는 자기에겐 중요하지 않지만 당신에게는 중요한 당신의 개인 비밀 중 하나를 알고 있다. 당신은 주택매입용 대출 요건을 충족하기 위해 사실상 당신 어머니 소유의 주식 한 질을 당신이 보유하고 있다고 주장해서 한때 은행에 제출한 재무명세서를 허위로 작성했었다. 당신이 대출채무 이행에 태만한 적이 전혀 없거나, 은행의 대출담당관이 당신이 허위 재무명세서를 작성하도록 부추겼더라도, 혹은 당신이 나중에 그 주식을 상속받았더라도 이들과 상관없이 그것은 허위 명세서였으며, 당신은 그것이 허위였음을 알고 있으면서 그 허위행동에 대해 항상 창피스럽게 여기고 혹시 당신 배우자에게도 들춰질까 걱정해오고 있다. 더구나, 당신 배경에 대한 일상적 조사(routine investigation)에서 그 허위사실이 드러났음을 당신은 모르고 있다. 그 폴리그래프 운용원은, 심문을 관장하고 있는 조사관에게서 지도받았으므로, 당신이 그것에 대해 거짓말할 것이라고 미리 예단할 수 있다.

그래서 그 운용원이 또 다른 일련의 질문사항을 실시하고 싶다고 당신에게 말하고 나서 처음과 많이 비슷한 일련의 질문을 제의하고, 번호8의 질문은 예외로 해서 이제 "당신은 은행에 재무명세서를 허위로 낸 적이 있습니까?"라고 변경한다. 그 운용원은 당신의 응답이 허위, 즉 "아니요"이기를 희망하면서도 당신 응답이 "아니요"일 것이라고 암시될 때 기뻐해한다.

그 운용원은 당신에게 이야기하지 않은 채, 일련의 질문이 끝나는 때에 돌발질문을 하나 사용하기로 또한 결정한다. 방금 실시한 검사(질문 번호4)에서 그는 당신이 그 기계 자체를 싫어하고 그래서 아마 공포를 느낀다고 알고 있다. 합의된 일련의 질문을 끝냈을 때, 그는 그 기계를 계속 가동하면서 질문 하나를 더 하겠다고 말한다. 그 운용원은 잠깐 멈추고서 당신이 어렴풋이 상상하고 있는 어느 한 질문, 예컨대, "당신은 자위행위를 한 적 있습니까? 당신은 어머니에게 거짓말 했습니까? 당신은 나에게 거짓말 한 적이 있습니까?....." 등을 예상하면서 혈압이 오르는지, 땀이 더 나오는지, 그리고 호흡이 점점 얕아지는지를 관찰한다. 그래서 차트상에서 붉은 선들이 최고점과 최저점에 도달한 것 같아 보일 때에, 그 운용원이 "당신, 칫솔질 한 적 있습니까?"라고 느닷없이 묻는다.

무슨 추잡한 계책인가! 내가 심문은 추잡한 일이라고 *말한 바 있다.* 당신이 자발적으로 피심문자가 되어 얼마나 이 심문절차를 일관해서 완전한 *죄인*이 되고 있는지 주목하여라.

그 차트가 지금 보여주고 있는 것은 두 개의 최고 반응치인데, 하나는 이미 알고 있는 거짓말이고 다른 하나는 공포에서 오는 거짓말이다. 이것들을 이전에 사용했던 질문번호에 대한 당신 응답과 비교한다. 만약 그 응답들이 소련 첩보원인지 여부에 관한 질문에 대한 당신의 응답보다 더 강하면, 이 스파이 공작건을 관장하고 있는 조사관은 당신이 정상적이고 성실한 시민일 가능성을 가리키는 나머지 모든 첩보에 이 첩보 한 조각을 추가한다. 감사합니다, 장관님. 당신의 직원들이 당신의 지원에 대해 고맙게 여깁니다.

앞서 서술을 읽고, 당신은 폴리그래프 운용원이 그저 어떻게 버튼을 누르고 손잡이를 트는지를 아는 것을 능가하여 평범하지 않은 경험과 지식을 가진 사람일 필요가 있다는 결론을 내렸을 것이다. 또한 어떤 폴리그래프 운용원은 다른 운용원보다도 아마 더 능숙하다고 판정을 내렸을 수도 있다. 당신이 맞다.

모든 폴리그래프 운용원은 자기 자신과 자기의 기계가 공히 오류를 낼 수 있으며, 자기들도 착오를 저지르며, 어느 운용원도 의학, 심리학, 전자공학, 방첩, 인류학 및 지리학 등에 관하여 절대로 오류가 없다고 할 만큼 충분히 알고 있지 못하다는 점을 마음속으로 믿어야 한다. 폴리그래프 심문의 관리자에게 줄 수 있는 나의 충고는, 만약 당신의 운용원이 자기는 완벽한 거짓말 탐지기를 가동하고 있다고 믿고 있다면 그를 해고하라는 것이다. 그 운용원은 자기 직무를 제대로 알지 못하고 있기 때문이다.

이와는 달리, 만약 그 운용원이 자기의 기계와 기술을 *심문을 보조하고, 단서를 제공하는* 방법의 하나로서 생각하고 있다. 그를 사용하고, 그와 함께 일하고, 그리고 그를 돕도록 하여라.

폴리그래프의 거짓말 탐지기 역할

폴리그래프에 관한 교육과정에서 이것이 진정한 거짓말 탐지기로서 인용되는 좋은 실례로서 한 살인용의자에 관한 것이 있다. 폴리그래프 운용원은 사용된 무기가 칼이라고 알고 있으나, 경찰에 의해 이것은 비밀로 부쳐지고 있다. 여기서 질문과 응답을 알아보자:

1. 당신은 옷을 입고 있습니까? 예
2. 당신이 살인을 저질렀습니까? 아니요
3. 당신은 곤봉을 사용했습니까? 아니요
4. 당신은 총을 사용했습니까? 아니요

5. 당신은 칼을 사용했습니까? 아니요
6. 당신은 독극물을 사용했습니까? 아니요
7. 당신은 양 손을 사용했습니까? 아니요
8. 당신은 구두를 신고 있습니까? 예

그 살인자와 경찰만이 번호5의 질문이 결정적인 것임을 알고 있기 때문에, 그 용의자의 차트(만약 그가 정상적인 사람으로서 술 취하지 않았고, 마약을 하지 않았다면)가 그의 유죄여부를 결론적으로 보여 줄 것이다. 그 용의자는 번호5에서 "움직이기" 시작하거나 또는 하지 않는다. 그가 그 살인자라면, 그 범행에 대해 죄의식이 있는가의 여부는 문제되지 않는다. 즉, 그는 그 칼을 기억하고 있고, 이것이 자기로 하여금 곤란한 상황에 빠지게 했었다고 인지하고 있기 때문이다.

모든 폴리그래프 검사가 그렇게 간단하지 않다. 피심문자가 통상적으로 복잡한 상황, 주로 낯선 외국환경에 있는 복잡한 인간유형이 되는 방첩 업무에서는 특히 그렇다.

폴리그래프 조사를 26년 동안 간헐적으로 관리했던 (그리고 받기도 했던) 내 자신의 경험에서 보면 이 기계가 완벽한 거짓말 탐지기로서 기능했던 단 한 번의 스파이 공작 사례를 알고 있는데, 그것은 가장 독특한 신체 구조를 한 어느 여자에 대한 검사 경우였다. 그 여자는 중년으로 좀 쥐같이 생긴 북부유럽의 개신교도로 서부유럽에서 위조한 서류를 가지고 가명으로 살고 있었다. 우리는 그 여자의 신원을 일상 조사 및 감시를 통해 확인했는데, 한 동유럽 정보기관을 위해 첩보원 무선링크를 담당하는 교환원이었다. 우리는 이미 그 여자의 신분을 스파이로 알고 있었으므로, 폴리그래프 검사를 사용한 목적은 그녀로 하여금 자백하도록 함으로써 우리가 그녀로부터 디브리핑을 듣고 그녀를 그녀의 당초 기관을 상대하는 이중스파이로 포섭하는 것이었다. (이중스파이 포섭에 관해 제10장 참조) 내가 놀랐고, 또한 폴리그래프 운용원도 놀랐던 것은, 그녀가 첫 중대한 질문인 "당신의 이름이....?"에 대해 허위로 응답을 했을 때 그녀의 심장이 완전

두 차례나 박동을 멈추었던 점이다. 그 뒤부터 그녀가 매번 허위 응답을 할 때마다 그녀의 심장은 두 번씩 박동을 건너뛰었다. 질문이 모두 끝났을 때, 그 폴리그래프 운용원이 기계에서 차트를 꺼내 그냥 찢어버렸고, 자기의 첫 질문에 반대되는 수준을 지적하면서 "그럼 빌어먹을 당신 이름은 *뭐라는 거냐?*"라고 물었다. 그때서야 그 여자가 응답했고, 나중에 그녀는 소중한 이중스파이가 되었다(제11장 참조).

이것은 백만, 아니 아마 천만 번의 공작 건 중의 하나였다. 이와 같은 경우가 언젠가 있을 거라고는 기대하지 말라.

폴리그래프가 작동되지 않는 경우

제5장에서 심문에 관해 설명하는 가운데 심문을 위한 표준적 요령이 별로 사용되지 못하는 세 가지 부류의 피심문자에 관하여 적시하였다. 그들은 반사회적 병폐자, 전문 정보관, 그리고 고문 생존자들이다. 이들에게 폴리그래프가 아주 유용할 수 있는데 그것은 거짓말 탐지기로서가 아니라 심문을 지원하는 수단으로서 이다.

반사회적 병폐자

어떤 의미에서는 반사회적 병폐자에 의한 서류가 모두 거짓이다. 폴리그래프 질문(정신분열증 증상이 발동하는 순간 또는 그 증상이 한창일 때 환자에게서 취할 수 있음)에 대한 괴상한 패턴의 응답을 보면 즉각적으로 비정상적인 상태임이 드러난다. 심문요령은 무엇이 진실인지 알아내는 것이 아니라 그 피심문자가 진실이기를 원하는 것이 무엇인지를 식별해 내는 데에 있다. 이것은 방첩 첩보로서 정상적인 피심문자에게서 얻는 첩보만큼이나 분석에 매우 유용하다.

전문 정보관

폴리그래프를 무력하게 하고자 하여 자기최면이나 생체 자기제어(biofeed back)의 사용에 훈련되어 있는 전문가는 처음부터 바로 편평한 모양의 반응을 보인다고 흔히 인식되고 있다. 게다가 이들의 요가철학식 요령은 제대로 준비된 돌발질문에 대응해서 잘 작동하지 않는다. 당신이 피심문자가 자기암시를 사용하고 있다고 파악한다면, 당신은 이미 조사를 재구성할 필요성을 충분히 배워 알고 있는 셈이다.

고문 생존자

만약 피심문자가, 강압에 의한 심문에는 무기력하게 행동하도록 배워 알고 있는데, 폴리그래프 검사를 받도록 설득 당했다면, 그는 대단히 정상적으로 반응할 것이다. 왜냐하면 폴리그래프 검사는 상호영향을 주는 절차이기 때문이다. 만약 피심문자가 자기의 무기력한 태도를 포기한다면, 그는 이미 폴리그래프 기계에 항복한 셈이 된다.

감정이 피로한 심문상대

피심문자는 제한된 시간에 오직 질문에 대한 응답만 할 수 있기 때문에, 당신의 폴리그래프 운용원이 심문을 가급적 짧게 하자고 당신에게 재촉할 것이다. "피심문자가 아드레날린이 부족해지려고 해요."라고 운용원은 말한다. 그래서 폴리그래프를 절약하여 사용하고, 당신이 주의하면서 질문 준비를 끝냈을 때에만 사용하도록 하여라.

폴리그래프를 이길 수 있는가?

신경안정제, 수면제, 알코올, 그리고 여러 가지 다른 마약이 사용되면 폴리그래프 질문에 대한 신체적 반응이 혼란해질 수 있다. 그러나 경험이 많은 운용원은 일반적으로 첫 질문 세트를 실시하는 동안 마약에 의한 반응을 탐지해 낼 수 있다. 처음 한 바퀴의 질문을 통해 고혈압을 낮추거나, 결장 운동성(종양환자 경우)을 제한하거나, 또는 근육긴장을 완화하기 위한 약물치료 상태 및 오늘날 완전하게 건강한 사람이 지니는 수백 가지의 다른 증상을 역시 탐지해낼 수 있다. 만약 당신이 약을 복용하고 있거나 약물치료 중에 있으면, 당신은 그 검사를 소용없게 만들어 버릴 수 있다. 그렇다고 해서 그 기계를 패배시킨 것은 아니다. 당신의 몸 상태가 알려지면 다시 조사를 받을 것이기 때문이다.

폴리그래프를 패배시키기 위해 모든 종류의 최면 기술과 자기최면 기술이 꿈꾸어져 오고 있다. 때때로 작동하는 것이 오직 하나 있는데, 그것은 최면 상태에서 간단히 "당신은 어떠한 질문에도 응답할 때 당신 자신을 배반하지 않을 것이다!"라는 암시를 사용하는 것이다. 대부분의 피심문자에게 불행스럽지만, 이 방식은 최면상태에서 가장 흔히 이용되고 있다. 그것은 실험실과 가상 상태에서 작동하는데, 거기서는 피심문자가 게임을 하고 있지만, 실제 상황도 아니고 위험스런 상황도 아니다. 더욱이, 보호해야 하는 실질적 비밀이 있는 피심문자는 통상 정신적으로나 감정적으로나 매우 복잡하기 때문에, 그를 최면에 걸리게 하는 일과 최면 후 효과가 나도록 적합한 암시를 정교하게 설계하는 일은 어렵기도 하며 위험하기조차 하다.

폴리그래프가 유용한 경우

인원 보안(Personnel Security)

미디어에서 매일 보도되고 있는 사실 하나는 각 국가가 서로에 대해 스파이활동을 하고 있으며, 그 국가가 사용하고 있는 스파이는, 채용할 수만 있다면, 각각 상대국의 관리들이라는 점이다. 방첩 임무의 하나가 이들 침투공작원을 탐지해서 그들을 그들에 대한 보증자인 소속국가를 대항해서 상대하는 무기로서 활용하는 것이다. 그래서 "인원 보안"이 있으며, 직원에 대한 재조사를 하고, 그리고 폴리그래프가 사용되는 것이다.

미국의 최고 외교관인 조지 슐츠가 폴리그래프 검사를 받느니 차라리 사임하겠다고 말한 그의 유명한 위협론을 언급한 지, 일주일인가가 지난 후에 그와 대등하게 자기 신조에 충실한 애국적인 전임 외교관 진 커크패트릭은 통신사와의 특약 칼럼에서 "폴리그래프를 일상적으로 정부차원에서 사용하면 자유민주주의의 기본이념을 몇 가지 위반한다. 정부에 임용된 사람들은 자기들이 범법행위로부터 결백함을 증명하기를 요구받고 있다. 그들은 자기들의 사적인 영역, 무의식의 감정영역에까지도 전체주의적 정부가 그 관할권을 주장할 수 있음을 인정하도록 요구받고 있다. 다시 말해, 정부에 의한 피임용자들은 임용의 한 조건으로서 미국 시민으로서의 기본 권리를 포기할 것을 요구받고 있다."라고 썼다.

커크패트릭의 말이 대체적으로 맞다. 폴리그래프는 모든 심문처럼 피심문자의 개인생활을 침해한다. 이 침해가 그의 "기본적 권리"를 침해하는 것에 해당하는지 여부는 몇 가지 측면에서 문제가 된다. 폴리그래프 검사를 *받기를* 주변의 사람들만큼이나 싫어하는 방첩관의 대부분은 철저하게 조사받는 것이 자기가 그 일을 택하기 위하여 정부 공직자로서 서명했었던 항목 중의 하나라고 믿고 있다. 그리고 그들 대부분은 특히, 위험한 업무를 담당하고 있는 정부 공직자는 자기 동료들이 가능한 한 철저하게 조사받았기를 희망한다. 그렇게 하는 것이 자기 자신의 기대수명을 국가의 기대수명과 함께 증가시키는 길이다. 그래서 그들은 자기 자신이 조사를 받고 폴리그래프 검사도 받는 것을 감수하고 있다. 그들은 어느 특정한 계급이상이나 또는 대통령의 임명대상 직위 중에 그것이 면제되는 관료계급이 존재하고 있다고 믿지 않는다. 그것은 마치 군의 중대 지휘관이 사병 식당에서 함께 먹으면서 시기가 오면 총검 돌격을 선도하는 것이 명예로운 전통인 것과 아주 비슷하다. 국무부에 있는 누구라도 폴리그래프 검사를 받도록 요구된다면, 국무장관(요번에는 미국의 전임해병) 역시 그것을 받아버리는 것이 오히려 훨씬 나을 것이다.

그리고 커크패트릭의 귀중한 사생활과 관련해서는, 내가 진정으로 말하는데, 보안 담당관은 현실 문제와 연관되는 많은 일을 하면서 망연해지고 가련해진 그녀의 영혼이 민감한 일들에 시간을 낭비하지 않도록 해주어야 한다. 당신은 협박당한 것을 제외하면 의사, 쓰레기청소원, 정신과 의사, 은행원으로부터 몇 번이나 공개적으로 창피를 당해 보았는가? 잦지 않다고? 내 말을 믿어도 좋은데, 과로하는 보안 담당관과 그의 폴리그래프 운용원이 있기 때문에 당신은 더욱 안전한 것이다.

지원자 심사하기(Screening Applicants)

내가 다른 나라의 정부 내부에 스파이를 심고자 원할 때, 내가 하는 일들 중 하나가 그 정부의 내부적으로 직무에 지원하는 첩보원을 교육하고 그에게 관련 문서를 제공하는 것이다. 다른 나라가 그런 계책을 나에게 사용하지 못하도록 하고 싶으면, 나는 나의 정부 공무에 지원한 모든 지원자를 일단 심사해 본다. 특히, 공무로 비밀 접근을 필요로 하는 곳에서는 모든 지원자를 주의해서 심사한다. 내가 하는 심사 중의 하나가 폴리그래프이다. 지원자들은 그것을 하도록 요구받지는 않는다. 그들은 다른 곳에서 다른 직업을 물색할 수가 있기 때문이다.

미국에서, 폴리그래프는 정부에 최초로 참여해 오는 젊은 사람들에 대한 사전예방용 심사장치로서 잘 사용된다. 평균적 미국인은, 남자든 혹은 여자든, 고교졸업이든 또는 대학졸업이든, 진실과 허위에 대한 강한 센스, 강한 자부심, 그리고 폴리그래프와 같은 기계에 대한 건전한 관심을 가지고 있다. 우리는 그들을 착한 반응자(good reactor)라고 부른다. 혹 우리에게 불량한 반응자가 있으면, 우리는 조사하며, 그래서 때때로 흥미로운 방첩활동 사례를 얻기도 하는데, 이것은 현실세계의 적과 조우하고 실질적으로 우리 봉급을 버는 기회가 된다.

공작활동 지원(Case Support)

많은 방첩 조사에서는 혼잡 덩어리인 단서를 뒤범벅 상태에서 가려낸다고 파고 뒤집는다. 예컨대, 한때 우리는 KGB가 가짜 이스라엘 국기를 사용하고 있는 것을 알았는데, 그것은, KGB가 이스라엘 정보기관을 대표하는 척 가장하여 연합국 비밀에 접근이 가능했던 유대인 난민을 포섭하는 것이었다. 처음에는 포섭된 첩보원들이 나치 전범들에 대한 무해한 첩보를 제공하도록 요청받았지만, 그러고 나서는 연합국 군사첩보를 달라고 협박받았다. 대규모의 유대인 난민들이 영국, 프랑스, 미국, 캐나다, 오스트레일리아, 그리고 뉴질랜드에 진출하였고 거기서 나치와 싸우는 데 참여하였다. 전쟁이 끝나고서, 많은 사람들이 전범 수사관으로 일하였다. 이와 같이 초기에는 KGB가 허위 국기를 사용해 접근할 수 있었던 사람들과 KGB가 하고 있던 일에 대한 정보를 제공했을 수 있던 사람들이 엄청 많았다.

이와 같은 상황에서 폴리그래프가 도움이 될 수 있다. 대부분의 용의자는 완전히 깨끗한 양심을 가지고 재빨리 폴리그래프 검사 받기를 스스로 원했다. 어떤 사람의 경우에는 자기가 알지도 못한 사이에 적 공작원에 의해 이미 평가되어 있었다는 ("심사필") 사실을 알고서 놀라워하였다. 그리고 당신의 적대국에 의해 포섭되어 있는 극소수의 사람들은 당신 조직의 바닥에 끈질기게 붙어 있는데, 당신이 그들을 포섭해서 다시 이중스파이로 돌려보낼 수가 있다.

덧붙여 말하면, 가끔 이와 같이 폴리그래프 프로그램으로부터 기대하지 않았던 부수효과가 생긴다. 사전에는 용의가 발견되지 않았던 테러나 마약의 연결고리가 검사로 밝혀지기도 한다. 헝가리 사람을 찾고 있는데 체코 사람을 발견할 수도 있다. 또는 검사대상자에게서 진단되지 않았던 심장 상태를 알게 되어 그를 의사에게 보내 만족해하는 경우도 있다.

개인 평가(Personal Assessment)

첩보원이나 이중스파이를 조종 관리하는 데 있어 당신의 가장 중요한 임무는 그의 행태를 예측할 수 있어야 하는 것이다. 이것을 위한 도구 하나가 바로 폴리그래프이다. 웩슬러－벨레뷰 척도와 같은 심리측정검사를 시킬 수 있고, 서체를 분석할 수 있고, 그의 배경을 처음부터 끝까지 조사할 수도 있다. 그러나 그의 의식이 어떻게 움직이는가를 직접 이해하는 데 있어 어떠한 것도, 거짓말 탐지기로서가 아니라 그가 있는 환경에 따라 의식 방향이 달라지는 것을 가리켜 주는 표시기(indicator)로서 폴리그래프를 능가할 수는 없다. 개인이 각자 *어떻게* 거짓말하며 *어떻게* 진실을 말하고 있는가는 거짓말을 하고 있는가의 *여부보다* 훨씬 더 중요하다. 당신은 지금쯤은 모든 사람이 거짓말을 하고 있다는 정도는 알고 있어야 한다. 중요한 것은 어떻게(how)와 왜(why)이다.

> "당신은 신을 믿는가?"
> "마오쩌뚱이 레닌을 이해했는가?"
> "헝가리 사람이 이태리 사람보다 축구를 잘 하는가?"
> "당신 아내가 당신에게 성실하지 않는가?"
> "당신 집에 있는 불상이 마력을 갖고 있는가?"

이 질문들은 당신의 검사대상자가 거짓말쟁이인지 아니면 진실을 말하는 사람인지 결정하지는 않는다. 단지 그의 마음속을 보게 하는 창문이 될 뿐이다. 당신이 검사대상자에 관해 알게 됨에 따라, 일련의 질문 전체를 고안할 수 있다. 다만 그의 모든 아드레날린을 써버리지 말라(즉, 분노를 자극하여 검사를 어렵게 만들지 말라).

이중스파이 포섭과 검사

체포한 스파이를 "전환"시키거나 "이중스파이 활동"을 하게 하는 경우, 첫 번째 임무가 그에 대한 통제를 옥죄면서 유지하는 것이다. 두 번째 임무는 예상하는 상황에서 나올 수 있는 그의 행동을 예측해서 기대하지 않았던 상황에 대한 낌새를 챌 수 있기 위하여 그를 계속해서 평가하는 것이다. 본 장의 다른 곳에서 이미 말했듯, 폴리그래프가 이런 두 가지 임무를 수행하는데 가장 유용한 도구 중의 하나임을 알 수 있다.

"끄나풀 풀어놓기(playing a dangle)"(유인 이중스파이를 운용하기)를 할 때, 당신이 희망하는 통제여부는 문제가 덜 된다. 그 사람은 처음부터 당신 사람이다. 그러나 어떠한 이중스파이의 경우든 아무리 충성스럽다 해도 감정적 긴장이 있음을 상기하여라. 폴리그래프를 써서 그를 검사하고 그의 개인적 문제를 진단하여라. 금전, 이성, 그리고 심리적 불안에 관한 문제를 주의해서 지켜보라.

모든 이중스파이의 직무(다른 첩보원 직무도 마찬가지)에 있어서 폴리그래프를 다만 다른 수단들에 대한 보조적 도구로서 사용해야 한다. 첩보원 평가에 대한 책임을 "거짓말 탐지기"검사에 모조리 *안겨서는 안 된다.*

폴리그래프의 오용

폴리그래프를 단순히 거짓말 탐지기로서 사용하는 경우가 바로 오용되는 경우이다. 오용되고 있다는 증상이 정보수집원(collector)과 비밀공작원(covert action operator)의 입으로부터 듣게 되는 "폴리에 통과했다" 또는 "폴리에 낙제했다"의 두 개 어귀이다. 이들 공작관(case officer)들은 자기의 *활동보안(operational security)*의 책임을 기술자에게 위임함으로써 자기들 책임을 파기해버린다. 그들은 폴리그래프를 오히려 *첩보원 조종하기*를 회피하기 위한 버팀목으로서, 또는 그 수단으로서 사용해오고 있다. 그들이야말로 사직하거나, 물에 빠져버리거나, 수도원에 들어가거나, 빌어먹을 스파이세계에서 완전 물러나거나, 아니면 언론계로 들어가거나 해야 할 것이다.

폴리그래프 운용원 가운데 실직자는 거의 없는 편이다. 운용원이 하고 있는 일보다 오히려 해야 할 일이 훨씬 많을 것이다. 결과적으로 엉성하게 교육받고,

경험 없는 폴리그래프 운용원의 집단(pool)이 만들어졌으며 오류, 착오, 식별되지 않은 실패가 발생하고 있는 결과까지 추가되었다. 기밀자료 접근이 인가된 모든 직원이 폴리그래프 검사 받도록 하려는 정부정책 전망이 오히려 그 전망에 대해 혼돈상태를 낳게 한다. 그 일이 현재 가용한 몇 사람의 유능한 폴리그래프 운용원만으로는 제대로 될 것 같지 않다. 그런 정책이 산출하는 오도되고 위험한 수많은 첩보들은 미국 정부가 할 수 있는 다른 모든 보안업무를 충분히 수포로 돌릴 우려가 있다.

한편, 정교한 방첩활동을 위해 실질적으로 필요로 하는 유능한 폴리그래프 운용원은 증가하지 않을 것이다. 왜냐하면, 그런 유능한 운용원까지도 심사받고 재조사 받고 그리고 신입자 연수를 받도록 징발될 것이기 때문이다.

전망은 어둡다. 그러나 부과된 업무를 보완하기 위해 폴리그래프 기계와 그 운용원들을 사용할 당신네들 방첩관은, 내가 감히 말하건데, 가능한 한 최고의 운용원을 발굴하여, 그들을 붙잡아 의지하고, 그리고 현명하게 활용하여야 할 것이다.

C/H/A/P/T/E/R 7

물리적 감시를 어떻게 하는가

감시(surveillance)는, 특별히 지목한 사람에게 들키지 않으면서 그를 미행하고 관찰하는 일로서, 방첩의 본질적 부분이다. 방첩에서는 감시활동을 아주 많이 사용하고 있으므로 어느 방첩관도 자신이 직접 거리에서 감시요원이 되어보지 않았거나 감시팀을 운영해보지 않았다면 관리계층으로 승진하도록 추천되어서는 안될 것이다. 방첩업무의 관리계층에 있는 사람이 감시업무 종사를 떳떳하지 않게 여기거나 그런 일에 실패하면, 자기 자신을 불리하게 하고 자기 조직을 취약하게 만든다.

감시의 개념은, 자명하듯, 다른 사람의 일에 대한 침입이다. 그것이 그 사람의 시민권을 위반한다면, 또 다른 형태의 방첩관의 법적, 윤리적 문제가 될 수 있다. 이것은 마치 전투 중에 있는 사병의 임무가 사람을 죽이지 말라고 하는 모세의 제6계명을 파괴하는 것이라는 문제와 크게 다르지 않다.

분석탐지 업무를 선택해서 전문화한다고 해서 윤리적 문제로부터 탈출할 수는 없다. 심지어 첩보를 분석한다고 외근 업무에서 완전 벗어나 있을 경우조차도, 민간 시민들의 활동과 성격을 엿보고 캐내고 하는 다른 모든 방첩활동 기법에 의존해야 할 만큼이나 동일하게 감시 결과에도 많이 의존해야 할 것이다.

지역적 조건

감시의 기본원리는 어디서나 동일하지만, 실제 수행조건은 지역에 따라 그리고 장소에 따라 변한다. 어떻게 감시팀을 편성하고 관리할 것인가는 다음의 몇 가지 조건에 좌우된다.

국내냐 또는 해외냐?

법 집행기관은 자국 내에서 일을 하기 때문에 해외에서 가장(cover)을 하는 가운데 일해야 하는 방첩기관보다 일하기가 쉽다. 국내에서는 가장을 계획하기가 더 쉬우며, 우발적으로 위태로워진 상황을 봉쇄하기도 더 용이하고, 당신에 대항해서 일하는 적대적 인원의 수도 더 적어질 수 있으며, 그리고 당신이 감시 첩보원을 섭외할 수 있는 인력풀을 조사하고 처리하기도 더 용이하다. 왜냐하면, 이 모든 일을 당신의 시민으로 구성되어 있는 곳에서 수행하기 때문이다. 다른 한편으로, 런던, 뉴욕, 파리, 뮌헨 또는 밀라노 같은 도시에서는, 인구 크기와 주민의 민주사회에서의 이동자유 때문에 해당 지방의 정보기관은 가장해야 하는 지리적 범위의 크기에 가끔 압도당할 수도 있다.

해외에서는 감시 업무가, 비록 복잡하지만, 방첩활동의 표적이 훨씬 줄어들기 때문에 통상적으로 더 적어진다. 국내에서의 기관과는 달리, 사소한 문제를 일일이 조사해야 하거나 당신 주변에서 계속되고 있는 음모에 일일이 즉각 반응해야 하는 책임을 지지 않는다. 당신의 활동표적은 당신의 방첩 프로그램의 크기와 형태에 따라서 한정되며, 또한 그것은 부분적으로 당신 기관의 규정뿐만 아니라 당신이 배치할 수 있는 감시기구의 규모에 의해서도 제한될 것이다.

직원이냐 또는 첩보원이냐?

국내에서든 해외에서든, 감시활동을 하기 위해서는 대체로 상이한 두 부류의 인원을 사용해야 한다. 특별한 감시임무를 수행하는 경우에는 당신 자신을 포함해서 오직 당신 참모 직원만을 사용해야 한다. 그렇게 하면 비용이 더 소요되고 그것으로 인해 당신 조직의 다른 업무를 심각하게 축소해야 하는 수가 있다. 또한, 그것은 비효율적인데, 왜냐하면 대부분 시간을 다른 부문의 업무에 집중해오는 직원들에게는 감시전담 팀 요원에게 요구되는 지역 지식도, 실무경력도, 친숙성도 갖고 있다고 기대할 수가 없기 때문이다. 그럼에도 불구하고, 가끔 당신 정부에 서약한 관료가 아닌 사람들에게 위임해서는 안 되는 특정한 감시임무가 있을 수 있다. 동료들을 끌어 모아 구성한 팀은 관리하기가 재미있는데, 왜냐하면, 그것은 친구끼리의 게임이며, 그리고 말하자면, 파티에서 제스처놀이나 브리지놀이 토너먼트보다 더 흥분되기 때문이다. 침투공작원에 대해서는 걱정할 필요가 없지만, 아마추어들을 사용하고 있기 때문에 돌발적 사고에 관하여 더 많이 신경 써야 할 것이다.

첩보원들로 구성되는 감시팀의 전통은 바로 저비용 및 고효율이다. 팀 요원들은, 직속상급자를 포함해서, 실제로 관료들이 아니며, 당신의 감시계획에 관해 설명을 들은 바도 없으며, 당신의 신원을 알고 있지도 않다. 그들이야말로 지적해 둔 사람에게 들키지 않으면서도 그를 미행하고 관찰하는 임무를 수행하기 위해 포섭되고 훈련된 첩보원들이다. 다른 말로 표현하면, 그 사람들은 건물 시공업자가 고용해서 전문십장의 감독하에 투입되는 일단의 목공수, 전기기사, 그리고 벽돌공들과 같은 임금 노동자들이다. 그들은 자기가 맡게 된 일을 하기 위해 알고 있어야 할 필요가 있는 부분 이외에는 건축사가 만든 그 건물의 전체 청사진을 보려고도 하지 않는다. “스피젤스(역자 주: 스피츠 개들),” “조우즈(역자 주: 사내놈들),” “수뉴크즈(역자 주: 바보들)”와 같은 속어들은, 마치 미국 육군에서

"도그 페이스(개 얼굴)," "도우풋트(밀가루반죽 발)," 그리고 "그런트(꿀꿀이)" 등을 사용하듯, 최전선에 있는 감시요원들, 즉, 감시전사들을 위해 언제나 선심 쓰듯 붙여 주는 이름들이다. 그러나 부디 그들이야말로 최전선의 전사들, 즉 당신과 같은 사람들을 위해 메달을 획득하는 사람들이라는 점을 기억하라.

통상적으로 감시팀의 감독관은 당신의 방첩활동 프로그램에 대해 완전히 인가를 필하고 숙지해 있는 당신 조직의 관료이다. 그는 팀의 우두머리와 밀접하게 일할 것이며, 팀과 당신 조직 사이에서 링크가 되고, 그리고 선호하기로는 가명으로 그 팀 요원들에게 알려져 있다.

재능이냐 또는 교육이냐?

사람에 따라서는 다른 사람보다 언어를 더 빠르게 배우듯이, 사람에 따라서 감시활동의 재능, 즉 표적을 미행하는 능력을 더 많이 가진 사람이 있다. 당신, 또는 당신 팀 우두머리가 팀을 포섭하려 하고 있다면, 당신은 연극을 위해 배우를 오디션 하는 연출가와 같은 입장이 된다. 분명하게 재능이야말로 당신이 가장 우선적으로 찾고 있는 것인데도, 교육받을 수 있는 능력이 바로 그 같은 가장 중요한 재능이라고 생각하여야 한다. 마법사와 같은 독불장군이 되어 누군가의 뒤를 며칠이나 계속해서 따라 붙으면서도 전혀 "발각되게"(감시자로 인식되도록) 하지 않을 수 있는 영화나 탐정 이야기에서 어떤 생각이라도 얻었다면 아예 그 생각은 던져 버려라. 그와 같은 재능이 있는 사람은 나의 경험 바깥에서는 존재하고 있는지 모르겠지만, 그다지 크게 유용하지가 않다. 왜냐하면, 감시는 하나의 팀 게임이며, 팀워크로 하는 교육과 경험이 중요하기 때문이다.

감시활동은 대부분이 지역에 관한 지식과 일반적 상식의 결합물이며 교육과 실무를 통해서 보강된다. 교육과 실무는 다함께 지루한 많은 연습과정에 해당한다. 감시팀이나 미행소조를 어떻게 관리하는가에 관해 여기서 힌트를 약간 주고자 한다.

가 장

감시팀이 드러나지 않으면서 일할 수 있도록 하는 가장(假裝: cover)은 분리가 가능해야 한다. 이 말은 팀의 한 요원이 발각된다면("발설해 버린다면"), 다른 요원들이 허물을 벗어버리는 뱀처럼 재빨리 빠져버리고 추적되지 않도록 어떤 것도 남기지 않는 것을 의미한다. 경우에 따라서는 남겨두는 것이 있는데 이것은 "뒷감당용" 가장(backstopped cover)이 될 수 있다. 예컨대, 어떤 다른 성격의 조사업무를 공식적으로 하고 있는 사무실로서, 여기서는 위태롭게 된 요원에 관해 어떠한 언급도 하는 것을 일관되게 거부할 수 있어야 한다. 보통 그 사무실은 벽에 난 구멍에 "대기오염 연구위원회"와 같이 이름과 주소가 인쇄된 명함만 꽂혀 있는 텅 빈 곳일 수 있다. 적대적인 환경에서는, 가장이 더욱 은밀해야 한다. 예컨대, 문서전달 서비스, 택시회사, 여행사 등으로 광고하고 있는 용역 업무를 실질적으로 수행하면서 직원의 일부만이 그 팀의 요원이고 다른 사람들은 그 사업이 위장되어 있는 것을 눈치 채지 않도록 해야 한다.

가장은 각각 독특해야 한다. 그래서 감시팀의 가장을 시작하기 위한 구체적 방법은 어떤 것도 제공될 수가 없다. 창의력과 즉흥적 발상으로써 가장을 시작하고 구축해야 한다. 그러고 나서 보안 의식과 스파이의 전문기술로써 그 가장을 지탱해 나간다. 만약 당신의 감시팀을 위해 충분한 가장을 설치하지 않으면, 요원들을 포섭하고 교육시키는 당신의 어떠한 노력도, 요원들을 제대로 활용해 보지도 못한 채, 허비되어 버릴 수 있다.

구획화(Compartmentation)

감시요원들이 자기 일을 하기 위해 얼마나 많이 알고 있어야 할 필요가 있는가? 저 유명한 보안원칙인 최소인원지득의 원칙(the Rule of Need-to-Know)은 공장 조립라인에 있는 로봇에게 가장 잘 적용될 수 있을 것이다. 로봇들은 인간과 같은 호기심이 없고, 그것들이 하는 일이 가치 있는 것인지 느낄 필요가 없고, 인간처럼 희로애락과 같은 감정도 없고, 그리고 인간과 같은 야망도 없다. 방첩관(CI officers)은, 물론 로봇과 같은 기계가 전혀 아니지만, 당장 부여된 임무를 수행하는 데 있어 알 필요가 있는 것보다 더 이상 많이 알고 있지 않도록 반복해서 교육받고, 규율로 정하고 또한 그렇게 하도록 권장되어야 한다. 그렇지만 다른 한편으로, 그들은 기본적으로 호기심이 있고, 궁금해 하고, 의구심을 가지며, 그리고 상상력을 갖추도록 반복적으로 교육받고 규율로 다스려지고 또한 격려되고 있다. 즉, 최소인원지득의 원칙은 공식화하기가 쉽지만 기계적으로 시행하기는 쉽지 않다. 특히, 감시담당 첩보원에 대해서는 시행하기가 어렵다.

만약 당신이 길거리에서 맥주를 마시면서 쉬고 있는 감시팀을 엿듣는다면, 당신은 그들이 하고 있는 현행 임무의 목적에 관해, 그리고 그 임무에 그들을 투입하게 된 단서와 배경에 관해 추측이 가능한 이야기를 주로 들으려 할 것이다.

"우리가 왜 이 녀석을 미행하고 있나? 그 사람들이 이 녀석에 대해 어떻게 알게 되었나?", "전화 도청이 분명해.", "그래서 우리는 이 녀석이 수수소를 채울 때 잡아야할 걸세."라고 한 사람이 말한다.

"아니야."라고 다른 사람이 말한다, "그들이 저 녀석에 대해 이중스파이를 두고 있어. 팔 밑에 잡지를 끼고 저쪽에 있는 저 녀석이 오늘 오후에 만났던 그 사람이야."

최소인원지득의 원칙에 의하면 그 감시팀은 이런 식으로 이야기하고 있어서는 안 된다. 그러나 이야기상으로는 그렇게 하게 될 것이다. 그래서 당신은 감시팀에 대해 때로는 약간의 속임수를 사용해야 한다. 흔히 감시에 임하도록 하는 이유는 민감한 비밀, 즉 침투공작원이나 이중스파이나 또는 드러나지 않은 망명자들로부터 받게 되는 첩보 때문이다. 당신은 체포될 수 있거나 납치될 수도 있으며, 또한 심문당할 수도 있는, 당신 팀 요원의 한 사람과도 같은, 누군가의 기억 속에 그 첩보가 들어가 있기를 원하지 않을 것이다. 그래서 때로는 당신이 그 팀에게 왜 그런 임무를 부여했었는지 이유에 대해 *허위로 된* 힌트를 주어야 한다. 만약 당신의 단서가 전화 도청에서 나왔었다면, 그 팀으로 하여금 그것이 망명자의 한 보고서에서 나온 것으로 생각하도록 하는 방법을 찾아야 한다. 예를 들면, "우리 정보출처에서 이 주소에서 살고 있는 한 녀석을 찾아냈거든. 그런데 이 녀석이 어떤 일을 하면서 살아야 할지 알지 못하고 있다. 주의하여라, 우리의 정보출처에 의하면 그가 미행에 밝다더라.(감시를 알아채도록 교육받았다)"는 식으로 말한다.

함께 일하는 동료들을 속이기는 꽤 까다로운 일이다. 특히, 위험스런 일일 경우에는 더 그러한데, 그렇지만 불가피하다. 당신이 당신 자신을 보호하는 만큼이나 최대한으로 당신의 팀 멤버들을 보호하고 있다는 생각으로 스스로 위로하여라. 그들이 알고 있지 않은 것이 그들 자신에 대항해서 사용될 수는 없는 일이다.

통신수단

"감시팀" 용어에서 활동에 관련된 중요한 단어는 *팀*(team)이다. 이러한 팀에서 조정은 결정적이며, 조정은 곧 의사소통을 의미한다. 감시요원들이 다른 요원들과 어떻게 의사를 소통하며, 그리고 팀 우두머리는 그 팀을 어떻게 통제하는가?

지휘소(Command Post)

팀 우두머리는 감시활동을 하는 동안은 마치 전투 중에 있는 보병소대 지휘관과 같다. 그는 즉각적으로 사용이 가능한 모든 첩보를 가지고 있어야 하고, 즉각적인 결정을 해야 하며, 그리고 자기의 명령이 그 팀에 의해 즉각 수령되고 이해되도록 해야 한다. 따라서 지휘소가 감시활동을 계속해서 모니터할 수 있어야 한다. 이것은 항상 쉽지는 않은데, 예컨대, 두 명의 감시표적이 서로 갈라지게 되어서 팀의 한 파트가 무선 전화기의 작동범위 바깥으로 연락선을 타고 가거나 혹은 고층 건물의 엘리베이터 속에서 보이지 않는데, 또 다른 팀의 한 파트는 카페에서 주차하고 기다리고 있는 경우가 그러하다. 어디에 지휘소를 두기로 선택하는가는 부분적으로는 항상 어림짐작(안가, 택시 안, 호텔로비, 배달용달차, 헬리콥터 속?)에 의한다. 지휘소는 가용한 수단(헬리콥터? 용달차? 미안하지만 오늘은 곤란)이 무엇인가와 감시표적이 어디로 갈 것(노 젓는 보트를 타고 호수 밖으로 가는가? 하이 티를 마시러 리츠 호텔로 가는가?)이라고 예측하는가의 사이에서 타협해서 정해야 한다.

보초소(Sentinel Point)

당신이 미국에 있는 숲에서 까마귀를 사냥했던 경험이 있다면, 당신은 모든 까마귀 무리가 보초를 하나 나무 위에 세워서 아래쪽으로 주의하면서 보고 있다가 그 무리의 다른 까마귀들에게 신호를 보내도록 하고 있음을 알았을 것이다. 만약 당신이 그 보초를 먼저 알아채서 발포했다면, 다른 까마귀들은 날아 가버리지 않고 당신의 총에 노출된 채 머물러 있을 것이다. 만약 당신이 그 보초를 보지 못했다면, 그 보초는 다른 까마귀들에게 경고하여 그들이 날아 가버리도록 신호할 것이다. 어느 감시팀이든 감시활동을 하는 동안에 일일이 자기 보초를, 다른 어느 총잡이에게도 보이지 않게 세워 두어야 한다.

내가 어느 한 도시에 있었을 때, 나의 비서들 중 한 명은 내가 자기를 사무실에서 데리고 나가 호주머니에 동전을 가득 채워주면서 유료전화 박스에 밀어 넣었거나 또는 그녀가 모르게 핸드백에 무선 전화기를 넣고서 공원 벤치에 앉혀 놓았을 때마다 불평하곤 하였다. 그녀의 당면한 임무가 바로 *보초소*가 되는 것이었는데, 역감시활동(countersurveillance)을 주시하면서 감시활동을 하고 있는 사람들과 지휘소의 팀 우두머리 사이에서 메시지를 전달하도록 하는 일이었다. 그녀는 이걸 싫어했다. 나의 또 다른 비서는 자기에게 그런 임무를 부여해 달라고 나에게 간청하곤 하였다. 왜냐하면 그녀는 사무실에서 나가 있는 것을 좋아했기 때문이었다. (결과적으로, 첫 번째 비서는 여전히 비서이며, 두 번째 비서는 현재 선임방첩관이 되어 있다.)

때때로 팀 우두머리 자신이 자기의 보초소가 될 수 있다. 그러나 대형 감시활동의 경우에는, 특히 표적이 한 명 이상이고 이들이 서로 다른 방향으로 갈릴 것 같아 보이는 경우에는 여러 개의 하부 보초소를 사용해야 한다.

전화(Telephone)

유료전화를 사용해서 지휘소에 전화하는 것은, 전화보안을 걱정할 필요가 없다면 의사를 소통하는 하나의 분명한 방법이다. 그런데 세계의 대부분 지역에서는 전화보안을 걱정하고 있다. 전화가 모니터링 될 것 같아 보이는 지휘소는 전화를 의사소통용으로 사용하지 않는 것이 오히려 낫다. 특히, 오늘날 하고 많은 통화거래가 현실적으로 극초단파 또는 측파밴드 라디오를 통해 오가고 있는 상황에서는 더욱 그러하다.

단거리용 라디오

2차 세계대전을 계기로 해서 우리는 워키토키 무선전화기를 갖게 되어 수 마일의 거리에서 통화를 보내고 받을 수 있게 되었지만, 주머니나 핸드백에는 숨길 수가 없었다. 그 이후에 안테나 부문에서 반도체 칩과 다양한 기술이 발전함에 따라 지갑이나 보청기에도 숨길 수 있는 작은 라디오가 생산되었다. 그러고 나서 한 도시에 걸쳐서 띄워 올릴 수 있는 금속으로 도금한 풍선이 나왔는데, 바람이 정확하게 불어준다면 도시의 한쪽에서 다른 반대쪽까지 고주파 음성 전송이 가능할 수 있었다. 그 이후에 계속해서 궤도비행 반사위성이 나와서 스파이가 원하는 어떠한 거리에도 미칠 수 있을 정도로 소형라디오의 범역을 증대시켰다. 그러나 그 라디오는 수신자를 유일하게 선택할 수 있거나 도중차단을 회피할 수 있도록 고안되지는 않았다. (그런 목표에 가장 근접하게 나온 것은 소름끼치게 비싸고, 감시팀의 평균예산을 훨씬 초과한다.) 이런 까닭으로 감시활동에서 무선송신기의 보안문제가 곧 전화사용의 보안문제와 같아지도록 확대되었다.

정보기지(intelligence stations)에서는, 특히 우리의 주요 도시에 있는 적 기지의 경우에, 경찰 주파수 및 감시정보의 송수신 흐름을 보내는 모든 주파수를 모니터하는데 많은 자금과 시간을 사용하고 있다. 향후에 당신이 소련이나 체코의 이등서기관을 감시하기로 할 때에 이 점을 주의하여라.

사람들은 전화나 무선수신기가 발명되기 천 구백여년 전에는 로마제국의 방첩기관에 의해 사용되었던 감시팀이 팔레스타인 지역에서 바라바의 음모와 페르시아 제국의 스파이들에 대항하여 어떻게 잘 관리되었는지 궁금해 할 수 있다. 그들은 틀림없이 수신호에 크게 의존했었을 것이다.

수신호(Hand Signal)

연방정부의 사복형사들이 항상 모자를 착용해야 했던 것으로 악명이 높았던 몇 가지 이유 중 그 하나는 모자 기울기가 하나의 암호가 될 수 있다는 점이었다. 예컨대, 왼쪽으로 기울면, “나에게서 떨어져라, 나는 가장 중에 있다.”라는 신호였으며, 오른쪽으로 기울면, “요원을 증원해 달라.”라는 신호였고, 그리고 모자를 팔 아래에 끼면, “약속장소에서 나를 만나라.” 등등이었다. 두세 명 또는 그 이상의 감시원이 함께 일한다면 서로 신호할 수 있으면서도 눈에 두드러지지 않는 시스템을 갖고 있어야 한다. 예컨대, 감시표적의 앞쪽으로 이동하라, 퇴각하라, 전화소(phone point)에 들어가 있어라, 그만두고 기지로 돌아가라, 등과 같은 신호들이다. 수신호에는 온갖 종류의 소품들이 사용될 수 있는데, 그것들이 자연스럽게 보이는 한, 눈에 더 많이 보이면 보일수록 더 좋다. 코를 풀거나 또는 이마를 닦기 위한 손수건, 조명 또는 두들겨 패는 용도의 담뱃대, 담뱃대를 청소하기 위한 세제, 흔적을 지우기 위한 안경, 감거나 접어 다니기 위한 신문, 줄로 매달거나 팔 아래에 끼는 여성 감시원용 핸드백, 등등이다. 각 팀은 당장 수행 중인 임무에 맞춰서 팀 자체의 수신호를 고안해내서 실습하고 예행연습을 해야 한다. 많은 실습과 많은 예행연습을 할 필요가 있다. 사용된 수신호는 아메리칸 야구에서 포수와 투수 사이에 사용되는 것보다 훨씬 복잡하고 또한 양적으로 훨씬 많기 때문이다.

잠복근무(Stakeout)

몇 주 전에 미국의 어느 도시에서, 나는 담배 파이프에 불을 붙이기 위해 바람을 피하고자 하여 신문가판대 안쪽으로 들어선 적이 있었다. 나는 판매원 뒤에 서서 그가 자기 앞에 일종의 기록장부를 가지고 길 건너편에 있는 한 출입구를 지켜보고 있다는 것을 알아챘다. 그 출입구는 한 남성용 장신구류 상점의 입구였다. 누군가가 그 상점에 들어가면, 그 판매원이 자기 기록장부에 그 입장을 "#7 들어가다 1417"식으로 기록하고 있었다. 바로 그 동일한 사람이 나오면, 그 장부에는 "#7 나오다 1428"로 적었다. 나는 한번 양말을 좀 사려고 내 자신이 이 남성용 장신구류 상점에 들어간 적이 있었는데, 남성용 의류에 붙여진 가격들이 정상보다 훨씬 높았고 그 상점에서 팔고 있는 물건의 양은 아주 적은 것 같아 보였다고 생각되었다. 나는 붙여진 그 가격으로는 어떤 양말도 사지 않았었는데, 며칠 후에 그 장신구 상점이 경찰의 급습을 받았고 그 종업원이 마약을 거래했다는 이유로 체포되었다고 신문에서 읽으면서도 별로 놀라워하지 않았다. 그 신문가판대가 하나의 "잠복근무(stakeout)"이었고, 마약판매 대리점을 위장한 장신구 상점에 대해 취했던 하나의 "정태적(static)" 또는 "고정식(fixed)" 감시활동이었다. 그 신문판매원은 가장하고 있던 경찰관이었거나 아니면, 더 가능성이 있는 생각인데, 경찰이 감시 표적을 관찰하기 위해 대가를 지불하면서 고용했던 사람이었다. 만약 그 감시 표적이 용의를 받고 있던 스파이의 수수자이거나 안가였었다면, 그 가판대를 사용한 것 역시 이와 마찬가지였을 것이었다.

때로는 잠복근무는 준이동적이어야 한다. 다른 국적을 가진 나의 오랜 동료 중 누군가 한 사람이 유럽의 한 도시에서 있었던 스파이공작을 기억하고 있을 텐데, 그것은 두 연합국 정보기관이 한 적국 스파이를 대처하면서 이를 이중스파이로 만들기 위해 공동으로 일을 했던 경우다. 우리는 그가 적 정보기관과 회동하기 위해 동네를 떠났던 것은 알고 있었지만 언제 돌아올 것인지는 알지 못했다. 우리에게 주어진 임무는 그의 이웃이나 혹은 그 지역 당국에 의해 눈치채지 않도록 하면서 그의 숙소를 감시하는 것이었다. 우리는 그의 집으로부터 반마일 정도 거리에 있는 한 대형 숙소의 사용권을 획득할 수 있었고 거기에서부터 상당한 수의 남녀로 구성된 참모 직원들이 단독으로 또는 짝을 지어 매 시간 또는 그 정도의 주기에 따라 복장을 다르게 변경하면서 그 주소지 앞을 편하게 산책하면서 지나가게 하는 표류식 감시(drifting surveillance)를 시작할 수 있었다. 이렇게 시간을 많이 소요하는 운동을 한 지 삼일 째 즈음에 우리 여성 직원 중 한 명이 그가 수하물을 운반하면서 자기 집 안으로 들어가는 것을 보았으며, 그로부터 한 시간 이내에 우리는 그를 포섭하였다.

부착도구(Limpet)

숙달된 운전자가 모는 차는 교통신호를 따라 도심지를 처음부터 끝까지 쭉 따라가기가 오히려 어렵고 또한, 눈에 띄게 하지 않으면서 탁 트인 도로도 줄곧 따라가기가 어렵다. 아마 방첩관들에게 부착도구(limpets)에 관한 아이디어를 준 사람은 다름 아닌 수렵게임에 종사하는 사람들이었을 것이다. 회색곰과 이와 같은 찾아보기 힘든 다른 야생동물들의 이동과 번식 습성을 조사하는 공원경비대원들은 화살식 주사기로 쏘아서 그 동물들이 마취되게 한 후에 그들의 은신처에 밀어 넣어 둔 소형 배터리용 송신장치를 사용한다. 한 가지 수단으로만 신경을 진정시키는 것이 가능하지 않겠지만, 지켜보지 않고 내버려두면 같은 종류의 신호음을 내는 송신장치가 부착된 자석을 동물들이 받아들이게 된다. 적절한 소형 수신기를 가진 감시팀은 자기가 뒤따르는 감시표적을 시야 안에 들어오도록 할 필요가 전혀 없다. 실제로, 자주 감시표적이 사무실이나 안가에서 지도상으로도 추적될 수 있다. 그 요령은 잠깐동안 눈을 끌지 않도록 하는 가운데 차량에 근접해서 당신이 차량 범퍼 밑에 부착도구를 갖다 붙이는 것이다.

냉전기간 동안, 소련 진영 여러 국가에서, 국가보안기관들은 따뜻한 육체에 부착하도록 고안해낸 몇 가지 도구를 포함해 감시 목적으로 부착도구를 광범하게 사용하였다. 어떻게 했느냐고? 글쎄, 예컨대, 수선할 목적에서 부다페스트로 보내버린 당신의 구두를 생각해봐라. 그 새 구두의 뒤축이 움푹 패여 있지 않던가? 프라하에서 하이킹하려고 산 당신의 등산지팡이가 주파수 측정계기 옆에 놓일 때 발열하지 않던가? 당신이 바르사바 거리에서 남의 눈에 띄지 않기 위하여 새로 산 폴란드제 비옷의 끝자락 속으로 무언가 우스꽝스럽게 바느질된 것이 있지 않던가?

교통수단

자전거와 헬리콥터, 스케이트보드, 오토바이 그리고 모터보트 등은 일반 승용차와 더불어 감시활동에 흔히 사용될 수 있다. (나는 항상 소형 비행선을 사용하기를 원했지만 그것을 어떻게 손에 얻을 수 있는지를 몰랐다.) 감시용 차량에 공통으로 갖추고 있는 한 가지 물건은 라디오, 즉 단거리 무선 통신이다.

한 가지 종류의 차량만으로는 감시가 거의 충분하지 않은데, 왜냐하면, 차량을 사용하고 있는 표적을 감시하는 경우에는 미행하는 차량이 발각되기가 쉽고 또한, 이 차량을 회피하기도 용이하기 때문이다 즉, 보행하고 있는 표적을 미행하는 도보 감시원보다 훨씬 더 용이해진다. 그래서 도보 감시활동에 있어서와 같이 교대로 교체할 수 있는 미행용 교통수단을 가져야 하는데, 그렇게 하기 위해서는 일종의 선단(fleet)이 필요하다. 선단을 구성하는 각각의 교통수단은 분명하게 외형상 서로 다르게 보여야 한다. 도요타 차는 시간적 간격을 두면서 포드 차로 교체하고, 다시 이 차는 볼보로 바꿔 주어야 한다. (당신이 있는 지역에 어울리게 하기 위하여 그 지역에서 사용되고 있는 가장 흔하면서 가장 덜 눈에 드러나는 모델로 대체하도록 한다.)

차량 한 대는 반드시 지휘차량, 즉 지휘소(command post)가 되어야 한다. 이 지휘차량은 선단의 다른 차량들과 도보 감시원으로서 그 미행에 부분적으로 가담하고 있는 사람들뿐만 아니라, 감독하고 있는 사무실에까지도 무선 교신을 할 수 있어야 한다. 통상적으로 지휘차량은 또한 사진촬영용 트럭이 되는데, 이 말은, 피상적으로 보기에는 배달용 화물차, TV수리 트럭, 또는 그런 유사한 차량과 같은 외형이지만, 그 속에는 작은 사무실이 숨겨져 있고 은밀하게 사진을 찍을 장비도 갖추고 있다. 오늘날 감시팀 대부분이 그와 같은 차량 정도로는 편성되어 있다.

감시용 차량을 위해 가장(cover)을 조정하고 문서화 하는 일이 당신이 하는 가장 부담되는 보급분야에서의 소소한 업무가 될 것이다. 그 원칙과 문제점은 제4장에서 설명했듯, 지원조직을 설치하는 과정에서 마주치게 되는 것들과 동일하다.

카메라와 오디오 장비

흔히 감시팀이 거리에서 해야 하는 임무는 자기들이 미행하는 사람들의 사진 또는 의심이 가는 수수소가 있는 지역과 안가의 입구와 같은 대상물에 대해 사진을 확보하는 것이다. 전통적이면서도 시간을 초월해 사용되고 있는 위장 카메라 장치(sneak photo)가 여성용 핸드백이다. 이것은 여자가 팔 아래에서 촬영 대상을 맞추도록 장치함으로써 백 속에 있는 보이지 않는 조리개가 빛을 카메라의 렌즈 속으로 들어가도록 해서 그 여자가 보이지 않는 버턴을 눌려 셔터를 작동시키는 방식이다. 이 이외에도 백여 가지의 이와 유사한 고안물들이 사용되고 있다. 예컨대, 배낭, 서류가방, 볼링 백, 테니스 라켓 백, 담배 주머니, 털모자, 등인데 감시팀이 가장하는데 적합하다면 무엇이든 될 수 있다.

도로에서 하는 오디오 감시에 대해 말하면, 은닉 녹음기가 하나의 표준적인 장치이기는 하지만, 심각한 대화에는 이것으로 그렇게 가까이 접근할 수 있는 기회가 많지 않다. 나는 한 가지 사례를 기억하고 있는데, 팀 멤버 한 사람이 공중전화 부스에서 전화를 잦게 걸고 있는 감시표적의 바로 뒤에 근접해 있는 한 부스에 들어가서 그 사이에 있는 유리벽에 청진기를 갖다 대서 활동 메시지를 엿들을 수 있었다. 우리는 그 친구가 자기 직무범위를 넘어서 발휘한 창의력에 대해 보너스를 주었다.

무 기

감시팀의 멤버들은 카우보이처럼 되는 경향이 있다. 그들은 사냥개와 토끼가 동시에 되는 것, 즉, 하루에도 매 순간마다 위험을 부담하는 습관을 갖고 있다. 그들은 칼솜씨와 총 솜씨가 있는 것을 좋아하고 유도, 태권도, 쿵푸 그리고 그와 같은 민첩하게 신체적으로 가격할 수가 있다면 오늘날 유행하는 이름이 무엇이든지 간에 많이 알기를 좋아한다. 그와 같은 능숙한 솜씨는 감시팀에게 때때로 유용하지만, 그렇다고 해서 당신 팀이 총이나 칼을 지니고 다니도록 허용하지는 않는다. 왜 그러느냐고? 감시팀이 하는 일이란 곤란한 상황을 피하는 것인데, 무기는 그 팀이 그런 곤란한 상황에 오히려 빨려 들어가게 할 것이기 때문이다.

예외가 있느냐고? 물론 그렇다. 첫째, 집행조치(체포 및 기소)를 통해서 결국 절정에 도달할 수 있는 법집행 담당관들을 활용하는 감시활동에서는 체포담당관들이 무장해 있기를 요구하고 있다. 둘째, 도시든 시골이든 범죄발생률이 높은 지역에서 폭력을 쓰는 범인과 우연히 조우하는 경우에 감시팀이 스스로 보호할 수 있기를 요구하고 있다. 그렇더라도 특히 도시에서는, 최선의 무기가 임시변통으로 만들어질 수도 있다. 단단하게 감은 잡지책이 하나의 찌르기 좋은 곤봉이 된다(코의 바로 밑을 노려라). 12인치짜리 강철 지렛대를 그 두 끝을 눈에 띄지 않게 날카롭게 하면, 차량의 도구상자에 둘 수 있는 다용도 무기가 될 수 있다. 상당수의 프랑스 레지스탕스 요원들이 2차 세계대전 동안 그들의 자전거에서 뽑아낸 여분의 바퀴살을 뾰쪽하게 만들어 자전거 페달 고무판 부분을 구성하게 해서 재빨리 손잡이가 될 수 있도록 하였다. 아아, 애석하구나. 치명적인 모자 핀을 사용하던 시기가 지나가 버렸으니. 그러나 나는 한 강도에 관해 알고 있는데,

그는 접는 우산의 뾰쪽한 끄트머리에 아래턱이 찔려 혀, 입천장, 그리고 뇌가 관통되어, 범행으로 얼룩진 그의 인생을 마감했었다.

감시팀 활동의 반감기

감시팀은 자동차의 엔진처럼 닳아간다. 보통 차가 오래되면, 사람들은 휘발유나 가스를 더 소모하고, 과열하고, 언덕 오르다가 멈추는 것 등을 보면서 엔진이 마모되고 있다고 이야기한다. 그러나 노화하고 있는 감시팀은 당신에게 그와 같은 경고조차도 하지 않는다. 사실, 연륜이 쌓임에 따라 오히려 더욱 효율적으로 되고 있는 것처럼 보인다. 그리고 정말 감시팀 생활의 초기에는 더 효율적으로 되어 간다. 감시팀 멤버들은 자기 기술에 경험을 쌓고, 서로의 습관에 대해 알게 되고, 그리고 각자의 전문성을 알게 됨에 따라 점차적으로 보다 나은 성과를 달성한다. 닳아가고 있는 부분을 볼 수는 없지만, 시간이 경과함에 따라 실제 닳아가고 있는 부분이 바로 가장(cover)이다.

해외에서 감시 활동을 하고 있다면, 감시팀 멤버들은 통상적으로 외국 국적일 것이다. 조금이라도 그들의 가장이 노출되거나, 그와 같은 멤버들을 당해 주재국의 경찰이나 적 정보기관의 호기심에 노출시키는 어떤 사고라도 발생하면 이들을 포섭하는 데 취약해질 것이다. 그런 일이 일단 발생하면, 당신이 그 발생 사실을 알고 있는 것과 상관없이, 주재국 사람들과의 친근성은 사라지게 된다. 그 다음 번에 당신 감시팀을 역감시활동(countersurveillance)을 위한 이중스파이와의 접선에 사용하면, 당신의 적(또는 아마 "우정은" 겨우 있더라도 안전하지 않은 경찰기관)은 당신의 활동 비밀 하나를 이제 보유하고 있는 셈이 된다. 그런데도 당신은 그 활동 비밀을 잃어버렸다는 것, 즉, 방첩관이 활동할 상황이 불리해져버린 것을 알지 못할 수 있다.

감시팀의 가장을 낡게 하는 작은 사고들이 발생하면 눈에 보이지 않는 누적 효과가 있게 된다. 이것은 마치 낡은 비행기의 날개에 금속 피로가 발생하는 것과 같다. 당신은 그 날개가 떨어져서 모든 방첩프로그램이 추락할 때까지는 이에 대해 흔히 모르고 지낼 것이다.

그와 같은 재앙에 대한 치료책은 따로 없고, 다만 예방책은 있다. 예방하려면 날개가 떨어져 나가기 이전에 그 비행기를 폐물로 처리하는 결정을 가차 없이 하여야 한다. 감시팀을 종료시켜야 하는 시기는 바로 그 팀이 일을 가장 잘 하고 있을 때이다. 감히 말하건대, 행정부서나 예산분야에 있는 사람들은 이런 결정을 좋아하지 않는다. 그들이 당신의 보고서와 관련해 읽는 것이라고는 모조리 사업을 갱신하라는 것이거나, 신규 팀 편성에 드는 비용과 자기들에게 생산적인 직원으로 보이는 사람들에게 연금을 주어 퇴직시키는 비용을 회피하라는 것들이다. 내가 하려는 충고는 그런 팀 활동을 종료시킬 것을 주장하라는 것이며, 또한 당신의 월등한 활동 경험과 실질적 지휘 책임으로써 그런 유형의 행정관리에 맞서라는 것이다. 그 논쟁이 고통스러울 때, 그 사람들이 조금이라도 감시활동에 능력이 있었다면, 그런 식의 행정만을 담당하지 않고 감시활동을 했었을 것이라는 생각으로 당신 자신을 위로하여라.

만약 당신 감시팀이 망치게 되면 (발각된다면) 그래서 쓸모없게 된다면 (그리고 당신이 아주 행운이 있어서 그 사실을 알아냈다면), 또는 그런 재앙이 오기 전에 당신이 현명하게 감시팀을 종료시킨다면, 반드시 당신은 이에 대한 보완책(backup)을 갖고 있어야 한다. 다시 말하는데, 당신의 예산부서 사람들이 추가비용에 대해 불평할 것이다. 그렇지만 해결책은 단 한 가지뿐이다. 당신이 보유하고 있는 모든 감시팀이 일을 하고 있기 위해서는, 또 다른 한 팀을 완전 분리시켜 교육과정에 들어가 있도록 하는 일이다.

C/H/A/P/T/E/R 8

기술적 감시를 어떻게 하는가

기술적 감시(technical surveillance)의 더 솔직한 이름은 “전자 도청(electronic eavesdropping)” 또는 “몰래하는 사진촬영”일 것이다. 그런데 이 용어들이 정직한 사람들의 심기를 불편하게 하고 있다. 사무엘 모르스의 전보(1844), 알렉산더 그래함 벨의 전화(1876), 그리고 죠지 이스트만의 롤필름 카메라(1888)가 스파이 업무를 위해 많은 것을 하였는데, 방첩분야에서는 더욱 그렇다. 구그리엘모 마르코니의 무선통신(1901, 1차 세계대전 발발이전 시기)이 비밀 통신과 도청을 방첩분야에서 주요 업무로 만드는데 필요한 모든 것을 제공하였다. 남자건 여자건 모두 머리에 이어폰을 꽂고 앉아서 옮겨 적고, 옮겨 적고, 또 옮겨 적으면서 착오도 하고 분류를 놓치기도 하였다. 그러고 나서 (2차 세계대전 중에) 지금은 잊힌 영화 녹음기가 나와서, 차단된 신호와 대화를 영화필름에 표시해 넣었다. 그 후 자기 와이어 녹음기가 나왔으나 또한 지금은 잊혀졌다. 그리고 마지막으로

테이프 녹음기가 나왔는데, 지금은 거의 잊혀지고 있고, 또한 카세트 레코더와 디스크로 저장되는 디지털 레코더가 나와 있다(결코 종말이 아니다).

벨의 탄소압축 마이크로폰은 부피가 컸다. 그래서 소파에 숨기기가 어려웠다. 오늘날의 마이크로폰은 송신기가 내장되어 있어 당신이 침대에서 꺼내 씻기를 잊은 린트면 속이나 혹은 바퀴벌레 속에 거의 은닉될 수도 있다. 독일어로 *Feind hört mit(적이 듣고 있다)*라고 말하듯, 오늘날 당신은 적이 어디서 또는 언제 듣고 있는지, 전혀 알지 못한다. 물론, 당신은 적이 없으면, 걱정할 필요가 없다. 왜냐하면 적 이외는 어느 누구도 당신이 샤워하면서 혼자 부르는 노래가 무엇인지 귀를 기울이거나 하물며 기호로 옮겨 적는 골치 아픈 일을 전혀 담당하려 하지 않기 때문이다. (여담이지만, 흐르는 물소리는 녹음해서 여과해내기가 거의 불가능하다. 그래서 목욕튜브가 비밀 대화를 하기에는 아주 좋은 장소다.)

음성기호로 전사(轉寫)하는 일(transcription)이 문젯거리가 된다. 전화기에 당장 도청장치를 달거나 회반죽벽에 마이크로폰이 들어갈 아주 작은 구멍을 파는 것은 때로는 좌절감을 갖게 하고 어렵다. 그렇지만 그것들은 "과정을 하나하나 거쳐서야 비로소 몫(the take)을 챙기는 것"과 비교하면 재미있는 세상의 일임에 틀림없다. 즉, 몇 시간짜리 테이프를 의미 있는 단 몇 줄로 타이핑 쳐서 보고서로 축소하는 것이 얼마나 재미있는가.

그래서, 당신은 기술적 감시활동의 관리자로서 기획에 시간을 많이 투입하고 감시표적을 어떻게 선택할지에 관해 많은 결정을 내려야 한다. 당신이 기술적 감시의 표적을 선택하려면, 그 표적이 하는 일주일 활동 중에는 당신이 감시로 얻을 무엇인가 의미 있는 2분가량의 분량이 그들의 끝없는 사소한 대화를 청취하고 기록하는 많은 노력에 맞먹는 가치를 가져야 한다. 또는, 만약 당신이 은밀한 사진촬영을 하고 있다면, 당신의 표적은 당신에게 무엇인가 의미 있는 활동을 하는 그의 5분이 평범하고 지루한 그의 개인생활을 비디오테이프로 조사(스크린)하는 많은 시간과 노력에 맞먹을 만큼 가치가 있는 사람에 한정되어야 한다. 그렇지 않으면, 정지영상 카메라로 찍은 수백 장의 인쇄물을 스크린 해야 하는데, 이것들은 보통 흐리게 나온다.

당신은 일부 사람들이 자기 전화가 도청되었다고, 침실이 도청되었다고, 또는 거리에서 자기 사진이 찍혔다고 (그들은 그렇게 추측하거나, 또는 무서워하거나, 아니면 희망한다) 소리 높여 괴로워하는 것을 경멸하면서도 즐거이 볼 수가 있다. 나는 나의 시민권이 *당국에 의해* 오용되도록 할 만큼 충분하게 중요한 인물이다!라고 생각하거나 꿈꾸는 것, 아아, 이것이야말로 정말 스릴 있는 일이다. 거기 있는 당신들 모두 내가 당신들의 사생활을 엿보고 있다고 생각하는 터무니없는 공상가들이여, 정말이지, 나에게는 당신들보다 염탐할 더 좋은 표적이 있다오. 그 표적들은 자기들의 시민권보다 내가 더 먼저 걱정해야 할 것들을, 더 좋건 아니면 더 나쁘건 간에, 갖고 있기 때문이라오.

기술적 감시의 지원기능

모든 기술적 감시의 73.92퍼센트(또는 수치가 크다면, 당신 자신이 직접 비율을 계산해 봐라)가 다른 부류의 감시와 다른 종류의 조사를 위해 단서(lead)를 생산하는 데 도움주고 있다. 단지 작은 비율만이, 말하자면, *KGB의 구조* 또는 *X국의 테러 프로그램*이라고 제목이 붙은 보고서에 사용될 수 있는 첩보를 산출하고 있다.

만약 당신이 법원명령을 구하고자 해서 재판관에게나 혹은, 예산을 빠듯하게 운용하는 감독관에게 도청계획이나 도청장치 설치를 정당화해야 한다면, 감시표적에 대해 어떻게 더 나은 정보를 확보하고, 그의 습관을 간단히 알며, 그리고 "그가 아침밥으로 무엇을 먹는지"를 알아내는가에 관해 당신의 방첩 프로그램을 발전시킬 방안을 설명하도록 준비하여라. 재판관은 법정에서 사용될 증거를 생산하는 것에 비슷한 수사를 선호하는 데 익숙해 있기 때문에 이것을 이해하지 못하는 수가 있다. 예산감독관은 자기 예산을 정당화하기 위하여 선전하고 활용할 수 있는 보고서를 오히려 갈망하고 있을 수 있다. 둘 중 어느 누구도 저급한 수준의 탐정 업무(gumshoe work)라고 생각할 수도 있는 기술적 감시에는 관대하지 않을 수 있다. 물론, 그렇지 않다면, 그들은 자신들이 수준 있는 어떤 탐정 업무를 경험한 적이 있는 전문가 부류일 것이다. (이런 유형의 전문가가 우리 업계의 관리계층에서 점차 희소해지고 있다고 생각한다면, 내 생각이 틀렸는가?)

요약하면, 감시의 주된 목적이, 특히 기술적 감시 경우는, 다른 조사를 지원(support)하는 데에 있다.

기술자를 잘 활용하라

집합적으로 "테크들(techs)"이라 부르는 오디오와 사진 기술자들은 별나면서 멋진 유형의 사람들이다. 그들은 맥주 캔과 같은 물건을 지향성 안테나로 결합할 수 있고, 벽스위치로 보이지 않는 카메라를 만들어 낼 수 있고, 또한 광선 전송회로를 고안해내기도 한다. 다시 말해, 당신이 전혀 꿈에도 생각해보지 않았던 도구를 즉흥적으로 만들어내어 온갖 종류의 기술적 문제를 해결해낸다. 당신이 관리자로서 그들에게서 갖게 될 문제는 그들이 원체 기발한 재주로 차 넘치기 때문에 가끔 조사목적에 대한 시각을 상실한 채 자기들의 일을 과도하게 복잡하게 한다는 점이다. "예술 자체를 위한 예술"이라는 상투적 문구가 바로 이런 성향에 붙는 라벨이다.

관리자로서, 당신은 당신의 테크들을 따라 잡으려고 가능한 한 열심히 달리고 싶을지라도, 그들의 전문지식에 필적하기를 절대로 희망해서는 안 된다. 테크들과 함께 일하는 것은 방첩관이 가장 즐길 수 있는 업무의 한 부분일 수 있다. 가능한 한 그들을 잘 알도록 하라.

전화 도청(Telephone Taps)

소수의 전문 스파이만이, 심지어 더 소수의 전문적인 정보관만이 자기들이 전화보안에 관해 누차 이야기해오는 바를 실행할 수 있다. 전화통화는, 내가 도청되고 있다고 알고 있을 때조차도, 나로 하여금 큰 실수를 저지르게 할 정도로 전화 대화에 친밀하면서도 은근하게 빠져드는 무엇인가가 있다. 내가 비밀로 유지하도록 되어 있는 다가오는 여행의 실제 목적지나 혹은 접촉하는 사람의 실명을 언급하게 된다. 더더욱 나쁜 것은, 내가 "은행직원을 만난다," "병원에 가고 있다."는 식으로 사제전신 암호(private code)를 사용하려고 한다는 점인데, 실제로는 조금이라도 나의 전화통화를 엿듣고 있는 도청자라면 어느 누구도 나의 가족 중에 은행직원과 아픈 사람이 없다는 것을 알 것인데도 말이다. 내가 그 도청자의 상관에게 두 가지의 단서를 이미 제공해버린 셈이 된 것이다.

그러나 전화기를 사용할 때, 내가 아무리 조심하더라도 이에 상관없이, 나를 조사하고 있는 누군가에게 가치 있는 첩보를 줄 수밖에 없다. 예를 들면, 내가 명백하게 주의하고 있다면, 내가 주시당하고 있다고 의심 든다는 사실을 오히려 드러내버린다. 즉, 그저 전화를 사용하는 것으로써 내가 집에 있다는 사실을 노출하고, 은행에 전화를 함으로써 나의 은행계좌를 조사할 기회를 주는 것이다.

전화도청은 정보기관으로서는 지루한 일이지만, 감시표적에 대한 기본 첩보를 얻게 한다. 전화도청이 다른 조사활동을 지원하는데, 어떻게 이를 관리하는가에 관해 몇 가지 요령을 주고자 한다.

교환국 도청(Central Tap)

만약 당신이 할 수 있는 권한이 있다면, 전화를 도청하는 가장 쉬운 방법은 전화교환국에서 통화를 가로채고 녹취하는 것이다. 자동적으로 지정해둔 전화번호의 회로가 작동할 때마다, 전화교환국에 있는 당신의 녹음기 중 하나가 대화를 녹음하도록 한다. 하나 이상의 회로가 한꺼번에 작동하면, 여러 대의 녹음기가 동시에 가동된다.

그러려면 당신은 전화교환국에 도청장치를 설치하는 권한이 있어야 한다. 경찰이 정상적으로 그런 권한을 가지고 있거나, 아니면 경찰은 법원을 통해서 확보할 수 있다. 항상 그렇듯, 관리자는 보안문제를 안게 된다. 즉, 그 도청장치를 설치해야 하는 전화회사나 국립우편본부의 고용원들을 당신이 신뢰할 수 있겠는가?

현지 전화선(Local Lines)

당신이 해외에 있다면, 당신은 중앙의 전화교환국에서 전화를 도청할 수 있는 권한을 갖지 못한다. 그렇다면 현지 전화선에 은밀하게 접근할 기회를 잡아야 하는 복잡한 상황에 처하게 된다. 길거리에서 하든, 아니면 하수구를 통하든, 혹은 인접해 있는 사유지의 한 모서리에서 하든지 해야 한다. 전화선이 흔히 플러그 구멍을 통해서 벽 바깥으로 나와 있는 곳이라면, 그런 곳에 닿을 수만 있다면, 거기가 전화를 도청하기에 좋은 장소이다. 어쨌든 그러려면 현장에서 창의성과 임기응변을 통해서만 해결될 수 있는 수송 문제와 가장 문제가 발생할 것이다. 그러고 나서 기술적 문제를 몇 가지 해결해야 한다. 즉, 직접 도청함으로써 교환국에서 전위차계기를 통해 적발될 위험을 무릅쓸 것인가? 유도장치를 (전기회로의 전위와 그 장치와의 전파간섭으로 인해 역시 때때로 탄로될 수가 있는데) 사용할 것인가? 이러한 질문에 대답하기 위해서는 당신의 테크들이 가진 최선의 지혜에 의지하여라.

전화 도청장치(Telephone Bug)

전화기 속의 송화구는 마이크로폰으로서 대단히 민감하다. 집에 전화할 때 당신이 알아채듯이, 그것은 아이들이 부엌에서 지껄이는 소리, 식당에 켜놓은 라디오 소리, 그리고 당신 배우자가 누군가와 커피를 마시면서 하고 있는 막후 대화까지 모두 듣게 한다. 그 신호가 능숙하게 증폭되면, 당신이 방에 설치할 수 있는 거의 어떠한 마이크만큼이나 잘 들릴 수 있다. 정상적으로는 수화기가 내려져 있을 때에만 마이크로폰은 소리를 듣게 한다. 그러나 기술자는 스위스 군용 나이프에 달린 드라이버를 가지고 약 일 분만에 변경시켜 계속해서 회로를 통해 중앙 스위치보드로 전송하거나 또는 전화기와 스위치보드 사이에 있는 전화선으로 도청하도록 할 수 있다. 그러면 그것이 곧 전화 도청과 도청장치의 겸용이 된다.

전화기의 수화구도 또한 마이크로폰인데, 왜냐하면 스피커와 마이크는 동일한 기본 설계로 되어 있기 때문이다. 그래서 전화기 하나가 도청용과 동시에 도청장치가 되도록 조작될 수 있다.

당신의 감시표적은 전화기를 사용하지 않을 때 간단하게 플러그를 빼 둠으로써 이 장치에 의한 도청 기능을 방어할 수 있다. 그러나 그는 은닉된 건전지용 무선 송신기를 포함하고 있는 기구(器具)에 대해서는, 기술자가 정기적으로 그 기구를 확인하도록 하지 않고서는, 방어할 수가 없다. 만약 그 감시표적이 그렇게 할 수 있다면, 그는 아마 도청도 하고 도청장치도 설치해야 할 만큼 가치가 있는 인물인 셈이다. 왜냐하면 단순한 감시표적들은 기술지원팀을 가까이 두고 있지 못하기 때문이다. 다른 한편으로 보면, 그가 *당신의 기술자*들로 하여금 봉급을 벌도록 해주는 셈이다.

은닉된 마이크로폰

은닉한 마이크로폰으로 하는 도청에 대한 미국과 영국에서의 공식 용어가 "오디오 감시"(audiosurveillance)인데, 보통 줄여서 "오디오"라고 한다. 실무에서는 "오디오 설치"를 *버그(bug)*라고 부른다. 말할 것도 없이, 이 단편적인 은어는 말장난용으로서나 적합한데, 영국에서 특히 그렇다.

모니터링 업무(Monitor's Chore)

당신이 인터뷰를 녹취해서 구두역사자료(oral history)를 수집한다면, 녹취기가 종이 넘기는 소리, 성냥불 켜는 소리, 멀리 비행기가 나는 소리 등, 대담하는 사람들이 눈치 채지 않은 소리들을 주워 담아 증폭한다는 것을 알 것이다. 그렇지만 그 마이크로폰은 대담자들이 선명하게 이해할 수 있는 중얼거리는 구절들을 담는 데는 실패한다. 만약 공개적으로 둔 마이크로폰이 주워 담을 수 있는 소리가 한정되어 있다면, 은닉된 마이크로폰은 더욱 제한될 것이다. 인간의 의식과 달리, 마이크로폰은 상관없는 소리를 걸러내지 못하는 것은 물론 이성적인 해석을 통한 의미를 제공할 수도 없다.

그래서 도청장치에서 획득한 내용물을 모니터링하고 전사(轉寫)하는 것이 아주 부담되는 일이다. 모니터요원은 말을 알아들으려고 긴장해야 하고 자꾸 반복해서 부분 부분을 재생해야 한다. 그는 부단히 어떤 대화내용이 들리지 않은 채로 계속되는지, 제스처, 얼굴표정, 주고받은 줄그은 쪽지 등을 추측해야 한다. 모니터요원은 한 마디의 말도 듣지 않은 채 몇 시간이 지나가기 때문에 지루함과 피로와 싸워야 한다. 최종적으로는 모니터요원은 그 기록을 분석관이 이해할 수 있도록 하고 다른 출처에서 나온 첩보와 쉽게 대조해 볼 수 있도록 유지해야 한다.

도청장치 설치(Hard Wire)

숨겨진 전선으로 수화기와 녹취기에 연결된 은닉 마이크로폰은 아마도 라디오 송신기보다 양질의 소리를 전송할 것이다. 만약 당신이 부동산을 관리하고 있다면, 즉, 마이크가 숨겨진 방에 감시표적이 방문자로서 오는 동안에 그 방을 직접 소유하거나 렌트하거나 임대하고 있다면, 마이크를 꽂고 전선을 숨기는 일은 용이하며, 그래서 안전한 비밀 청취 장소를 설정하는 것도 용이하다. 왜냐하면 방이나 다락을 통째 차단하거나 또는 인근 아파트를 사용할 수가 있기 때문이다.

그렇지만, 방첩활동의 대부분이 적이 소유하고 있는 부동산에서, 특히 해외에서 일하는 경우에 발생한다. 거기서 도청장치를 설치하려면 당신의 현장 조직이 보유하고 있는 대부분의 자산을 사용하여야 한다. 즉, 모니터링 초소와 도청용 도구의 조립을 하기 위한 안가 구입, 그리고 은밀한 진입 준비와 활동팀 진입시 보호를 하기 위한 표적 감시, 등을 해야 한다.

무선송신기(Wireless Transmitter)

마이크로폰이 내장된 무선 송신 라디오를 은닉하면 앞서 서술한 문제를 제법 피할 수 있다. 숨겨야 하는 전선이 없고, 렌트해야 할 인근 아파트가 없으며, 도청장치 설치를 위한 은밀한 진입, 즉, 들어가고, 가제트를 심고, 그리고 나오는 것을 훨씬 신속하게 할 수 있다. 그렇지 않으면, 도청용 가제트를 탁자 램프 속에, 책 속에, 또는 그림틀 속에 미리 숨겨 두고 나서 표면상으로 수리공이나 검침원을 통해 그것을 "법적으로" 들여 갈 수 있을 것이다.

그러나 무선 송신기가 불리한 점도 있다. 예를 들면, 신뢰할 수 있는 동력공급이 있어야 하는데 배터리는 닳아버린다. 때때로 건물의 동력공급 장치에 유선 연결될 수 있으나, 그렇데 하려면 은밀한 진입(surreptitious entry)을 하는데 드는 시간을 연장해야 한다.

또 다른 불리한 점은, 이것은 아주 심각한 것인데, 무선 송신기가 전파를 발산한다는 점이다. 송신기는 전파를 신호가 차단되는 에테르층 높이까지 공중으로 보내는데, 신호의 강도나 주파수나 혹은 방향을 아무리 감축하더라도 완전 차단시킬 수는 없다. 한때 서방 정보기관의 하나는 소련 진영의 보안기관이 공산정부에 충실하지 않은 것으로 부당하게 의심을 받고 있는 소련정부 관료의 사무실에 설치해두었던 도청장치로부터 민감한 정보를 극히 우연하게 받게 되었다. 수개월 동안 그가 자기의 비서에게 받아쓰게 한 것이 수 백 마일까지 송출되었으며(기술자들은 이것을 "되튀기(bounce)"라고 말함), 그래서 훨씬 근접해 있는 것을 듣도록 되어 있던 엉뚱한 수신기에까지 들어갔던 것이다. 그런데, "되튀기"

는 지구의 상공에 있는 히비사이드 전리층(Heaviside Layer)에 있는 이온층에는 반사될 필요가 없다. 즉, 돌발적인 지형 사고 및 건축 사고가 있을 때 신호의 주파수를 아주 높여 신호가 히비사이드층을 뚫고 커크 선장의 *엔터프라이즈*호만이 빠져 들어가는 것으로 되어 있는 우주 속으로 나갈 때에도 신호가 "되튀는" 원인이 될 수 있다.

열쇠구멍을 통한 사진촬영

은행에서는 은닉한 정지화상 카메라를 사용하여 로비에 있는 모든 사람의 사진을 정기적으로 찍는다. 그래서 누군가가 창구직원을 강탈하려고 할 때, 그의 사진이 찍힌다. 당신이 자동인출기계에서 수표를 현금으로 바꿀 때, 당신의 사진이 그 수표의 복사본과 함께 파일 안으로 들어간다. 민감하거나 위험스런 일을 하는 연구기관의 복사, 사무실, 그리고 실험실은 숨겨진 카메라를 통해 텔레비전 스크린에서 모니터 된다. 경찰은 은닉된 텔레비전 카메라와 음성장비가 설치된 주택이나 아파트에서 일상적으로 "함정 수사(sting)"를 가동해서, 범죄활동을 협상하기로 유도한 상대방에 관한 물건을 획득한다(증거를 기록한다).

당신이 주택이나 아파트를 통제할 수 있으면, 은밀한 사진촬영은 용이해진다. 해외에서와 같이, 당신이 부동산을 직접 관리하고 있는 감시표적에 대해 일하고 있으면, 당신은 도청장치를 설치하기 위해, 모니터링을 조직하기 위해, 그리고 대조조사체계를 구축하기 위해 이 책의 어디에선가 언급했던 계책(tricks)들을 모두 사용해야 할 것이다. 지원조직(제4장 참조)이 완벽한 문제해결을 도울 것이며, 파일시스템 또한 그럴 것이다(제16, 17 및 18장 참조).

우편 차단(Mail Intercept)

많은 나라에서는 우편물에 대해, 국내 및 국경 너머로 양쪽 모두, 비밀검열 프로그램을 운용하고 있다. 보통 이 프로그램은 그 나라 우편제도의 한 부문으로서 위장하고 있는 방첩조직에 의해 수행되고 있다. 해외의 경우에는, 당신은 그러한 공식적 시스템에 접근하기가 가능할 수 있거나 또는 가능할 수가 없을 수도 있다. 만약 가능하지 않다면, 당신은 우편물을 절취해서 우편봉인 기술자들에게 배달하는 일도 담당해야 할 것이다. 그 기술자들은 그것을 열고, 사진을 찍고, 그리고 그것을 다시 밀봉해서 당신이 감시표적이 알지 못하도록 하면서 그의 우편상자에 은밀히 도로 갖다 넣을 수 있도록 해야 한다. 분명한 점은, 우편배달원과 우편물 분류원이 어떠한 우편차단 활동에 있어서도 포섭대상 후보자가 된다는 점이다. 호텔 데스크 종업원, 아파트 주택관리원, 그리고 순찰경찰관과 같은 일반목적의 보조첩보원(support agent)들이 또한 유용하다.

첩보 대조(Collating)

모든 방첩활동에서 그렇듯, 기술적 감시의 가장 중요한 부분은 정보를 대조(collating)하는 일이다(또한 대조에 관해 좀 더 많이 알려면 제17장을 참조). 전형적으로 그와 같은 첩보는 컴퓨터 대조에 아주 적합하도록 되어 있다. 당신이 전화도청에서 얻은 내용물을 대조하는 범주가 예를 들면, 다음과 같을 것이다:

- *표적 전화번호:* 도청하고 있는 전화기들
- *외부 통화 번호:* 표적의 전화기에서 통화한 번호, 다이얼을 돌린 횟수 또는 터치 톤을 눌린 횟수로 녹취된 번호
- *신원:* 역전화번호부에 대응한 모든 외부 통화번호에 대해 자동확인을 통해 알려진 사람, 대화에서 공개적으로 확인된 사람,

모니터로 추정된 사람
- *메시지 내용:* 모니터요원이 해석하는 통화상의 모든 *표면상의* 내용, 예컨대, 가족, 상업적 업무, 개인적 업무/사회적 업무, 업무관련 각종 횡설수설 및 알 수 없는 내용

전화도청에서 수개월 또는 수년씩을 소요하는 대조시스템은 전화접촉에 관련해 많은 양의 첩보를 산출하는 일종의 풍부한 탄광이 될 수 있다. 모든 기술적 감시에서 얻은 내용물을 다른 방첩활동에서 얻은 첩보와 결합하는 종합 대조프로그램은 많은 방첩 프로그램을 위한 기반이 된다. 나는 상상력이 풍부한 한 대스파이담당관(counterespionage officer)으로 하여금 기만프로그램을 고안해낼 수 있게 했던 대조업무 하나에 관해 알고 있는데, 이 프로그램은 어느 적 정보기관 하나에 피해를 입혔으며 나아가 그 기관을 거의 파괴하였다.

C/H/A/P/T/E/R 9

이중스파이: 어디에 적합한가

"이중스파이(double agents)"라는 용어보다는 비전문가나 풋내기에 의해 더 잘못 사용되고 있는 용어는 없을 것이다. 한때 정기 폴리그래프 검사를 하기 직전에 있었던 대화에서 나는 풋내기 운용원에게 나의 전문분야 중 하나가 이중스파이를 운영하는 것이고 이중스파이 공작활동을 관리하고 있다고 말했다. 그러자 한 젊은 지식인인체 하는 사람이 일련의 첫 검사가 끝날 즈음에 내게 "당신은 이중스파이입니까?"라고 깜짝 질문을 하였다. 그의 검사계기에 있는 호흡 표시 바늘이 차트상에서 툭 떨어졌고, 그래서 그는 내가 대답하려는 순간에 "웃었다."라고 써넣어야 하였다. 그러고 나서 내가 그에게 "당신은 *침투공작원(penetration)*입니까?"라고 묻는 것이 바른 질문일 거라고 설명해주었다.

당신이 사전을 찾아보면, 아마도 당신은 이중스파이란 동시에 두 정보기관을 위해 일하고 있는 첩보원쯤으로 이해할 것이다. 이것이 당신의 마음속에서 오래된 영화에 나오는 피터 로르와 같은 어떤 사람에 대한 이미지를 산출할 것이다. 그는 누구든 염탐했다가 그 첩보를 가장 비싸게 가격을 부르는 사람에게 팔았다. 오늘날 그와 같은 사람을 발견한다면, 우리는 그와 같은 이중스파이를 "프리랜스(freelance)"라고 부르려고 할 것이다. 사실은 대략 1945년 이래 스파이 비지니스가 주요한 국제적 관심사항이 되어 있다. 프리랜서들은 딱 한번 프리랜서로 일한다. 그러고 나면 그들은 전문 정보기관에 의해 눈 깜짝할 사이에 낚이든지 또는 즉각적으로 (가장 자주) 그 직업에서 떠난다. 다시 말하면, 이중스파이는, 모든 첩보원들처럼, 한 번에 한 정보기관에 의해서만 통제된다. 만약 그 통제가 X에서 Y로 이동하면, 이미 Y에 의해 성공적인 방첩활동이 착수된 것이다.

미국, 영국, 프랑스, 러시아, 중국, 이란, 아르헨티나, 혹은 다른 어떠한 정보기관의 경우에 있어서도 전문 방첩관(CI officer)에게는 일반적으로 "이중스파이"가 두 가지 부류 중에서 하나를 의미한다. 즉, *逆用(playback,* 역자 주: 최초의 번역용어로서 그 개념이 113쪽에 있으며, 이 이후부터는 '플레이백' 이중스파이로 사용함)인가 아니면 *誘引(provocation,* 역자 주: 120쪽에 개념이 있으며, 한국에서는 주로 이 부류를 이중스파이로 통칭함)인가 이다. 그렇기 때문에 그 단어가 의미하는 바가 *대리인(agent)*을 가리키지, 참모(staff) 직원을 가리키지는 않는다. 표트르 세미오노비치 포포프(완전히 진실되고 사실에 근거해 저술된 윌리엄 후드의 저서 『비밀공작원(Mole)』에서의 표적인물)를 이중스파이라고 부르는 것은 수다를 떨어 혼동시키는 짓과 다를 바 없다. 포포프 대령은 소련군사정보기관(GRU)에 있는 *우리의 침투공작원(penetration)*이었다. 만약, KGB가 포포프가 GRU에 침투해 들어갔었다는 것을 발견했을 때, KGB가 그를 이중스파이로 되돌려 그를 살려두고 그가 수년에 걸쳐 생산해왔었던 양질의 정보를 제공받게 되었다면, 그는 대충 일종의 이중스파이(한명의 "플레이백" 이중스파이)이었을 것이다. 그런데 포포프의 경우는, 대부분 침투공작원들의 경우처럼, 그렇게 하기에는 몸값이 너무 올랐었을 것이다. 그래서 KGB가 그를 쏘아버렸다. 즉, 그는 결코 이중스파이가 아니었다.

적과의 접촉

보병부대의 한 지휘관이 당신에게, 자기의 바로 상급제대로부터 어떤 첩보를 얻고 있는데도, 자기가 직접 적과 접촉을 하지 않으면, 지휘가 힘들어지는 것을 느낀다고 이야기할 수가 있다. 그는 전선이 조용하면, 순찰병을 내보내서 적을 정찰하고, 발포를 유도하고, 적의 전초선을 벗어난 포로 한두 명을 생포하도록 한다. 그는 상관이 내려 보내는 것 이상으로 어떠한 첩보를 보유해 있으려고 해서 자기 지도에서 붉은 쪽(적)을 좋아하고 있다. *그가 적과 접촉하기*를 원한다는 뜻이다.

방첩업무와 보병전투 사이의 비유가 아주 좋은 비유다. 방첩관의 한 사람으로서 당신은 적과 접촉을 해야 한다. 적 정보기관의 조직도표, 운영방법에 관한 자료, 그리고 식별된 적 공작관의 명단 등이 확보할만한 것들이지만, 이것들은 당신에게 현장 상황에 대한 생생한 느낌을 별로 주지 않는다.

기본적으로 이중스파이를 사용하는 목적은 적과 접촉을 유지하려는 데에 있다. 당신이 무엇 때문에 그 접촉을 사용하려고 하는가는 언제나 당신 방첩프로그램의 상태에 좌우된다. 그러나 접촉 없이는 당신이 할 수 있는 것이 별로 많지가 않다.

'플레이백' 이중스파이: 자노스 쯔몰카의 사례

'플레이백' 이중스파이(playback)는 당신이 탐지하고 포섭해서 ("전향시켜") 당신의 통제하에 두면서 당신 적과의 소통 경로 및 적에 대응하는 무기로서 비밀활동을 계속하도록 하는 다른 정보기관, 통상적으로는 적 정보기관의 첩보원이다. 보통 그는 내동댕이쳐진 후에 당신에게 다가왔으며 (포섭 목적으로 접근하

였으며), 지침을 구하였고, 그리고 개인적으로 큰 희생을 감수하면서 자기를 당신 통제하에 두었다. 그와 같은 인물이 바로 자노스 쯔몰카였으며, 바로 그 사람이기도 하다.

자노스 쯔몰카 공작 건은 이미 공개되어 있는데, 왜냐하면 그 당시 미육군 정보사령부 부사령관이었던 찰스 스캔론 준장이 상원 위원회에서 그것에 관해 진술하였기 때문이다. (그 증언은 읽어 볼 가치가 있다. *「미국 상원 제99차 회의, 행정위원회, 조사상설소위원회 청문」*, 제1회의, 1985, 65–82쪽.)

자노스 쯔몰카는 1956년 봉기 중에 자기 어머니와 누이를 부다페스트에 남겨 둔 채 헝가리에서 탈출하였다. 그는 헝가리식 식당을 시작하는 대신 (너무 많이 이런 식당을 둘 수는 없다.), 미국 시민으로 귀화하였으며, 군에 입대하였고, 미국 헌병에서 선임준위가 되었다(이런 군인 또한 우리는 너무 많이 가질 수 없다.). 그는 역시 미국 육군에 있는 한 여자와 결혼하였는데, 우리는 그러한 여자가 너무 많이 나오게 내버려 둘 수가 없다.

그는 시간, 돈, 그리고 공식허가가 있을 때면 언제나 부다페스트로 돌아가서 어머니와 누이를 방문하였다. 그들은 가난하게 살고 있으면서 끊임없이 반복적으로 그 공산주의 국가의 적이라는 의혹을 받고 있었다. 왜냐하면 그들의 아들이자 남형제인 자노스가 자본주의 적국의 군인이기 때문이었다. 그의 잦은 방문이 헝가리판 KGB인 헝가리 국가보안기관(보통 AVH로 통칭)의 주목을 받게 되었으며, 해외에서 들어오는 방문객을 관찰하고 그들이 나가는 것을 확인하는 일을 AVH의 업무 중의 하나로 만들었다.

쯔몰카가 1977년에 크리스마스 연휴를 위해 마인즈에 있는 자기가 소속된 범죄수사대(CID)로부터 휴가를 얻어 부다페스트에서 자기 어머니와 보내고 있었다. 거기서 마침 헝가리 정부에서 일하고 있는, 그의 가족의 한 친구가 그를 한쪽으로 데려 가서 말하기를 다른 한 헝가리 정부관리가 그에게 말하려고 했던 것인데 그의 어머니가 걱정하게 하고 싶지 않으니 그녀가 그 회동에 관해 알지 않도록 하기 바란다고 전하였다. 그 가족 친구의 이름이 붙여진 한 식당에서 그 친구의 친구가 자기 자신을 "자노스 페르라키"라고 소개하면서 그를 포섭하기 위해 강압적으로 말했다. 자기 정보기관이 쯔몰카가 나토와 미국에 대한 군사정보를 훔쳐내기를 원한다는 것이었다. 페르라키는 그 교환조건으로 쯔몰카의 어머니를 "좋은" 대우로써 모시겠다는 것이었다.

으악, 아찔하네. 당신이 쯔몰카의 입장이 되어보라. 당신이 협조하기를 거부하면, 당신 어머니가 "호의적인" 대우가 아니라 "비호의적인" 대우를 받을지 모른다. 당신은 다시는 헝가리로 여행하는 위험을 무릅쓸 수 없을 것이고 따라서 다시는 당신 어머니를 볼 수 없을 것이다. 그러나 협조한다면, 당신은 당신을 받아준 나라, 당신의 조직, 그리고 당신 어머니와 동료 사병들에 대해 배반을 저지를 것이다.

이것을 읽고 있는 방첩관들은 적을 위한 간첩행위는 배반행위이며, 곧 단테의 지옥에서 가롯 유다가 가장 내밀한 영적 부분까지 규탄 받았던 가장 사악한 죄가 되는 행동임을 알고 있다. 그러나 인질에 대한 위협으로써 유도하려는 스파이행위는 장래가 유망한 첩보원을 마음속으로 두 가지의 배반, 즉 나라를 배반하느냐 아니면 가족을 배반하느냐를 선택해야 하는 진퇴양난에 밀어 넣는다. 그렇지만, 이런 소련식 방법에는 약점이 하나 있음을 주목하라. 즉, 인질 압력으로 강압하면 그 첩보원은 빠져나가려는 방안을 강구할 것이며, 따라서 양면으로 플레이하려고 한다. 다시 말하면, 인질압력은 이중스파이 행위로 유도하게 된다. 냉전 동안에 반 소련 측에 있은 우리는 포섭하거나 통제하기 위하여 인질을 사용하지 않았던 사실이 자랑스러웠는데, 우리는 어쨌든 그렇게 할 수가 없었다. 우리의 정부시스템과 우리의 사고방식이 그것을 허용하지 않았는데, 그래서 나는 이 "약점"이야말로 우리가 정말 자부했던 것이었다고 생각한다.

쯔몰카 선임준위는 배반하지 않기로 선택하였다. 그는 부다페스트에서 있었던 이 사건을 서독에 있는 역량 있는 한 방첩기관에 보고하였고 자기 자신을 그 기관의 통제하에 두었다. 그 때부터 (국방정보본부의 편제부서인) 그 방첩기관은 그와 그의 가족을 보호하면서 가능한 모든 적에 대한 첩보를 얻기 위하여 미국의 방첩공동체(CI community)의 다른 요원들과 협력하는 가운데 그와 함께 일하였다.

암시했던 쯔몰카 어머니의 "비호의적인 대우"가, 헝가리 사람(요원)들이 이해하기로는, 그의 포섭과정에서 채찍이었다. "호의적 대우"는 당근이었는데 여기에는 금전이 추가 되어 있었다. 1978년 6월 그가 부인과 부다페스트로 운전해 갔을 때, 페르라키로부터 연락받았다. 페르라키는 협력하기로 한 그의 결정을 축하하였고 그가 접근하는 군사문서를 위한 교환으로 그에게 금전을 약속하였으며, 그의 어머니가 마인즈를 방문하도록 그와 함께 돌아가는 여행을 주선해 주었다. 그 헝가리 사람들은 그가 가능한 한 용이하게 배반 쪽으로 이동하도록 하고 있었던 것이다. 요구받았던 문서는 폴리그래프 사용방법에 관한 교육매뉴얼, 기밀이 아닌 법률 훈령, 등등으로서 별로 해가 되지 않았다. 이것들을 전달하면 규정 위반이 될 것이었지만, 보잘 것 없는 것이며, 그가 체포되더라도 아마 군법회의에 회부될 만한 것은 아니었다.

게임은 이제 양측에 대한 시험과 내사의 형태로 바뀌었다. 우리 측에서는 그 헝가리 사람들을 그들의 관할 지역에서 만나야 할 더 이상의 이유가 없었으며, 그래서 쯔몰카가 부다페스트로 가는 것을 불가능하도록 하였다. 헝가리 사람들은 그를 독일에서 만나는 것에 자신이 없었고, 그래서 그 다음 반년 동안 우편과 전화로 실강이을 벌이고 난 후에 최종적으로 그를 제3국에서 만나기로 조정하였다. 그러는 동안에 유럽에서의 그의 여행은 종료되고 있었으며, 그가 조지아의 포트 고든 기지로 복귀하여 미국 내부의 임무를 맡는 것이 양측 모두에게 가장 유리한 것 같았다. 마자르인 공작관이 첩보원 한 명을 멀리 떨어져 있는 이국적인 미국 조지아에 둔 것에 대해 자기 동료들에게 어떻게 뽐내고 허풍을 떨 수 있었을 것인지 상상해보라. 그런데 우연히도 그곳에는 미 육군통신학교가 있었다. 여보게, 당신이 알고 있듯, 그곳은 암호와 암호해독을 취급하는 곳일세.

그리하여 제3국에서의 회동은 긴장되었고 작전과 같은 일로 채워졌다. 쯔몰카는 헝가리 사람들이 요청했었던 매뉴얼과 무해한 문서들을 가지고 갔다. 그래서 그들은 이것을 그가 이제 낚였다는 표시로 간주하였다. 페르라키는 한 동료를 데리고 왔는데, 아마 그의 상관으로서 “빈스 콘크”라는 이름을 사용하였다. 그들은 쯔몰카 어머니에게 쯔몰카 자신의 첩보원 봉급에서 일정한 월정액을 지급하기로 합의하였고, 다시 한 번 그가 전달할 첩보에 대해 후한 지급을 하기로 약속하였다. 그런데 이번에는 그들이 원한 첩보가 전혀 무해한 것이 아니었다. 즉, 전략방어 계획, 무기, 통신계획, 핵능력, 퍼싱 미사일 기지의 위치, 암호해독기계, 나토와 미국의 전쟁계획 등으로서 쯔몰카가 그의 CID신분증명서를 플래시로 확인받고 보안장벽을 통과하고나서 그의 CID도구세트인 복사장비를 사용해서 채워야만 하는 항목들이었다. 그 요구항목들이 그에게는 러시아의 요구로 보였으나, 그는 이들 요구항목들이 가난하고 작은 헝가리의 안보와 무슨 관계가 있느냐고 묻기에는 눈치가 너무 빨랐다.

통신문은 어땠는지 알아보자. 헝가리 AVH요원들이 다음과 같이 말하고 있었다. 아 그렇지요. 우리는 캐나다나 멕시코에서 당신을 만날 수 있소. 그러나 정말 중요하다면, 우리가 미국에 가서 만날 수도 있겠소. 우리가 정확하게 어디서 만날지 알려 주겠소. 그리고 이 약정인식 신호(recognition signal)를 부디 기억하시오. 미리 3,000달러를 송부하오. 미 육군 암호해독기계 하나가 성사되는 경우 20,000달러를 줄 것이요. 그리고 우리가 당신 어머니를 돌보고 있으니 걱정하지 마시오.

쯔몰카가 미국에 돌아 왔을 때, 그의 사건이 1947년 국가안보법의 헌장에 의거해서 FBI의 관할로 넘어갔다. 실제로, 이 방침은 그가 자주 한꺼번에 두 명의 미국인 조종관(handler), 즉, 한 사람은 육군 소속, 그리고 다른 한 사람은 FBI 소속을 만났다는 것을 의미하였다. 그래서 양측이 공유하는 부분에 관해 CIA의 중앙첩보 깔때기 속으로 들어가게 할 보고서를 누가 작성할지 동전은 던져졌다. 그 활동의 목적이 이제 미국에 있는 적의 첩보자산을 노출시키는 것이었다.

헝가리 사람들은 조심하였다. 쯔몰카가 우편경로를 통해 그들에게 그가 부과 받은 기밀과 무관한 직위에서 그들의 첩보요구사항을 충족하기가 어렵다는 것을 알게 되었다고 설명하였다. 그의 CID 배지가 일급 비밀자료에 접근하는 문제에 있어서는 그렇게 만능해결사가 아니었으며, 그리고 이 우편경로도 못 미더웠다. 왜 그들은 그를 자기들이 약속한 대로 멕시코나 캐나다에서 만나려 하지 않았는가?

그러나 헝가리 사람들은 완고하였다. 그들에게는 어깨 너머로 보고 있는 러시아인 자문관이 있었는데 그는 지금까지의 성과가 엉성하다고 지적하였다. 그들은 쯔몰카를 다시 부다페스트에서 보기를 원했다. 그는 공산국가 헝가리에 다시 감으로써 미국 당국의 의심을 받는 위험을 부담할 수 없다고 응답하였다. (진실로, 그의 미국인 조종관들은 그를 헝가리 심문자들의 손으로 보냄으로써 그의 생명을 위험스럽게 하기를 원하지 않았다. 그 심문자들은 그 중대한 시기에 거칠게 결정했을지도 모를 일이었다.) 종국적으로 타협에 도달하였다. 그래서 1981년 3월 쯔몰카는 페르라키와 콘크를 제3국에서 만나려고 서유럽으로 가는 비행기를 탔다. 그는 미국인 조종관의 밀착 감독하에서 포트 고든 기지에서 만들었던 두세 개의 마이크로필름 롤을 소지하였다. 그 마이크로필름의 계략이 성공적이었다.

그 헝가리 사람들은 이제 러시아 보스에게 보여줄 구체적인 산물을 몇 개 가지게 되었다. 확신하건대, 암호체계는 아니지만, 그러나 실질적으로 기밀로 분류된 몇 가지 미국 문서를 복사한 것이 있었다. "봐라, 이것이 그들이 핵 장비를 도시를 통과하여 이동시키면서 돌발적 누출을 막기 위해 경계하는 방법이다! 야 정말이지, 소련의 파괴공작 요원들이 저걸 좋아할 걸!" (그런 것이 아니라면, 그것이 무엇이었던 간에 우리가 그들에게 제공한 것이다. 나는 그냥 추측하고 있지만, 당신은 그 자료가 과거보다 그들에게 훨씬 더 화끈하게 보였다고 확신해도 된다.) 그래서, 헝가리 사람들이 그가 핵무기와 암호해독체계에 관한 문서를 보내오도록 그에게 새롭게 개선된 우편방식을 주고 애틀랜타와 오거스타에서 만날 지점을 상세하게 설명한 후에 쯔몰카, 페르라키, 그리고 콘크 모두 함께 곤드레하게 취하였다.

중대한 순간이었다. 우리는 헝가리 사람들이 지금 요구하고 있는 정보사항을 주어버릴 수가 없었다. 헝가리 사람들이 자기들의 첩보원에게 획득하라고 요구한 민감한 자료를 제외하고는 미국에 있는 정보자산들이 노출되는 위험을 부담할 수가 없었다. 우리 측으로서는 선택할 게 많지 않았다. 우리는 "집행조치를 취할" 수밖에 없었다 (언론에서 잘못 사용되는 용어인데, 단순히 체포와 기소를 의미한다). 우리는 쯔몰카로 하여금 중요한 항목을 하나 확보했다고 신호를 보내도록 하였다. 그것은 아마 암호해독기계에 관한 어떤 것이었을 거다. 그렇게 해서 만나러 오는 사람이면 그가 누구든지 덮쳐서 그가 알고 있는 것을 무엇이든지 캐낼 참이었다.

그것이 바로 1982년 4월 17일에 감행되었던 방법이었다. 오거스타에 있는 만날 장소에 나타나서 쯔몰카의 차에 오른 사람은 오토 아틸라 길버트로서 헝가리에서 태어나 미국에 귀화한 사람이었다. 쯔몰카와 달리, 그는 배반의 길을 택했었다. 그 두 사람은 암호를 교환했고 둘 다 자기가 바랐던 대로 달성되어 있다고 서로를 추켜 세워주었다. 쯔몰카가 길버트에게 상당한 기밀 자료를 건넸다. 그러고 나서 길버트가 차 바깥으로 나오자마자 체포하였다.

길버트는 헝가리 정보기관에 대해 꽤 많이 알고 있었다. 그는 장기 형량의 가능성에 직면하자, 그것을 모두 털어놓기로 결심하였다. 그는 양형거래를 통해 단지 15년을 감형 받았다. 그가 가석방될 때까지 실제로 얼마나 오래 형을 살았는지 궁금할 수 있지만, 우리가 철저한 심문을 하는데 시간은 충분했다고 생각하면 된다.

길버트가 배반의 대가로 받은 죄 값이 쯔몰카가 충성의 대가로 받은 것보다 컸을까? 쯔몰카의 어머니와 누이는 어떻게 되었을까? 이제 당신은 이중스파이의 활동 분야에 관한 주제로 옮겨야 하는데, 당신은 다른 사람의 생명에 대해 어려운 결정을 할 때는 양심에 대한 가책을 고려해야 할 것이다.

끄나풀 — 통제받기와 프리랜스

*유인(誘引)스파이(provocation)*는 *당신의 통제하에서* 상대방과의 소통 경로이자 상대방에 대응하는 무기로서 주어진 비밀 업무를 수행하면서 상대방에 의해 포섭되도록 당신이 배치한 첩보원이다. 만약 자노스 쯔몰카가 헝가리 국가보안기관(AVH: AVH와 KGB는 지금 확실하게 의심을 받고 있듯) 앞에서 자기 자신을 내보이기 위해 의도적으로 부다페스트에 보내졌다면, 그는 유인스파이였을 것이다.

그러나 자기 자신을 유인스파이로서 시작하려고 시도하면서, 이미 진부해진 이중스파이 공작 건을 가지고 당신에게 오는, 그런 부류의 투기꾼을 조심하여라. 스파이로 육성되는 것은 공통적인데, 스파이 일에 맞는 경험적 배경은 일반적으로 스파이관련 소설을 읽거나 TV를 보는 것에 바탕하고 있다.

나는 적 정보관과 잠자리하는 것이 취미인 한 여자를 기억하고 있다. 그녀는 간호사, 사서, 학교선생, 혹은 그와 같은 일을 하고 있었는데, 미국의 군대, 외교, 또는 해외원조와 관련된 기구에 소속되어 해외에서 일하기를 계속 바라고 있었다. 그녀는 군 장교, 대사관 직원, 코드 담당서기, 그리고 비서 등을 포함해서 많은 미국사람들을 알고 있는 진정한 미국인이라고 항상 자기 자신을 내보이고 싶어 했다. 그리고 그녀는 항상 외로운 성생활을 하고 있다고 정직하게 말할 수 있었는데, 그 이유는 사실 그녀는 별로 매력적이지 않았기 때문이다. 한때 러시아 사람 아니면 폴란드 사람과 동거생활을 하고 난 후에, 그녀는 가장 가까이에 있는 방첩사무소에 그 접촉을 보고함으로써 자기 자신이 불성실하다는 의심을 씻어내고 방첩사무소의 "지시"에 따라 성적 모험을 계속하고자 하였다. 문제는 그녀가 멍청하다는 점인데, 스파이 세계의 실상에 관해 전혀 교육을 시킬 수가 없었다. 그녀는 지시를 따르지도 않았고 또한 따를 수도 없었으며, 너무 멍청하고 마타 하리(Mata Hari)로서 자기 자신만의 환상에 너무 사로잡혀 있었다. 그녀는 성가신 존재가 되었고 공산국가, 반공국가, 그리고 중립국가에 상관없이 그녀를 알고 있는 모든 정보기관에 의해 웃음거리가 되었다. 그녀가 다른 사람들을 위해 너무 많은 시간을 써버린 것이다. 나는 그 여자가 어떻게 되었는지 잊고 있었는데, 그렇지만 누가 신경이나 쓰겠는가?

적과의 접촉 수준

수준(level)이란 말은 좀 고상한 체하는 용어로서 당신을 오도할 수 있다. 더 가능성이 있기로는, 당신의 고위 관리계층을 오도할 수가 있다. 대사관의 일등서기관은, 만약 그가 스파이기관의 첩보원이라면, 매우 높은 수준으로 보이고, 그리고 만약 당신이 그를 그 스파이기관에 대응하는 이중스파이로서 두었다면, 당신은 어떤 면에서는 높은 업무수행 *수준*에 대하여 공적을 인정받을 것이다. 사실, 대사관 리셉션에 한 번도 초대받지 못하는 낮은 봉급의 코드 담당서기가 스파이로서의 잠재력에 있어서는 외교관보다 더 가치가 있다. 그녀는 기밀 자료가 어디에 저장되어 있는지 자기 상관보다 훨씬 잘 알고 있어서 일등서기관의 비서가 될 수 있는 것이다. 그녀는 남의 눈에 띄지 않게 사생활을 하고 있어서 비밀리에 그녀와 의사소통을 하기가 훨씬 용이하다. 거기다가 그녀는 자기 상관이 꿈도 꿀 수 없는 다른 비서들, 코드 담당서기들, 그리고 잠재 가치가 있는 "낮은 수준의 직위"에 있는 여러 사람들에게 접근이 가능하다.

당신의 고위 관리계층은 자원 배분을 정당화하기 위해 정기 보고서를 작성하고, 이 정기 보고서는 방첩 업무를 마치 석탄석유부 또는 동상기념비관리국의 한 하부업무쯤으로 보고 있는 정치인과 관료가 읽을 것이다. 그들은 일등서기관에 의해 감명을 받지, 택시 운전사에 의해 감명 받지는 않는다. 당신이 하르툼이나 테구시갈파에서 포섭한 그 무지한 택시 운전사가 실제로는 감시팀을 운영하고 있는 KGB 핵심 첩보원이었다는 사실도 당신의 예산을 승인하는 정치인 및 관료에게 제시된 명단에서는 그를 일등서기관보다 상위 수준에 두려 하지 않을 것이다. 그는 *낮은 직위에 있는* 당신이 유지하고 있는 명단에서나 단지 더 높을 뿐이다.

당신은 하르툼이나 테구시갈파에 있는 당신 적이 자기 첩보원의 지위(level)에 관하여 까다롭지 않다고 확신할 수 있을 것이다(*그 첩보원*의 고위 관리계층은 까다로울 수도 있겠지만). 예컨대, 영국에서 일했던 KGB정보관 오레그 리야린의 활동을 생각해봐라. 그는 자동차 면허를 취급하는 런던 행정기관에 있는 한 사무원을 포섭하였다. 시리오즈 히세인 압둘카데르라고 불리는 말레이인인 그 첩보원은 KGB에게 차량등록문서와 번호판 리스트를 주었는데, 그 리스트는 물어보는 누구에게도 공개될 수 없도록 중요 정보문서파일로 지정되어 저장되어 있었다. 왜냐하면 그 리스트는 영국의 보안부(MI5)에 의해 감시용 차량에 사용되었기 때문이다. 그 리스트가 KGB 공작관과 MI5 사이에 있었던 토끼와 사냥개 게임에서 KGB에게 상당히 유리하게 제공되었던 것이다.

리야린과 같이, 당신도 당신의 보조첩보원(support agent)의 사회적 지위에 대해 까다롭게 굴지 않는 것이 나을 것이다. 당신의 이중스파이인 일등 서기관에게 알랑거려라, 당신이 얻고자 하는 것을 그에게서 최대한 짜내라, 그리고 당신 최고의 필체로써 그가 하는 당신 적과의 접촉을 보고하라. 그렇지만, 그 택시 운전사가 운전은 계속하도록 하여라. 아마 당신은 그 운전사의 감시팀이 그 일등서기관의 비서를 계속 미행하고 있다는 걸 알게 될 것이다.

자원 배분

사람들은 낮은 곳에서 살고 있는 벌레가 높은 곳에 살고 있는 개똥지빠귀에게 잡아먹히면, 그 벌레는 점차적으로 개똥지빠귀처럼 느끼게 될 수 있다고 말한다. 그 벌레는, 개똥지빠귀의 일부가 되어, 낮은 곳에 있는 벌레를 먹는 것이 정상적이고, 도덕적이며 그리고 효율적이라고 인식할 수 있다는 것이다. 이와 같이, 당신 자신이 어제까지도 매우 깊이 억울해 했던 고위 관리계층의 일부임이 되었음을 알게 되면, 당신도 또한 그와 같아질 것이다. 당신은 지금 조직 전반에 걸쳐서, 동시에 여러 지역 사이에서 자원을 배분할 책임을 지고 있다. 당신은 이제 관료들에게도, 정치인에게도 당신의 결정을 정당화해야 한다. 당신은 갑자기 수준(위치)이란 것에 대하여 제법 고상한 척할 것임은 물론이고, 동시에 모든 이중스파이프로그램 자체가 비용 대비 효과적임을 증명해야 하는 도전에 직면할 것이다.

이중스파이프로그램에 대한 예산상 도전은 당신 기관이 망명자와 침투공작원을 풍부하게 보유하면 보유할수록 더욱 강력해진다. 관리계층에게 물어봐라, 이런 훌륭한 멍청이들이 적 요새 내부에서부터 계속 나오고 있는 마당에 왜 우리가 낮은 위치에 있는 이중스파이 공작 문제에 계속 신경 써야 하느냐? 그러면 관리자들은 이중스파이 문제를 덮어버리면서, 그 조종관들이 다른 일을 하도록 하라고 말할 것이다.

이와 같은 인력 대폭감축 조치가 과거에 발생했던 적이 있었다. 구체적인 사례를 들먹이지 않겠지만, 그 결과는 나빴으며 그러한 대폭감축은 나중에 후회되었다. 과도하게 효율지향적인 관리자들은 망명자의 첩보가 급속하게 낡아버리고 침투공작원들은 죽어서 사라져 버린다는 점을 잊고 있었다. 그 관리자들은 자신들이 고립되고, 눈이 멀고, 그리고 적과의 접촉에서 이탈되어 있다는 것을 알게 되었다.

C/H/A/P/T/E/R **10**

이중스파이: 어떻게 확보·관리하는가

어떠한 이중스파이 프로그램이라도 그 일차적 목적은 적에 대해 관여(engage)하는 데에 있다. 통상적으로 이것은 *적*뿐만 아니라 잠재적이거나 또는 우발적인 *경쟁자*도 포함한다.

당신에게 침투하려고 노리는 모든 정보기관이나 경찰부대가 물론 적은 아니다. 미국이 싱가포르의 특별부(Special Branch)의 지부에 침투하려고 시도했으며, 리콴유(李光耀) 수상 자신에 의해 이 침투공작원을 이중스파이로 만들어 미국에 대응하도록 했을 때, 그들은 싱가포르의 *적*이 아니었으며, 싱가포르 정부 내의 어느 누구도 그렇게 생각하지 않았다. 그럼에도 불구하고 싱가포르는 미국에 대응하여 양질의 이중스파이 활동을 운용하였다. 이렇듯 당신도 당신 사과 속에 벌레를 넣으려고 하는 어느 누구에게든지 일단 대응하여야 한다.

물론, 게임이란 그 자체만을 위해서는 별로 할 만한 가치가 있는 게 아니다. 그래서 당신의 상대방이 결국 친구였음이 판명되면, 당신이 해야 할 최선책은 싱가포르가 했던 행동을 하는 것이다. 즉, 신속하게 마개로 그것을 막아버려야 하겠지만, 상대방의 비용부담으로 가능한 한 많은 방첩업무의 요령과 방법을 알기 이전에는 그렇게 하지 않는 것이 유리하다. 당신은 우호적인 상대방이 대의명분을 갖고 그렇게 하는 것을 때로는 알 것이다. 아마, 상대방은 당신 기관에 정말로 적대적 침투가 있지는 않나 의심해 하면서 당신의 보안 상태를 내부적으로 한번 짚어보기를 원할 수도 있다. 상대방이 옳을 수도 있다. 만약 그가 틀렸으면, 그의 손목을 세게 내쳐라. 그러고서 공동의 적에 대응해서 당신의 일을 계속 추진하여라.

어떠한 이중스파이 프로그램에서도 가장 우선시하고 지속해야 하는 임무가 바로 단서(leads)를 개발하는 일이다. 아래에서 언급하는 조사 및 기획업무 사항은 당신이 희망하기로는 포섭활동으로 귀결될 것인데, 이것을 하기 위한 연습의 쉬운 부분에 해당한다.

상대방 평가

당신의 적을 평가하는 일은 당신 자신의 환경을 먼저 평가하는 것으로 시작해야 한다. 여기에서 고려할만한 질문 몇 가지를 언급하고자 한다.

훔칠만한 게 무엇인가?

당신의 환경에 군부대, 핵연구시설, 대사관, 정보기관, 공장, 또는 정부와 계약 맺고 있는 기업의 기획업무실 등이 포함된다면, 우선 어떤 것들이 실제로 있으며, 어디에 그것들이 있는지 그 명단을 완전하게 만드는 데 힘을 써야 한다.

누가 훔치기를 원하는가?

냉전 시기에 "누가 훔치기를 원하는가?"라는 질문에 대한 첫 응답은 항상 "소련 진영의 정보기관들"이었다. 그 다음으로, 누가 당신의 관할구역을 표적으로 삼았을 것인가? 그것은 거기에 훔칠 것이 있는가의 여부에 좌우된다. 네덜란드 사람들은 아마 캐리비안 만에 있는 공군기지에 별로 관심이 없을 것이며, 마찬가지로 아르헨티나 사람들이 인도양에 있는 해군기지에 관심을 두지 않을 것이고, 또한 인도 사람들이 오클랜드에 있는 영사관에 관심이 없을 것이다. 만약 당신이 상냥한 네덜란드인 한 사람이 자메이카에서 상시적으로 활발하게 이리저리 캐묻고 뒤지고 있는 것을 발견한다면, 예컨대, 체코제 돛대에서 휘날리는 네덜란드 기를 찾듯이, 동맹국에 반대하는 듯 펼치는 위장 술책을 찾아라. 이런 경우에는, 당신의 대표자가 헤이그에서나 또는 당신 나라의 수도에서 네덜란드 사람과 5분간만 대화하면 양측 기관이 합동대스파이활동(joint counterespionage operation)을 멋지게 시작했었다는 걸 알 것이다.

다른 한편, 당신은 네덜란드 사람이 네덜란드의 전 동인도회사와 관련 있는 어떤 별개의 사안에 관심을 두고 있을 거라고 짐작할 수도 있다. 즉, 현재 인도네시아라고 부르고 있는 세계에서 다섯 번째로 큰 나라와 그 인근지역인 필리핀, 말레이시아, 싱가포르, 그리고 오스트레일리아 등을 포함해서 관심을 두는 경우이다. 그들이 *당신*에 대항하여 이 지역에서 어떤 적대적 활동을 시작하지 않았을 수 있지만, 그 사람들이 단지 그렇게 나이스하다는 이유만으로는 그렇게 하지 않을 것이라고 기대하지 않아야 한다. 또한, 설사 그들이 그렇게 한다하더라도 불끈 화내지 말라. 그들의 이유는 완전하게 정상적이며 당신보다 결코 덜 도덕적이지도 않다. 거기다가, 그들의 정보관들이 모든 면에 있어서 당신만큼 능숙해 있다.

누가 그럴 수단을 가지고 있나?

당신의 입법부 또는 의회와 냉전 기간 동안에 하기를 좋아했던 숫자놀이가 바로 체코, 폴란드, 헝가리, 중국, 북한, 북베트남, 쿠바, 루마니아, 불가리아, 그리고 소련의 외교관(또한 식별된 정보관)의 수와 어느 나라에 있든지 간에 당신 나라의 그 수를 비교하는 것이었다. 통상 그 수는, 당신의 동맹국들을 감안하더라도, 당신 나라의 경우가 더 적었다. 미국 국내에서조차 만약 당신이 워싱턴 및 뉴욕의 유엔에서와 함께 오타와와 멕시코시티에서 미국을 표적으로 하고 있는 고정거주스파이들(rezidenturas)을 감안하면 FBI 정보처를 포함하더라도 미국이 수적으로 열세였다.

그래서 "누가 훔칠 수단을 갖고 있는가?"에 대한 응답 중의 하나가 적의 공식적 설비(installations)의 크기와 근접성이다. 설비가 크다는 것은 곧 큰 조직, 즉, 안가, 감시팀, 무인수수소, 관측원(spotter), 무선통신사, 조종관, 그리고 아마 보고를 담당하는 조직내부의 스파이와 같은 많은 수단을 갖추고 있다는 의미다.

그러나 당신이 적의 이러한 공식 설비로부터 격리되어 있다면, 어떤 일이 발생할까? 글쎄, 당신은 더 흥미 있는 게임, 즉 불법적(illegals)이거나 준불법적인(semi-illegals) 입국자들과 게임을 할 것이다. 이것은, 만약 소련이 당초의 불법입국자 개념, 즉 다른 나라의 신원과 국적을 사용해 가장(cover)한 소련 시민에게 적용했었다면, 전혀 필요하지도 않았을 것 같은, 좀 어색한 용어이다. 그런데 유명한 불법입국자들은 순수 소련국적이 거의 아니었는데, 왜냐하면 그들은 비러시아인으로서 살아가야 했었기("가장을 지속해야 했었기") 때문이었다. 러시아인 콜론 몰로디야가 캐나다인 고든 론스데일이 되기 전에는 소년시기 4년 동안을 캘리포니아에서 살았었다. 윌리엄 피셔는 소련 대령 루돌프 아벨이 되기 전에, 그리고 에밀 R. 골드퍼스로서 미국으로 가는 피난민 속에 끼어들기 이전에는 태어나서부터 열여덟 살까지 영국에서 살았었다. 폴란드 태생인 우크라이나인 레오폴드 트레퍼는 (국제공산당인 코민테른에서부터) GRU(소련군사정보부)에 참여하기 전에, 그리고 캐나다인 아담 미클러로가 되어 벨기에에 파견되기 이전에는 팔레스타인과 남부 프랑스에서 살았었다. 그는 나중에 장 길버트라고 부르는 벨기에 사람으로 신원을 바꾸었으며 프랑스에서 그의 활동을 연장하였다.

오늘날 어떠한 국적을 가진 첩보원이든, 심지어 자기 자신의 이름으로 자연스레 가장하는 첩보원까지도 "불법적인" 고정거주스파이로서 활동할 수 있게 되었다. 해외 식민지는 어디든지 적 기관이 자기의 활동기지 책임자를 들여 넣기 위하여 열심히 일하는 환경의 하나가 되어버렸다. 불법적인 기지 책임자의 직무 중 90퍼센트 정도가 비밀작성, 무선송신, 그리고 안내원 등을 통한 연락교신으로 차지하고 있기 때문에, 당신은 조사시설을 사용하여 어떠한 부류의 비밀 연락교신이라도 그 실마리를 밝혀내도록 하여라. 그러고서 추가 첩보를 밝혀낼 이중스파이 두 명을 의도적으로 낮은 지위에서 포섭하여라.

그런데, 당신이 말하기를, 비밀작성이나 마이크로도트를 탐지하려면 우편차단 프로그램이 요구된다고 하겠지만, 그것은 불법이다. 아참, 그렇지. 당신이 당신 나라의 외부에서 작업한다면, 그곳에서는 우편물 차단이 불법이 아닐 수도 있겠다. 즉, 당신이 주재하고 있는 그 나라가 언제나 그런 짓을 할지도 모른다. 더욱이, 당신이 해외에서 첩보원 일을 하면, 당신 자신이 불법적이다. 스파이활동과 대스파이활동이란, 자명하듯 당연히, 절도행위이며 따라서 통상적으로 그에 대응하는 법이 마련되어 있다. 당신은 당신 나라 외부에서 범법자가 되는데 익숙하고 또한 그에 대해 대가를 지불받는데도 익숙해져 있어야 할 것이다.

국내에서는, 당신 직무는 법을 집행하는 것이다. 만약 그 법이 다른 사람의 우편물을 읽는 것을 금지시키면, 당신은 아주 간단하게 그렇게 하지 않으면 된다. 그러나 많은 나라에서는, 승인된 기관에 의한 정당한 조사가 가능하도록 근거가 법률 내에 마련되어 있다. 당신 조직이 이에 대해 분명한 가이드라인을 가지고 있어야 할 것이다.

무선송신에 대해서는 나중에 언급할 테니 그 때까지 기다려라. 당신은 도움이 결코 부족하지 않게 될 것이다.

누구를 포섭할만한가?

당신의 상대가 당신이 가지고 있는 것을 훔치려면 사람을 활용해야 한다. 즉, 당신은 일단 접근이 가능한 첩보원을 포섭해야 한다. 그래서 일차적 질문은 당신이 이미 준비해 놓은 민감한 첩보 리스트에 누가 접근할 수 있는가이다. 당신은 명부를 베끼고 리스트를 작성하는 등, 힘들고 따분한 일을 일일이 해야 한다. 그렇다고 해서 다른 누군가가 모아둔, 보안인가를 가지고 있는 사람들의 리스트에 의존해서는 *안 된다.* 오늘날, 세상 사람의 반은 보안인가를 갖고 있고, 다른 반은 자기들에게 인가되지 않은 것에 접근하고 있다.

당신 리스트가 당신 상대가 마련해 놓은 동일한 리스트보다 훨씬 낫고, 작업량도 훨씬 적었을 것이라고 알고서 위안을 삼아라. 상대방은 그 동일한 첩보를 얻으려고 더 열심히 일해야 한다. 나아가서 당신 리스트가 "끄나풀(dangle)"(유인스파이) 프로그램을 위한 기초자료를 구성할 수 있다는 점에서도 더 위로를 받아라.

민감한 자료에 접근하는 것이 바로 적이 당신 직원에 관해 관심을 두고 있는 오직 한 가지 이유다. 오레그 투마노프의 경우를 기억해라. 그는 1965년 11월에 배를 타기 시작한 스물 한 살의 러시아인 선원이었는데, 자기가 가진 얼마 되지 않은 양의 첩보에 관해서 상세한 중간보고를 했다. 그러다가 그가 뮌헨에 있는 라디오자유(RL)에 직장을 얻게 되었다. 이십 년 후에, 그는 그 직장에서 사라져 버렸는데, 그런 후 얼마 되지 않아 모스크바의 반CIA 선전방송에 등장하였다. 그가 그 사이에 어디에선가 KGB에 의해 포섭되었다는 것이 타당한 추측이다. KGB는 자유라디오방송(RL)과 자유유럽라디오방송(RFE)이 출연인사에 관련해 의존해 있는 부류의 반소련망명자 조직(émigré)의 혼란과 파괴를 전적으로 담당하는 하부 관료조직을 두고 있다. 라디오방송 자체를 파괴하는 것이 또한 소련 진영의 목적이었으며, 그래서 상당한 규모의 고용자들을 포섭해서 화장실에 폭탄을 설치하고, 반소련망명자들의 생활에 대해 보고하도록 하고, 그리고 자유유럽라디오방송과 자유라디오방송을 늙은 악마이자 늙은 살인자인 CIA의 피조물이라고 대폭로하도록 하였다.

인도적으로 희망하건대, 투마노프가 소련에서의 생활이 뮌헨에서의 생활만큼이나 자유롭고 편안하기를 바란다. 그가 뮌헨에서 접근했던 민감한 첩보들이 소련에 의해 미국과 서독에 대항해서 군사 또는 정치 목적으로 사용되었을 수 있는데, KGB 본부에 종이 한 장의 분량으로 기록되어 있었다. 거기에는 다음과 같이 적혀 있었다. "자유라디오방송과 자유유럽라디오방송은 서독에 소재하고 있는 미국의 선전매체이다. 한 때 그것들은 CIA에 의해 관리되었다. 그 경영층에는 이사로서 전임 미 육군 장군과 전임 미 상원의원이 포함되어 있었다. 그 직원에는 우리 관할에서 도망간 우리 정부형태에 적대적인 사람이 많이 포함되어 있다. 라디오방송의 직원들은 미국이나 서독에 관한 군사, 경제, 기술 또는 정치 등의 첩보에 접근하지 않았다. 첩보원 투마노프는 기밀로 분류되지 않은 직원명부와 라디오방송 직원리스트를 제공하였다."

투마노프에 의해 입은 피해는 아주 적었으나, 그가 탐지되어 전향되었다면 그가 투입되어 사용됨으로써 서방세계의 이중스파이 프로그램에 유용했었을 것이다. 왜 그랬겠느냐고? 그는 KGB가 포섭과 조종에 사용했었던 기법과 의도에 관하여 보고할 수가 있었기 때문이다. 다른 어떤 고용원을 KGB가 포섭 목적으로 찾고 있었겠는가? 어떤 종류의 파괴행위를 KGB가 기획하고 있었겠는가?

그리고 특히, 그에 대한 KGB조종관은 누구였는가? 이것은 중요했는데, 왜냐하면 KGB가 그 반소련망명자조직을 젊은 공작관들을 위한 일상적인 교육연습용으로 사용했으며, 이들 공작관들이 나중에는 더 중요한 역할을 맡았던 것으로 종종 밝혀졌기 때문이다. 우리는 일찍이 그 공작관들을 기록에 저장해둘 필요가 있었다. (아마도 사실은, 독일이나 미국이 투마노프를 탐지해서 전향시켰으며, 그는 이중스파이로서 유용했을 것이고, 그래서 아마 KGB가 그를 철수시켰을 것이고 또한 인질압력(hostage pressure)을 사용했던 원인도 그가 전향했었다고 눈치를 챘기 때문이었을 것이다. 나는 모르고 있고, 또한 알고 싶지도 않은데, 왜냐하면 더 이상 알 필요가 없기 때문이다.)

투마노프에 대해서는 이 정도로 이야기하고자 한다. 당신의 법집행영역에서 종사하고 있는 사람들은 민감한 자료에 접근하지 않을 수도 있지만, 그 사람들은 그런 접근을 하는 다른 사람들에게는 접근한다는 점을 명심하여라. 그들은 잠재적 첩보원에 대한 잠재적 "관측원(spotter)"들이다. 그리고 어떤 기관에서든 스파이 프로그램을 운영하고 있는 정보관은 항상 보조첩보원(support agent)들,

즉, 임시주소("유인수수소"), 안내원, "무인수수소" 복무자(비밀은닉처를 비우는 사람), 감시원, 안가 관리자(회동 장소이자 은신처로서 소련사람들이 "음모용 주택(conspiratorial dwelling)"이라 부르는 시설을 유지하는 사람), 폭력단, 등이 필요하다는 점을 절대 잊지 말아야 한다. 당신의 리스트에 있는 사람들 중 누가 적격이겠는가? 어떤 사람들이 취약한가?

취약성에 관련해 당신이 무엇을 할 것인가는 "'플레이백' 이중스파이"와 "끄나풀"이란 제목으로 다음에서 설명하고 있다. 여기서는 일단, 당신은 정보접근이 가능한 리스트에 있는 모든 사람들의 사생활에 일일이 참견할 수는 없으며 또한 그렇게 해서도 안 된다고만 말해두기로 하자. 그렇지 않으면, 당신은 사기를 저하시키고, 당신 자신에 대해 많은 적을 만들고, 그리고 많은 시간을 허비할 것이다.

단서의 대조분석

국내에서나 해외에서나, 당신은 인력과 시간이 항상 부족하다. 양쪽 모두를 더 많이 낭비하는 확실한 방법은 인력과 시간을 요하는 단서(leads)에 대한 연구를 게을리 하는 것이다. 경험 규칙에 의하면, 대부분 상황에서 당신의 인력과 시간 중 삼분의 일이 단서용 파일을 꾸미는데 할애된다. 당신의 관리계층은 왜 모든 사람의 전체시간 중 삼분의 일이나 되느냐고 물을 것이다. 왜 우두머리와 그의 참모만 시간 중 삼분의 일이나 반을 사용하면 되지 않느냐고? 모든 문서업무는 그들만이 처리해서 현장에서 활동하고 있는 사람들에게 지시할 수는 없는가, 그렇게 하면 현장에서 활동하는 사람들이 자기 일에 전 시간을 투입할 수 있지 않겠는가? 응답은 이렇다. 아마 구역별로 설치된 경찰서에서는 그런 방식으로 할 수도 있다(내가 비록 실제로 그런지 알아보지는 않았지만). 그러나 방첩업무 단위조직(CI shop)에서는 각자 모두가 연구관이 되어야 하고, 수뇌부에 있는 연구관들로부터 도움을 받아야 한다. 그렇지 않으면, 세부 사항이 균열되거나, 미

묘한 차이를 놓쳐버리거나, 불가피하게 예측하지 못한 사건이나 피할 수 없는 사고 때문에 공작활동이 뒤틀어져버릴 수가 있다. 우리 상대방의 팔 피트 높이의 관료조직에서도 사람들이 늦잠 자고, 통신케이블이 분실되고, 번개가 전선을 내리쳐 단절시키고, 그리고 *특히* 정치인들이 자기에게 제공되는 사실보다는 자기 자신의 판단을 믿으려 한다는 점, 등을 우리는 얼마나 자주 잊고 있는가?

이뿐만 아니라 나아가서, 양질의 이중스파이 공작사례는 각각 격리해서 관리되어야 한다. 방첩업무 단위조직에 있는 사람 모두가 공작 활동을 일일이 다 알 필요가 없으며, 그래서도 안 된다. 그것은 우두머리와 그의 참모직원이 해야 할 일이다. 그러나 그런 격리관리에도 불구하고, 한 사람보다는 두 사람이 낫기 때문에, 공작관은 자기가 하고 있는 공작 건에 관련해 수뇌부가 수행하는 조사활동에 참여해야 한다. 그리고 수뇌부는 참모 직원에게서는 얻을 수 없는 공작활동별 요점을 파악하고 있으면서, 생명의 위험까지 감수하면서 활동하는 공작관의 예감과 추측을 경청해야 한다.

제16장과 17장에서 공작관과 수뇌부가 모두 사용해야 하는 대조분석의 기법에 관해 논의할 것이다.

'플레이백' 이중스파이

미국 공군과 계약해서 컴퓨터용 맞춤 칩을 만드는 한 회사의 경영자의 비서가 자기의 새 남자친구는 공군 기술명세서가 보관되어 있는 보관실 옆에서 밤늦게까지 일하는 자기 자신에 대한 개인적 관심보다 오히려 자기의 능력에 더 많은 관심을 보이고 있는 걸 알게 된 경우가 있다. 그 남자친구가 그녀에게 그 보관실의 구조를 알아내라고 요청했을 때, 그녀는 자기가 스파이와 알고 지내오고 있다는 사실을 불현듯 알아차렸다.

그 여자가 그 다음에 무엇을 어떻게 할 것인가는 부분적으로는 그녀 가까이에 있는 보안담당관이 자기 업무를 얼마나 잘 해왔는가에 좌우될 것이며, 또한 부분적으로는 방첩관으로서 당신이 얼마나 당신 업무를 잘 해왔는가에도 좌우될 것이다. 그 비서는 어디 가서 도움을 청할지를 알고 있는가? 그 여자는 마주치게 될 보안담당관이 자기의 사생활을 존중해 주고, 자기 성격을 이해해주고, 자기 직장과 개인적 안전을 보호해줄 것이라고 신뢰하는가? 그 여자는 보안요원들을 멍청한 초심자들이거나 아니면 재미있는 녀석 정도로 생각하고만 있는가?

이 사례는 여자가 남자보다 더 취약한 점을 암시하고 있다고 생각해서는 결코 안 된다. 어떠한 의미에서도 그렇지 않으며, 내가 그와 반대 방향으로 판단하도록 모든 연령의 남자가 포함되는 다른 사례 몇 가지를 인용할 수도 있다. 나는 단지 한 여비서의 가설적인 사례를 인용하고 있을 뿐이다. 왜냐하면, 여비서들은 아주 흔하게 민감한 정보에 정교하게 접근하고 있으면서도 무시당하고 사회적으로는 경영층에 의해 자기 직장에서 변두리로 밀려나 있기 때문이다.

당신은 그 여자(또는 그 남자)가 최초로 찾아갈 보안요원들과 분명하면서 상호 이해할 수 있는 업무절차를 갖고 있는가? 당신과 보안담당관은 서로 개인적으로 알고 지내면서 서로 인간적으로 좋아 하는가? 어느 한 쪽에서 관할문제를 두고 분개해 하지 않는가? 업무영역을 두고 싸움하는 것이 모든 관료체제에서 공통적인데, 이 경우도 관료주의적 상황에 해당한다. 이 상황에서 최선의 조정방법은 보안담당관은 마침 보안업무를 하게 된 방첩관이 되는 것을 당연시하고, 또 다른 한편으로는 방첩관은 마침 방첩업무를 하는 보안담당관이 되는 것이다. 이 가정은 어떠한 방첩활동이나 보안상황에서도 발생할 수 있는 아주 사실에 근접한 것인데, 실제로 동일한 사람이 양쪽의 모자를 쓰고 일하는 경우가 종종 있다.

당신들은 그 문제를 해결하고 함께 활동을 잘 하도록 하여라. 그 비서를 당신의 이중스파이로 포섭하고, 그녀의 남자친구를 사정없이 조사하며, 그리고 그 여자를 능숙하게 조종해 나가도록 하라.

이것은 단지 하나의 가설적인 (그렇다고 완전히 꾸며낸 것은 아닌) 사례에 불과하다. 그렇지만, 그 원칙은 우선 자원자로서 출발하는 모든 '플레이백' 이중스파이의 활동에 적용될 수 있다. 그러한 자원자를 얻기 위해서는 그를 혹은 그녀를 위해 당신이 먼저 준비되어 있어야 한다는 것이다.

보안과 사기(Security and Morale)

보안과 사기가 때로는 서로 갈등관계에 있다. 어느 누구도 많은 비밀 파일과 함께 많은 비밀요원들을 두고 있는 비밀스런 사무실에서 누군가가 자기가 무엇을 하는지 숨어서 지켜보고 있다고 생각하기를 좋아하지 않는다. 보안 조직이 효과적이기 위해서는 "건전한 공중관계(public relations)" 그 이상을 유지해야 한다. 조직의 구성원들이 갖고 있는 제반문제에서 자문과 위안 및 지원을 구하려면 먼저 신뢰받는 관계를 형성하도록 해야 한다. 이에 관련된 실화를 하나 이야기하고자 한다.

한때 미국정부의 한 국가기밀 기관에 능력 있고 효율적으로 일하는 수(Sue)라고 부르는 비서가 있었는데, 그녀는 오토바이 경주가 취미인 프레드라는 녀석과 결혼한 상태였다. 프레드는 그 기관에 소속되어 있지 않았다. 어느 주말에, 다른 주(州)의 한 대형 트랙에서 개최된 큰 시합에 남편이 참가하게 되어 수는 남편이 경합하는 것을 보러 갔었다. 프레드가 시속 110 마일정도로 출발하자 그의 경주차량의 뒤 타이어가 터졌고 그의 몸은 박살이 났다. 그는 척추 뼈를 상당히 포함해 많은 뼈가 부러졌다. 수는 제 정신이 아니었는데, 자기 상관에게 전화를 걸어 그 상황을 이야기하였고, 프레드의 수술과 입원을 처리하고 몇 주 동안 그를 간호하기 위해 자기와 두 작은 아이가 묵을 모텔 방을 얻고자 긴급휴가를 요청하였다. 그 상관은 안타까워하면서, 자기 기관에 있는 보안사무실에 전화해서 그 비서가 아주 높은 등급의 비밀인가를 갖고 있다고 말하고 그녀 신변을 돌봐주기를 부탁하였다. 물론, 이것은 핑계였다. 왜냐하면, 모든 비밀인가를 가지고 있지만, 수가 모텔 방에서나 병원에서부터 첩보를 누설할 위험에 처해있지 않았고, 혹은 가까이 있는 누구로부터도 강제적으로 그렇게 될 위험도 없었다. 보안사무실도 이런 점들을 이해하고 있었다. 그럼에도 불구하고, 보안사무실은 수, 프레드, 그리고 두 아이가 꼼짝없이 묶여 있는 그 도시로 팀을 보냈으며, 긴급비용을 감당하도록 신용조합으로부터 대출을 처리해 주었고 지방경찰과도 접촉해서 병원에 있는 프레드와 모텔에 있는 수를 정기적으로 방문하도록 조치하였고, 수와 그녀 교회의 지역목사 사이를 연결시켜 주었으며, 그리고 그 다음날 수의 상관에게 예상될 수 있는 모든 것들이 잘 처리되었다고 알렸다.

이러한 조치들은 보안사무실의 예산과 납세자의 돈을 낭비한 것이었는가? 그렇지 않다. 그것은 사기를 올려주고 신뢰구축을 위한 건전한 투자였다. 그것은 전혀 독재자(big brother)에 의한 감시 차원이 *아니었고,* 조력자(little brother)에 의한 배려 차원이었던 것이다.

관리자 경계(Manager Alertness)

보안사무실 측이 조력자로서 배려하는 역할을 했지만, 이 실화에서 또 다른 핵심적 요소 하나는 그 상관의 배려였다. 이것을 "관리자 경계(manager alertness)"라고 부르고자 한다. 여기서 방첩의 원칙을 짚어보자. 어떠한 상황에서도 첫째이자, 마지막이며 가장 기본적인 보안책임자는 감독 위치에 있는 상관이다. 당신은, 전문적인 보안책임자로서든 또는 방첩관으로서든, 이 원칙을 잘 실행해야 한다.

앞에 언급했던 컴퓨터 공장의 경영자는, 그의 비서가 자기 남자친구로부터 스파이가 되어 달라고 부탁받았을 때, 그 비서가 이 문제를 가지고 자기에게 먼저 오지 않았다면, 그는 자기 일을 제대로 하고 있지 않았던 것이다. 그는 그녀로부터 최우선적인 신뢰를 받았어야 하고, 또한 그녀 및 그 보안책임자와 함께 일했어야 하는 사람도 바로 그 경영자였다. 물론, 이 책이 인사관리에 관해 강의하려는 것은 전혀 아니다. 그러나 많은 감독관들이 자기들의 고용인들을, 특히 여자들을 두려워하고 인사문제에 휘말리는 것을 싫어하며(우리가 인사담당자를 왜 두고 있는가?), 다른 사람들의 사생활에 대한 간섭으로 보일 수도 있는 행동을 가급적 피하려고 하는 것은 사실이다. 이런 자신감 부족과 태만한 자세는 종합

증권회사나 탄광금속부에서는 수용될지는 모르겠다. 하지만 적의 스파이 기관이 당신네 사람들의 뒤를 추적하고 있는 사무실, 기관, 또는 회사에서는 그렇게 해서는 안 될 것이다.

방첩제보자망(CI Informant Net)

'플레이백' 이중스파이들을 위한 망을 넓히는 낡은 방법은 정식으로 고용한 포섭된 비밀제보자(secret informant)들의 단체를 구성하는 것이었다. 나치독일의 비밀경찰(게슈타포)은 모든 종류의 의식통제, 사고방식 통제, 그리고 우리가 끔찍하다고 여기는 인구통제에까지 이 방식이 유용하다는 것을 알았었다. 학교 어린이들은 자기 선생님이 히틀러에 관해 농담했다고 일러바치겠다고 하거나, 또는 숙제를 엄격하게 내는 선생님을 없애 버리겠다고 혐의를 날조해 내기도 하였다. 냉전 기간 동안, 소련 진영의 국가 보안기관들이 이와 같은 방법을 사용하여 공장 노동자의 수에 비례해서, 예컨대, 열 명 중 한 명식으로 동료의 사생활에 대해 보고하도록 위압을 가하였다. 이것이야말로 진정한 방첩의 핵심을 잃은 추잡한 비즈니스이다.

방첩관의 임무는 자기의 정치적 신념을 노출하는 것이 아니라, 은밀한 전투를 통해 외국의 정보조직에 관여하는 것이다. 당신의 표적은 선동가나 논객이 아니라 상대방 국가의 스파이이다. 당신이 알려고 했으면 알았을 것이지만, 냉전 기간에 소련진영의 전문 정보관들은 이념문제에 지루해 했고 광적인 공산주의자를 다루는 것이 따분하다는 걸 알고 있었다. 그들이 이미 알고 있었듯, 그들의 역할은 당신의 정부에 침투하는 것이었으며, 그들은 평화행진 참여자들, 반핵 시위자들, 반개입주의자, 반-어떤 것, 혹은 심지어 당신 나라에서 자생한 공산당에까지 관심을 갖고 있었는데, 그것도 오직 이들 단체가 당신 정부로부터 비밀을 훔쳐낼 수 있는 개인을 포섭하는 수단을 제공하는 경우에만 그랬다. 그런 단체가 적을 위한 포섭대상 인력풀을 조직해주는 정도에 따라, 그 단체는 정보제공자들과 함께 공략대상으로서 시간을 투입할만한 가치가 있었다. 그런데 내가 경고하려는 것은 제보자가 제공해주는 대부분의 것들이 쓸모없는 정치적 농담일 수 있다는 점이다. 그래서 비유하자면, 당신이 핀셋 한 짝이 필요한 곳에서도 진공청소기를 사용해야 하는 경우도 발생할 수 있다. 그럼에도 불구하고 대체적으로, 핀셋을 사용하도록 하여라.

끄나풀(Dangle)

만약 당신이 적이 당신에게 접근해 오기만을 기다린다면, 그가 언제 올지 알 수가 없다. 비록 당신의 보안조직이 당신의 관할 영역에서 대체적으로 믿을 수 있고 존경할 만하더라도, 그 조직이 베푸는 환영리셉션이 당신이 필요로 하는 적과의 접촉을 베풀어주는데 충분하지 않을 수가 있다. 물고기가 당신의 그물 속으로 헤엄쳐 오지 않는다면, 당신이 그 물고기에게 유혹물, 유인책, 촉촉한 미끼벌레와 같아 보이지만 그 속에는 낚시바늘이 들어 있는 무엇인가를 주어야 한다.

어떻게 미끼로 사람을 유혹하는가는 당신이 언제, 어디에 있는가에 좌우된다. 본 장에서 일찍이 약술했듯이 당신은 당신의 *상대방을 평가*해야 한다. 그러고 나서 이미 알고 있거나 예상되는 상대방의 공작수준에 맞게 당신의 공작활동을 맞추어라. 당신은 적국이 원하는 것에 외관상으로 또는 잠정적으로 접근할 수 있는 유인스파이(provocation agent)를 선정해야 한다. 그렇지만 당신의 그 끄나풀(dangle)이 포섭된다면, 그런 접근을 그럴싸하게 제한할 수 있도록 항상 주의하여야 한다. 당신은 당신 끄나풀이 포섭에 취약해 보이도록 만들어야 한다. 예컨대, 음주문제나 금전문제나 가족문제나 흔들리는 이념문제로 그렇게 보이도록 하면서도 실제로는 취약하지 않도록 해야 한다. 그래서 당신의 끄나풀은 행동력, 담력, 그리고 정력을 가져야 할 것이다. 그는 당신이 더 나아가 근본적이라고 부르는 자질인 성실성(integrity)을 가져야 할 것이다.

끄나풀 프로그램(dangle program)을 설치하기가 당신의 적 때문에 어렵게 되는 것이 아니고 인간 본성인 변덕, 즉, 당신이 선정해서 훈련하고 관리해야 하는 사람들의 본성인 변덕 때문에 어렵게 될 수가 있다. 그 변덕 때문에 그 첩보원들과 당신 모두가 좌절감을 느낄 수도 있다. 왜냐하면 당신이 공을 들여 끌어 들이고, 가르치고, 보호하고, 그리고 보살폈던 사람들 중 단지 일부분만이 적과 실제로 연락을 취할 것이기 때문이다.

당신의 이중스파이가 종국적으로 활동을 종료하는 시기에, 그가 반드시 제대로 보답 받도록 하여라. 보안문제 때문에 대중적으로 인식되게 하는 방법은 배제될 수 있기는 하다. 그렇지만 조용히 수여하는 표창, 기관장이나 장군이나 또는 부대장이 주는 감사 표시가 *당신이 초래한* 그 고난을 보상하는데 도움이 될 것이다.

C/H/A/P/T/E/R **11**

이중스파이: 양성과 관리

아내를 두고 있는 남자가 정부까지 거느리게 되면 늘 긴장 속에 있게 될 것이다. 그는 소화기 궤양에 걸리거나, 고혈압이 생기거나, 불면증에 시달리거나, 또는 과음을 하는 수가 있다. 그의 긴장상태가 이중스파이의 경우와 많이 비슷하다고는 하지만, 이중스파이는 언제나 생명 자체가 위태롭다는 사실 때문에 항상 긴장한 상태를 유지한다. 만약 바람둥이가 실수를 저지르면, 잠깐 동안 그의 생활상태가 엉망으로 되겠지만, 이중스파이가 실수를 한다면, 그는 자칫 목 뒤에서 총을 맞게 될 것이다.

그리고 만약 이중스파이의 조종관이 실수를 저지른다면, 목 뒤에 총알이 박힐 수 있는 사람은 그 조종관이 아니라 바로 그의 이중스파이이다. 이중스파이는 이 사실을 항상 의식하고 있다.

정서적 의존

통상적으로 이중스파이와 그의 조종관(handler) 사이의 감정은 온정적이지가 않다. 탐지해내서 강제로 적대국의 스파이로 전환시켜서 활동을 시작하는 경우에는, 그들은 서로 적대적 관계로서 출발할 것이다. 유인첩보원(provocation) 프로그램(끄나풀)의 결과로서 시작하는 경우에는 둘 사이의 감정은 일반적으로 관료적이다. 자발적으로 이중스파이가 된 '플레이백' 경우에는 자원자 측이 갖게 되는 갖가지 불안 때문에 그 관계는 아주 복잡해진다.

그러나 어떤 부류의 이중스파이라도 그와 그의 공작관과의 관계는 정서적 의존성이 양측에서 공동으로 생성되는 측면이 있다. 완전히 우호적인 것도 아니지만, 그렇다고 해서 완전히 적대적일 수도 없다. 왜냐하면, 첩보원과 그의 조종관은 목표를 공유하여 함께 일하면서 문제를 해결하면서도, 그럼에도 불구하고, 양측 모두 마지못해 유지하는 관계이기 때문이다.

이것은 고용주와 종업원 사이의 관계와 상당히 비슷하기도 하고, 또 달리 보면 다르기도 하다. 예컨대, 공작관은 높은 임금을 받고 있는 사회적으로 저명한 고위급 관리에게 지시를 내릴 만큼 눈에 드러날 정도의 사회적 지위나 또렷한 생활여유도 갖고 있지 않으며, 상대적으로 더 젊은 사람이라는 점에서 고용주와 다르다. 또는 공작관은 청사의 좁고 불편한 다락방에 있는 가난하고 보잘 것 없는 스파이에 대해 생사여탈의 권력을 가지고 갑자기 나타난 불가사의한 인물일 수도 있다. 그렇지만, 그는 일종의 권한을 갖고 있음에도 불구하고, 그 권한은 동업관계에서 사업기획을 전문하는 한 사람의 구성원으로서 갖는 정도일 뿐이다. 그는 상관이 아니다. 그는 계획을 세우지만, 동업자(partner)의 동의를 반드시 받아야 한다는 조건이 붙는다. 하지만, 자기 자본의 위험, 다시 말하면, 자기 생명이 위험에 처할 수 있게 되는 사람은 바로 그의 동업자이다. 군사기관에서도 공작관은 대위이고, 이중스파이는 병장이지만, 둘 사이에는 상대적인 계급을 초월하는 동업자 관계가 만들어진다.

이중스파이가 조종관에 대해 갖는 감정적 의존은 피할 수 없을 뿐 아니라, 조종관이 공작활동을 통제하기 위해서도 필수 불가결하다. 만약 이중스파이를 별로 좋아하지 않는다고 해서 조종관이 이중스파이와의 친밀성 강화에 주저한다면, 그는 자기 직무를 제대로 하고 있지 못하는 것이다. 이중스파이를 관리하는 과정에서 하고 있는 모든 일들이 마치 비누광고를 목적으로 하는 연속멜로드라마처럼 바뀌고 있다는 느낌이 들게 되면, 심호흡을 하고서 당신의 역할을 재정비 하는 것이 좋을 것이다. 이중스파이의 활동을 통해 당신이 판매하려는 것은 결코 비누가 아니기 때문이다.

여러 가지 관점에서, 이중스파이와 공작관과의 감정적 관계는 제5장에서 언급했듯, 피심문자와 심문관과의 관계와 아주 비슷하다. 이것은 아주 타당한 비유인데, 왜냐하면, 부분적으로는, 많은 이중스파이 경우가 심문과 더불어 출발하기 때문이기도 하며, 동시에 부분적으로는 심문이 이중스파이를 지속적으로 시험하는 요소이기 때문이기도 하다. 또한 이중스파이는 자기 비밀 활동에 관하여 이야기하고 싶은 정상적인 인간 욕구가 부분적으로는 있기 마련이며, 그렇게 말할 수 있는 유일한 상대가 자기의 공작관이기 때문이기도 하다.

그럼에도 불구하고, 당신이 전향시킨 이중스파이는 당신에게 체포되어서 안도하게 되었고 자기 죄를 속죄하는데 당신이 도와준 것에 대해 감사하게 생각하고 있더라도, 그는 여전히 체포당했다는 것에 창피스런 감정을 느끼고 있음을 기억해라. 그는 스파이 활동을 계속해야 하는 것을 후회하면서 임무에도 부주의해질 수가 있다. 만약 죄책감이 없으면, 그의 후회는 오히려 더 커질 수 있고, 이로 인해 그의 성과는 취약해질 가능성이 있다.

물리적 의존

당신이 이중스파이를 담당한다면, 그의 복지, 건강, 재정상태 및 안전에 대해 책임져야 한다. 물론 당신은 이 모든 문제를 결코 완벽하게 잘 관리할 수 없다. 그렇다면 그 스파이가 스스로 이들 문제를 관리할 수 있도록 당신의 가용한 모든 활동상의 자원과 행정상의 자원을 총동원해야 한다.

건 강

사람의 건강은 마음상태, 육체, 그리고 감정의 결합물이다. 이중스파이는 당신의 적대 조종관과 당신 자신이 요구하는 추가적 작업을 하느라고 더 오랜 시간동안 일을 해야 한다. 그래서 그는 육체적으로나 정신적으로 상처를 입고 비정상적으로 많은 불안과 또한 비정상적으로 많은 억압된 분노를 가지고 있다. 이들이 쉽게 자주 걸리는 병들은 대장염(궤양, 위경련), 고혈압, 과대망상증(나를 해코지하려 한다), 우울증(비통, 자살충동) 등인데, 대부분은 정신과 의사가 심인성 또는 심신증이라 부르는 것들이다. 그 증상은 흔히, 과음, 신경안정제 과용, 마약사용, 사회에 대한 공격적 행동(싸움 걸기), 또는 눈에 띌 정도로 심한 사회로부터의 은둔적 행동하기(심술부리기), 등으로 나타나는데, 당신이 그 증상을 가장 먼저 진단하는 사람이 되어야 할 것이다.

재정상태

세계 성인 인구 중 금전문제에 신경 쓰는 사람이 98퍼센트 정도는 아니라도 적어도 96퍼센트는 넘을 정도로 금전문제가 가장 일반적인 고민거리이다. 만약 당신의 이중스파이가 이 범위에 든다면, 당신을 위해서 하고 있는 그의 일이 그를 더 가난하게 만들지 않도록 해야 하며, 그가 좀 더 부유해지도록 만들어 주는 것이 바람직하다. 이 문제는 더 상세하게 언급할 필요가 없을 것이다.

안 전

어떠한 업무도, 보병부대 사병을 제외하고는, 이중스파이보다 더 위험스러운 적을 만들어낼 것 같지가 않다. 당신의 이중스파이에게 참호 구축용 도구에 상응하는 수준의 각종 보호용 업무수단, 즉, 좋은 헬멧과 신체보호 장구, 엄호사격, 그리고 리더십을 제공하도록 하여라. 어떻게 당신이 이런 지원요소를 제공하는가는, 당신의 이중스파이가 처해 있는 상황, 특히 그의 가장(假裝)이 관련되는 경우에는 그 가장상태에 좌우될 것이다.

'플레이백' 이중스파이

직접 자원해서 이중스파이가 되었거나 또는 도움을 청하려고 당신 쪽으로 돌았다가 자원하도록 설득당해서 이중스파이가 된 경우에는 일반적으로 지원해 주기가 매우 용이하다. 왜냐하면, 그는 통상적으로 당신을 만날 수 있는 좋은 가장(假裝)을 하고 있기 때문이다. 당신은 그가 위해로부터 벗어나 있을 좋은 명분과 드러나지 않게 그의 고생에 대해 보상하는 방법을 고안해 낼 수도 있다. 제9장에서 설명한 자노스 쯔몰카의 공작활동 사례는 당신이 공작활동의 목표를 잘 통제했던 부류의 '플레이백' 이중스파이 사례에 해당한다. 쯔몰카가 적 지역인 헝가리로 여행함으로써 안전이 위협받았을 때, 그의 조종관은 그의 여행을 막을 그럴듯한 이유를 찾아냈다.

쯔몰카가 침울한 감정을 가졌을 때는, 분명히 그가 때때로 그랬었다고 확인할 수 있는데, 그의 조종관들은 눈에 띄지 않게 그를 편안하게 만나 사기를 북돋아주곤 하였다. 쯔몰카가 이중스파이 활동이 자기 경력에 미칠 영향에 대해 걱정을 하면, 그의 조종관들은 그에 대한 업무평가보고에 끼워 넣었었던 그가 열렬히 일한다는 문구를 꺼내 그에게 보여주기도 하였다. 그가 자동차나 가전제품 세트 또는 개인컴퓨터에 대한 계약금으로 돈이 추가로 좀 필요하다면 (물론 추측할 뿐이다. 내가 그 파일을 읽었었다면 나는 이 글을 쓸 수 없었을 것이다), 그의 조종관들은 신용조합에서 대출을 받거나 아니면 그의 봉급을 초과하는 금전적 지출을 함으로써 그를 도울 수 있었다. (그러나 소득세를 취급하는 관리들을 신경 써야 하는데, 그들은 계산에 엄격해야 하기 때문이다. 당신은 이중스파이와 함께 당신 나라의 법을 파괴하는 음모를 꾸밀 수는 없는 일이다.)

국내의 전향한 스파이

당신이 먼저 이중스파이에게, 그의 소재를 탐지한 후에, 은밀하게 접근해서 당신의 비밀팀에 합류하도록 설득해서 포섭했다면, 달리 말하면 그가 전향해서(turned) 당신의 통제 영역에서 활동하게 되었다면, 그는 지원목적에 있어서 '플레이백' 이중스파이와 상당히 비슷하다. 회동, 보호, 보수지급 등과 같은 병참문제도 수월해진다. 그러나 이중스파이로서의 태도는 다르다. 당신과 그가 공작활동을 우호적이지 않은 조건으로 함께 시작하기 때문에, 그가 당신 지원에 대해 서운해 할 것이라고 예상해야 할 것이다. 그는 당신으로부터 돈을 빼내려고 시도하면서 스파이 전문기술을 발휘하는 일들, 즉, 감시를 피하든지, 말을 조심하든지, 유죄 입증 자료를 은닉하든지, 하는 등의 일에는 의도적으로 부주의해 할 수도 있다.

국외의 전향한 스파이

전향한 후에 해외에서 일하는 이중스파이는 지원하기가 어렵다. 그는 국내의 이중스파이와 동일한 어려움을 보일 것인데, 왜냐하면 그의 첩보활동 또한 일종의 적대적인 상황에서 시작했기 때문이다. 거기다가 당신이 지원할 자원이 별로 없는 곳에서 생활하면서 일해야 하기 때문이다.

예를 들어보자. 제6장에서 이미 말했던 첩보활동 사례인데, 여자 스파이 한 명이 탐지된 후에 동유럽의 어느 정보기관에 대항해서 활동하였다. 조종관들은 그녀가 서방, 즉 그들의 활동영역에 있기를 더 선호했었을 것이다. 거기서는 안전하게 송신기와 우편경로를 통해 그녀와 교신할 수 있었다. 그러나 그녀의 모(母)기관은 그녀가 자기나라 수도에 정기적으로 돌아와서 임무수행 경과보고를 하고, 시험을 거치고, 또한 연수도 받으라고 주장하였다. 더욱이, 그녀 자신도 이 위험한 여행을 하겠다고 고집하였는데, 그녀의 모기관이 그녀가 저축하려고 계획했던 봉급을 체불한 채 보유하고 있었기 때문이었다. 그녀의 서방측 조종관이 동유럽 측이 제의한 것보다 더 많은 봉급을 기꺼이 주겠다고 했었더라도 그녀의 마음에는 재고의 여지가 전혀 없었다. 우리는 그녀가 적국의 심문을 견디고 시험을 통과하도록 최선을 다해 교육시키는 것 외에는 그녀를 이 여행 기간 동안에 보호할 방법이 없었다. 다행히도, 그녀는 우리에게 상당히 우호적인 감정을 갖게 되었는데, 아마 우리가 그녀의 개인적 문제와 물리적 복지에 관해 그녀의 공산측 조종관이 했던 것보다 더 큰 관심을 보였기 때문이었다.

그녀는 잘 해냈다. 그녀는, 폴리그래프를 가진 우리에게는 허풍을 떨 능력도 없었던 것이지만, 적국 심문을 완전하게 잘 속여 넘겼으며, 적국의 시험을 잘 통과해 봉급 인상까지 받았다. 나는 그녀의 성공이 그녀의 육체적 용기에 기인했는지, 아니면 돈에 대한 그녀의 특별한 윤리의식 때문인지 결코 나로서는 확신을 못 하겠다. 어느 쪽(둘 다?)이던가 간에, 그녀는 적으로부터는 봉급을 모았고, 또한 우리를 위해서는 소중한 첩보를 모았던 것이다. 그러나 만약 이 이중스파이가 공산주의 추종자이었거나 또는 비정치적인 이유로 우리를 증오했다면, 이 공작활동은 실패했을지 모른다.

시험하기(Testing)

이중스파이에 대한 시험(testing)은 계속해야 하는 일이기도 하고, 따분한 일이기도 하고, 동시에 불가결한 일이기도 하다. 물론, 시험은 먼저 철두철미한 평가로부터 시작해야 한다. 그가 왜 그런 짓을 했는가? 그렇다면, 다음번에는 그가 어떤 짓을 할 것인가? 첩보활동이 경과됨에 따라 치르게 되는 시험의 주된 목적은 이전에 기록된 행동 패턴에 어떤 변화가 있는가를 탐지하는 데에 있다.

이중스파이를 시험하는 데는 몇 가지 수단이 있는데, 이것들을 일제히 상호보완적으로 사용해야 한다. 주요한 몇 가지를 파악해 보고자 한다.

철저한 디브리핑(Thorough Debriefing)

당신의 이중스파이는 당신이 일하는 동안에는 사생활이 없다. 그는 당신에게는 비밀이 없어야 하고 그리고 당신의 보호하에 있는 동안에는 자기가 하고, 듣고, 보고, 냄새 맡고, 그리고 꿈꾸는 것까지도 모조리 당신에게 기억해내야 한다. 왜 그가 그렇게 해야 하느냐고? 그가 아니라 당신이 어떤 사건들이 첩보활동에 밀접하게 관련되어 있는지를 판단해야 하기 때문이다. 따라서 당신은 그의 방대한 시간을, 그리고 당신 자신도 시간을 더 많이, 사항들을 세부적으로 기록하는 데 할애해야 할 것이다.

산출물 검토(Review of Production)

정말, 대단히 중요한 것은 이중스파이가 자기의 적 조종관과 취했던 접촉에 관한 상세한 내용이다. 그 상세내용을 첩보활동파일의 시간대별 기록섹션에 기록해서, 대조해야 한다. 첫째, 당해 공작파일의 다른 섹션(가공이야기, 적의 요구정보사항, 인가된 포장(build－up cleared), 적에게 처리된 포장(build－up passed), 미인가 현안 포장(building－up pending clearance) 등과 둘째, 조직이 보유한 총괄 인물파일(dossiers: P－파일)과 단체와 조직에 관한 파일을 대조해야 한다(제16장의 파일관리를 참고). 이 자료는 이중스파이의 산출물로서, 곧 당신 기관이 적에 관해 보유해 있는 지식체계에 관하여 기여한다. 시험의 일환으로서 당신은 그의 산출물이 다른 정보출처로부터의 첩보와 상충하는지, 그리고 내부적 일관성이 있는지를 점검하고 평가해야 한다. 명백한 차이나 명백한 부정확성이 발생하면, 이것이 이중스파이의 잘못이거나, 아니면 자기네 사람이 이중스파이가 되었다고 의심하는 적국의 술책이거나, 아니면 실제로 그를 통제하고 있는 적국의 술책인지를 추측해내야 할 것이다.

개인 평가(Personal assessment)

이중스파이 자신에 관한 첩보는 공작을 취급하는 데 있어 단순히 중요한 것이 아니라 아주 근본적인 것이다. 그의 첩보를 그의 인물파일(dossier)에 결합해 넣고 계속해서 그 파일을 검토해야 한다. 그의 파일에서 당신이 찾아야 할 것은 그의 취약점이나 부정직성을 가리켜주는 인적 첩보의 조각과 첩보공작을 관리하는데 적합한 그의 가공이야기(위장이야기)를 포장하기 위해 사용할 수 있는 에피소드나 토막이야기일 것이다. 그가 어떻게 압박을 잘 견디고 있는가? 그의 별거중인 처가 나타나서 문제를 일으키려고 하는가? 적이 그에 대한 조종을 변경할 것이라고 알아챌 수 있는 사항이 그의 과거에 있는가?

시험용 질문(Test Questions)

이중스파이와 하는 모든 회동에서는, 앞에서 언급된 파일에 편집되어 있듯, 지금까지 해온 당해 첩보활동의 기록 분석을 토대로 해서 눈에 드러나지 않게 하는 시험용 질문을 적어도 하나씩은 던져 보아야 한다. 만약 그 스파이가 자기가 알아야 하는데도 당신이 다른 출처에서 이미 알고 있는 사실을 보고하는 것을 등한시 했다면, 편안한 대화를 하는 가운데 그 사실을 알아채게 할 방법을 모색하여라. 만약 당신이 확인할 수 없었지만 그럴 것 같아 보이지 않는 사실을 보고했다면, 그가 말한 것을 오해하고 있는 척하면서, 그가 말했어야 한다고 생각하는 바에 대해서 질문을 하여라.

형식적 심문(Formal Interrogation)

때때로 외부인사, 예컨대 "감사관"이나 "방문하는 상관"에 의한 형식적 심문이 유용한 시험이 될 수도 있다. 이를 통해 분위기를 바꾸고, 당신과 하는 이중스파이의 회동 패턴을 깨고, 당신이 요식적이고 성가신 일이라고 대수롭지 않은 척할 수 있는 불안 요소를 화두로 꺼낼 수도 있을 것이다. 오랜 동안 지속하는 모든 이중스파이 활동에서 공작관은 일종의 타성에 젖을 수 있다. 그 공작관의 질문이 기계적으로 되고, 사고가 진부해질 수 있으며, 일들이 그저 그렇다고 당연시하려 할 수 있다. 그렇기 때문에 외부인사는 신선한 공기를 불어들일 수가 있다.

당신 기관이 폴리그래프를 사용한다면, 이중스파이를 시험하는데 분명히 엄청난 도움이 될 것이다(제6장 참고). 그것이 반드시는 거짓말을 탐지하지 못할 수도 있지만, 이를 사용해서 당신의 첩보에 추가하거나 혹은 이를 수정할 당신의 이중스파이 성격에 관해 전체 그림을 파악해 볼 수는 있다. 그렇지만, 만약 당신이나 당신 상관이 폴리그래프를 이중스파이의 신뢰도를 흑백논리로 판단하기 위한 거짓말 탐지장치로서만 단순하게 인식한다면, 그것으로 시간을 낭비하지 않도록 하여라.

해고(Termination)

"폐기(Disposal)"

이중스파이의 공작활동 종결을 의미하는데 사용되고 있는 상스럽고 부정확한 용어가 바로 "폐기(disposal)"이다. 이중스파이의 조종관과 이 조종관을 관리하는 고위층은 스파이를 "비용이 많이 드는 자산(expended asset)"이라고 본다. 고위층의 시각에서는, 이중스파이는 가능한 한 조기에 자산 기록부에서 삭제되어야 하고, 사라져야 하며, 조망을 지저분하게 하기 때문에 중지해야 하고, 마치 쓰레기 압축기로 폐기 처분되어야 하는 대상이다. 더 이상 생산적이지 않은 이중스파이가 아직도 민감한 공작활동 비밀을 한두 가지를 알고 있고, 공작관을 밀고(발각되게) 하고, 안가를 누설하고, 또는 방첩활동 프로그램에 관해 전혀 원하지 않는 방식으로 폭로해 버린다면, 고위층의 입장에서는 얼마나 낭패스러울까? 그는 기분이 상할까? 그가 의회 의원에게 서한을 보내고, 언론에 비명을 지르고, 그러고서는 적에 망명해버리지 않을까?

이것이야말로 스파이 업무에 오명을 남기게 하는 바람직하지 않은 태도의 일종이다. 또한, 스파이 활동의 성취도를 낮춘다. 두 명의 선임 장교가 단순히 관리자의 행정 논리를 반박하려고 "폐기"처분에 개입했던 것이 오히려 해피엔딩으로 끝나는 대실책에 관한 진실 이야기를 하나 하려고 한다.

대실책 이야기(Atrocity Story)

미국의 어느 군 기관에 있던 젊은 정보 분석관 한 명에게 위장한 소련 정보기관 요원이 접근하였다. 그는 곧바로 이를 방첩부대에 보고했으며, 이중스파이가 되었다. 그는 국내외의 여러 장소에서 수년 동안 첩보활동을 수행하면서 소련기관에 대한 다량의 가치 있는 첩보와 유용한 다른 조사에 관해 많은 단서를 입수해냈다. 그 과정에서 여러 차례, 그는 신체적 위험에 처했으며, 그의 가족생활은 풍비박산 났고, 엄청난 감정적 압박 상태에 놓이게 되었으며, 그는 자신이 보유한 모든 돈과 재산을 그 활동을 지속시키는 데 투입하였다. 적이 그에게 지급했던 현금은 증거로서 자동적으로 압류되었다. 그는 개인적 불편을 감수하면서 한 곳에서 다른 곳으로, 그리고 세계의 한쪽에서 다른 한 쪽으로 옮겨 다녔다.

이 첩보공작은 두 소련 첩보원이 체포되어 유죄 판결을 받고, 외교관으로 신분을 위장한 한 선임 소련정보관이 추방되는 시기에 그 절정을 맞았다. 그 이중스파이가 진술했던 재판도 종결되고 적 첩보원들이 안전하게 감금되자, 군 방첩부대는 그를 보안 위험인물로서 파면함으로써 그를 "폐기하였다." 그 방첩부대는 그가 국가에 적대 조직과 연락을 취했다는 사실을 주석으로 달았으며, 그런 사람은 모두 고용하지 않아도 된다는 규정을 인용하였다.

이 시점에서 다른 부대의 두 선임 장교가 개입하였는데, 그들은 오히려 그를 더 높은 직급의 장교로 채용하였고, 그가 두 선임 장교가 소속된 부대의 동료들 가운데 존경과 친분을 받는 아주 높은 계급과 지위에 보임되어 그가 업적을 쌓는 것을 지켜보면서 기뻐하였다. 다행스럽게도, 그를 파면했던 군 방첩부대를 예하에 두고 있던 군 전투부대의 최고사령부는 오만하고, 규정에만 얽매인, 무능력한 그 방첩부대의 무지를 차츰 인식하게 되었고, 그 부대를 역량 있는 조직으로 재편성하도록 지시하였다.

당신이 이중스파이를 관리하거나 그들의 활동종료에 관한 업무를 관장한다면, 본 장(章)의 다음 절을 주의 깊게 읽고 마음에 간직하기 바란다. 첩보활동을 위해야 한다는 생각이 *항상* 행정관료적 사고보다 우선해야 한다는 점을 반드시 기억해라.

결혼과 이혼

이중스파이 활동의 출발은 일종의 결혼이며, 그 종결은 일종의 이혼이다. 전통적인 결혼식에서 사용되는 문구가 "좋을 때나 나쁠 때나, 부유할 때나 가난할 때나, 아플 때나 건강할 때나, 우리를 죽음이 나눌 때까지"이다. 20세기에 들어서 이 문구는 그 내용의 양립 불가능성 때문에 의미를 상당히 상실했으며, 오히려 이혼의 근거가 되고 있다. 그러나 대부분의 이혼과 모든 이중스파이의 공작 종결에는 "합의해결(settlement)"과정이 포함되어 있으며, 이혼의 경우에도 대부분 배우자 사이의 접촉은 그로써 끝나버리지 않는다. 자녀들의 복리에 관해서, 금전적 문제에 관해서, 그리고 다른 가족문제에 관해서 편지가 교환된다. 가족관계가 다른 변형된 형태로 지속되는 셈인데, 어떤 경우에는 대단히 편안하게 유지되기도 한다.

이중스파이의 공작 종결은 합의이혼과 비슷해야 한다. 이 합의해결에는 공식적인 비밀 합의, 공식적인 금전 합의, 공식적인 감사서한 또는 추천장(수신자가 읽은 후에 보통 그대로 금고 속에 넣어 두어야 한다), 주소와 전화번호 교환 그리고 우정 어린 악수가 포함된다. 이중스파이는 항상 자기가 했던 일에, 심지어 싫어하면서 수행했던 공작활동에서조차도 자부심을 갖고 떠나도록 해주어야 한다. 당신이 공작관으로서 임무를 마쳤다면, 그 스파이와 당신 둘 다 긍지를 가져야 할 것이다.

전근이냐 또는 은퇴냐?

대부분의 이중스파이 공작은 단기적이며 존속기간이 한정된다. 그것을 종결한다는 것은 이중스파이의 재정착을 조치해야 하는 것을 의미한다. 보통 '플레이백' 이중스파이는 다른 직무로 전근되거나(만약 그가 정부에 고용되어 있거나 사병일 경우), 또는 민간 부문에서 새로운 직업을 가지는데 도움을 받을 수도 있다. 어떤 결정적인 공작에 투입된 이중스파이들은 당신을 위해 일하느라고 수년의 시간을 보내놓고서는 은퇴 대열에 들어서기도 한다.

C/H/A/P/T/E/R **12**

이중스파이: 적에게 첩보 넘기기

이중스파이는 첩보가 양 방향으로 이동하는 경로이기도 하다. 그 경로의 양측 끝에는 정보기관 또는 방첩기관이 있다. 정보기관은 그 경로를 통하는 자료 흐름이 자기한테 확실하게 유리하게끔 도모한다. 반면에 방첩기관은 자료 흐름이 상대방에게 확실하게 유해하게끔 도모한다. 조종관(handler)들은 첩보원을 계속해서 시험하고 평가해야 할 필요성 때문에, 양 반대 측에 있는 그들은 "*어떻게* 첩보원이 보고할 것을 획득하는가?"와 같이 주로 활동 자체에 관련된 문제에 관심을 둔다. 그러나 양측의 목적은 실질적으로 정보 자체에 있기 때문에 "*무엇을* 첩보원이 보고했는가?"에 관심의 중점이 있다. 첩보원, 혹은 이중스파이는 모든 조종관이 부과하는 공작활동과 관련해 신뢰도 및 기량 시험에 통과할 수 있지만, 그의 첩보는 최종적으로 사용하는 기관에 의해 정확성 및 유관성에 관한 시험에 통과해야 한다. 그렇지 않으면, 그 활동은 가치가 없다. 조종관은 이 최종

사용자에게 기여해야 한다. 그렇게 하지 않으면 그의 일은 정부 예산 낭비에 불과할 것이다.

기관 대 기관의 공작활동, 즉 상대방 정보기관을 표적으로 하는 활동에서는, 조종관 자신들도 첩보 또는 역첩보의 사용자가 된다. 그들은, 설사 그렇더라도, 첩보원의 매력이나 혹은 게임의 재미에 전혀 영향을 받지 않는 냉철한 시각을 가진 분석관들이 보통 고위층으로 구성되어 있는 조직의 내부에 속해 있다. ("게임" = Spiel: 경기, 이중스파이 활동을 의미하는 독일어 용어. 우리는 종종 이중스파이를 "운용(running)하는 것"이 아니라 이중스파이 "게임을 한다(playing)"고 말하기도 한다. 또한 마치 체스 선수가 체스판 위의 말을 가리키듯, 이중스파이가 "게임 중(in play)"에 있다고 말한다.)

이중스파이를 통제하고 있는 기관이 적에게 흘려 넘겨주는 첩보를 비공식적으로 "눈(snow)," "연기(smoke)," "식품(food-stuff)," "닭 모이(chicken feed)", 등으로 부른다. 컴퓨터가 다른 모든 일과 함께 스파이 업무도 떠맡기 시작한 이래, 이 용어는 또한, "GIGO, 즉 쓰레기를 넣으면, 쓰레기가 나온다."는 격언에서 말하는 "쓰레기(garbage)"라고 부른다. 공식적으로는 이것을 "포장(build-up)"이라고 말한다. 이중스파이가 완전히 "포장"되면 (적에 의해 받아들여지면), 그것으로도 "기만(deception)"이 될 수가 있다.

다층화 공식(Doctrine of Layers)

내가 젊은 공작관이었을 때, 방첩업무 분야에서 최고의 코치 몇 사람이 있었다. 그들 중에는 미국의 제임스 앵글턴, 윌리엄 하비, 그리고 윌리엄 후드와 내가 이름을 댈 수 없는 영국의 친구 몇몇이 있다. 우리는 가장(cover)의 다층화(layers)에 관해 했던 이야기가 아주 유용했음을 알게 되었다. 이것은 더 우세한 측이 이미 알려진 첩보들로 겹겹이 쌓인 여러 층(단계)을 더 깊이 뚫고 들어가서 더 아래쪽에 은닉된 공작활동 실체를 더 잘 들여다 볼 수 있도록 이중스파이

활동을 일종의 게임으로 시각화(visualizing)하는 것이다. 즉, 그것은 마치 각 이중스파이 공작활동이 미술 캔버스와 같아서 그 표면에는 그림이 계속해서 덧쳐 그려졌지만, 첩보능력이 우세한 사람이 그 표면에서부터 최초의 캔버스 표면에 이르기까지 있는 각 층의 그림 모습과 상세한 사항을 볼 수 있도록 감응도가 더 좋은 X-선 기계를 가지고 있다는 논리와 같다. 각 층에 있는 그림 일부가 첩보, 즉 포장(build-up)으로서 이중스파이의 조종관에 의해 상대편으로 보내진 것인데, 상대방 조종관이 의구심을 가지고 볼 수 있거나 혹은 보도록 해야 한다.

적의 시험 통과하기

당신이 주요 기만을 시행할 준비를 완전히 하기 이전에는 적에게 절대로 허위 첩보를 줘서는 안 되는 납득할만한 이유는 바로 당신은 적이 이미 얼마나 많이 알고 있는지를 정확하게 알고 있지 못하기 때문이다. 그의 X-선 기계는 당신의 X-선 기계가 당신에게 제공하는 층보다 더 아래쪽에 있는 층의 그림을 탐지할 수도 있을 것이다. 당신의 이중스파이와 동일한 표적으로부터 적에게 보고하고 있는 대등한 첩보원이 교차확인(cross-check)을 해서 보고할지도 모른다. 말하자면, 당신은 잃어버린 서류가방을 누군가가 그 속에 들어있는 내용을 사진찍기 이전에 되찾았다고 생각하지만, 모니터 된 무분별한 전화대화, 표적의 사무실에 설치된 탐지되지 않은 도청장치 등, 이렇게 알려지지 않은 어떤 상황이 당신이 흘렸던 첩보가 거짓이었다고 노출시킬 수도 있다. 존 L. 머피 교수가 처음으로 명명했던 "잘못될 수 있으면, 그렇게 될 수 없어도, 그렇게 된다."는 법칙이 완전히 집행되고 있다는 전제하에서 포장을 엄격히 해야 할 것이다.

획득 대비 비용의 균형

제9장에서 언급했던 쯔몰카 공작은 기만을 궁극적 목적으로 했었을 것이다. 대부분의 이중스파이 공작이 그렇게 하듯, 거기에서도 기만이 계획상으로는 최소한 기대에 부푼 항목으로 부기되었었다. 그러나 그 목적은 대체로 두 가지 이유로 전혀 달성되지 못하였다. 첫째, 그 시기에 전체적으로 준비되어 있었던 조직적 기만 프로그램에 부합하지 않았다. 그리고 둘째, 그 공작을 계속하기 위해 지불해야 했었던 민감한 첩보에 들인 비용이 쯔몰카의 조종관이 지불하도록 허용되었던 액수보다 많았다.

쯔몰카와 그의 미국 조종관들은, 공작활동을 계속 유지하려고 헝가리 기관의 사람들과 그들의 소련 스파이마스터들이 원하는 것, 즉 암호와 암호해독 자료를 넘기도록 요구받았던 그 수준까지, 그의 헝가리인 조종관의 판단 속에 쯔몰카를 "포장해 넣었다." 이것은 허위로 할 수 없는 성격의 일인데, 왜냐하면 당장 시험당할 수 있기 때문이다. 상정해보면, 전황이 유동적인 어느 재래식 전투상황에서, "우리가 공격에 사용하지 *않을* 부대의 통신장비를 적이 파괴하도록 하자. 그러고서 우리는 공격부대를 위한 다른 암호해독체계를 사용하기로 하면 될 것이다."라는 식의 단기적 기만을 목적으로 해서 전술 암호해독 자료를 적에게 넘길 수는 있다. 그러나 실제에 있어서는 그런 상황은 드물며, 쯔몰카의 "평시" 공작은 그런 것도 아니었다. 더군다나, 쯔몰카의 조종관은 적에게 넘기는 모든 첩보가 적의 일반 지식을 증대시키고, 비록 간접적이더라도, 당신의 체계를 확보하려는 적의 간첩활동 프로그램을 도울 것이라는 사실을 염두에 두었어야 했다.

첩보 포장(build-up of information)을 높은 비용으로 지원했던 유명한 사례로서 2차 세계대전 기간에 독일 방첩부대인 압베르(Abwehr)의 첩보원 암호명을 클라트로 불렀던 한 첩보공작이 있었다. (사람들은 그를 리차드 카우더로 알았지만, 그의 진성 이름은 프리츠 카우더스였다.) 그는 본기지(불가리아의 전쟁기구)에서 분리된, 소피아에 있는 독일 특수방첩기지의 우두머리이었는데, 여기서 그는 주기적으로 러시아 지상군에 관한 정확하고 소중한 군사첩보를 베를린으로 전송하였다(그러다가 영국에 의해 우연하게 차단되어 암호가 해독되었다). 이 첩보의 출처는 백러시아(역자 주: 현재의 벨라루스)의 투르크헐이라는 이름의 전 영국 첩보원이었는데, 그가 붉은 군대 사령부의 침투공작원을 운용했다고 알려진 볼가 강변의 한 마을에서 그 첩보를 소피아로 계속 전송하였던 것이다.

실제로 투르크헐은 소련 기관의 통제를 받고 있던 이중스파이이었으며, 그의 모든 첩보는 특별히 독일군이 사용하도록 소련에 의해 제공되었다. 1942년 5월 티모센코 장군 휘하의 소련군이 카르코프 도시를 재탈환하기 위해 공세를 시작했으나, 패배하였으며, 대규모 사상자를 냈는데, 그 이유는 바로 티모센코의 전투명령과 전투계획이 러시아 방첩기관에 의해 투르크헐과 클라트를 경유하여 독일군으로 누설되었기 때문이었다. 체스 둘 때 그렇게 하듯이, 말 하나의 희생으로 독일군의 클라트에 대한 신뢰는 그가 나중에 스탈린그라드 방어를 위한 소련 의도 및 능력에 관한 허위 첩보를 제공했을 때도, 즉 기만정보를 제공했음에도 독일군은 그의 첩보에 따라 행동해서 전쟁의 전환점이 되는 패배를 당했을 정도로 단단히 구축되어 있었다. (리처드 카우더 자신은 전쟁에서 살아남았으며, 잘츠부르크에 정착했고, 연합국 정보부대에 자기의 용역을 팔면서 간신히 생계를 지탱하였다.)

관료적 문제

오늘날 사람들이 의아해 하는 점은, 어떤 서방 방첩기관이 티모센코 장군이 카르코프에서 잃었던 십만 명의 병력과 수백 대의 탱크에 버금가는 희생을 "평시"에 하도록 과연 허락받거나, 아니면 그렇게 하겠다고 계획할 수 있는가이다. 오늘날 이것에 상응하는 "평시"의 것들은 무기체계, 즉, 발사체제, 추진운반체, 유도체계, 탄두, 그리고 이들과 유사한 장비들일 것이다. 이것들은 적 스파이에게 흘려줄 정도의 미끼 정보가 결코 아니다. 그 반면에, 제기랄, 그러면서 확실하게 당신의 이중스파이를 포장해야 한다. 만약 그런 경우가 또 발생한다면(그럴 것 같지는 않지만), 당신의 이중스파이에게 암호명 "클로트(Clot)"를 부여하여라.

포장과 관련되는 어려움은 그 대상을 인가받는 일에서부터 시작한다. 당신은 기밀여부를 불문하고, 첩보를 포함해 당신 정부의 소유자산을 외국에 줄 수 있는 권한이 없을 뿐만 아니라, 또한 그런 권한을 가져서도 안 된다. 당신의 기관과 정부의 조직 체계상 당신 위에는 정부 자산과 정부 비밀에 대해 *책임*을 지는 관료들이 있는데, 그들만이 그것을 처분할 수 있는 권한이 있다. 이 법률상의 원칙이 정부 전체에 걸쳐 준수되지 않는다면, 정부 조직은 버팀목과 서까래가 끝장나고, 바닥이 발밑으로 무너져 내리고, 지붕은 물이 새고, 그래서 결국 벽이 무너질 것이다.

그렇기 때문에 포장의 인가(clearance)문제는 일종의 관료주의를 요구하지 않을 수 없다. 책임과 함께 이에 따르는 권한을 가진 사람들로 구성되는 인가위원회(clearance board)가 있어야 한다. 군사, 정치, 과학, 기술, 경제, 그리고 암호해독 등, 이들 각 부문에 당신 나라는 비밀을 보유하고 있을 것이다. 각 부문별로 위원회를 설치해서 적에게 흘려주기로 계획하는 첩보나 장비를 인가하는 권한을 완전히 비밀로 행사해야 한다. 그렇게 되면 대규모의 비밀 관료주의가 형성되는데, 물론, 신속하거나 효율적일 것이라고 기대해서는 안 될 것이다.

포장자료관(Build-Up Library)

어떠한 이중스파이 프로그램도 네 가지 종류의 자료를 보유하고 있는 자료관을 지속적으로 참고하지 않고서는 효과적일 수 없을 것이다. ("자료"는 서술식 첩보 또는 묘사식 첩보 및 무기, 도구, 통신장비, 그리고 마이크로칩과 같은 대상물로 구성된다.) 그 네 종류는 다음과 같다.

- 인가된 포장 및 처리를 위한 저장
- 처리된 기존 포장
- 적 첩보요구사항
- 상실 대상 자료

저장고 유지

처리가 인가된 자료의 저수지("저장고: bank")를 건설하려면 인가위원회를 통해 작업하도록 하여라. 여기서 첩보를 과도하게 분류하는 경향을 유리하게 이용할 수 있다. 미국 정부에서 최악의 비밀로 유지되고 있는 관행 중 하나가 SECRET(역자 주: 대체로 '2급 비밀'에 해당)이라고 날인된 많은 자료들이 실제는 CONFIDENTIAL(역자 주: 대체로 '3급 비밀'에 해당)이며, 그리고 CONFIDENTIAL로 날인된 많은 것들이 OFFICIAL USE ONLY(역자 주: 대체로 '대외비'에 해당)로 취급되어야 한다는 사실이다. 내가 결코 지나치게 말한다고 생각하지는 않는데, 다른 정부들도 또한, 문서를 이렇게 과도하게 분류하고 있을 것이다. 그런 까닭에, 당신은 실제로 당신의 국가안보에 큰 위해를 끼치지 않으면서 비밀해제가 가능한 자료가 아주 높은 등급으로 분류되어 있는 경우를 많이 발견할 수 있을 것이다. 이것이야말로 적 스파이에게 흘려주어도 좋을 최고의 가짜 첩보에 해당한다.

그렇지만 비밀로 분류된 자료를 검토할 때 당신 자신의 판단을 신뢰하지 말라. 인가위원회가 확인도 없이 내리는 일차적 판단 또한 신뢰하지 않도록 하라. 때때로 외견상으로 유해성이 없는 문서에도 함정이 있는 법이다. 보통 이 함정은 정보출처 및 방법과 관련되는 것들인데, 그 문서에 당신이나 당신의 인가위원회가 첫 눈에 보기에는 분명하게 드러나지 않도록, 문서 획득수단에 대한 단서가 들어 있다. 소련진영의 한 정부에 침투했었으나, 적이 정기적 피해평가의 일환으로써 이중스파이를 통해 넘겼거나 혹은 간첩활동으로 획득되었거나 했던 정보보고를 분석한 결과, 발각되어 처형되어버렸던 몇몇 소중한 침투공작원에 관해 생각이 난다. 그와 같은 조사에서 물어보는 질문은 누가 그 도둑맞은 자료에 접근했었는가와 같이 간단하다. 만약 그 자료가 더 가치가 있는 거라면, 즉, 더 민감하다면, 용의자 리스트도 짤막해질 것이다. 그래서 포장용 자료를 인가하기 위해 검토할 때는 지뢰 탐지기에 상응하는 분석관이 필요하며, 당신의 위원회는 항상 지뢰밭에서 일하고 있다는 것을 인식해야 할 것이다.

기록 유지

흘려 넘겨준 각 항목들을 넘겨준 시기에 주의 깊게 관심을 두고 자료관의 기록들을 정리하고, 서술하고, 색인하고, 그리고 대조해야 한다. 여기에 포함되는 세부적 사항을 보기로 하자.

적 첩보요구사항(Enemy Requirements)

"첩보요구사항(requirements)"은 정보기관이 보유한 정보출처에게 부과하는 과업에 붙여진 하나의 명칭이다. 미국의 고참 경력자들은 아직도 이것대신 "EEI", 즉, "첩보기본요소(Essential Elements of Information)"라는 군사전투정보절차에서 개작한 용어를 사용하고 있다.

적대 기관이 새로운 첩보원을 양성하고 있으면, 그 첩보원이 맡을 일차적 과업은 접근 가능하다면 무엇이든 훔쳐내는 일일 것이다. 적이 그 첩보원을 비밀에 접근하기 알맞은 지위에 요령껏 들어가도록 해서 그가 그런 지위에 앉고 나면, 그는 구체적인 첩보요구를 받을 것이며, 때로는 그가 손을 댈 수 있는 역량이 충분할 것으로 생각되는 모든 항목을 담은 "쇼핑 리스트"를 그의 조종관이 그에게 전달할 것이다. 당신이 그를 당신의 이중스파이로서 통제한다면, 그의 첩보요구사항은 적이 원하고 있는 바를 가리키는 것이며, 이것을 역으로 추정하면, 적이 원하고 있지 않은 것, 즉 이미 알고 있는 것이 무엇인지를 암시한다는 것을 알 수 있다. 물론, 당신은 그런 리스트를 결코 단 한 명의 이중스파이로부터 너무 곧이곧대로 믿고 받아들여서는 안 된다. 왜냐하면 그 첩보요구사항 중 어떤 것은 적이 다른 정보출처에게서 교차 확인하도록 설계할 수도 있을 것이므로 적이 알고 있지 않은 것이 무엇인지 표시하지 않을 수도 있기 때문이다. 그러나 자료관에서 다수의 이중스파이로부터 얻은 첩보요구사항을 가지고 일반적으로 보다 정확하게 추정할 수는 있다. 이런 관점에서, 적국이 모든 이중스파이에게 부과한 첩보요구사항을 종합적으로 기록함으로써 자료관의 자료일부로 되도록 해서 다른 보유 자료들과 대조될 수 있어야 할 것이다.

피해보고(Damage Reports)

피해보고는 적의 성공적 공작활동, 보안위반, 혹은 정치인 또는 대민관계에서 바보짓거리로 인한 언론누설 등을 (혹은 무능한 경영자의 경우 이들을 모두 결합해서) 통해서 발생할 수 있는 모든 첩보 상실에 후속적으로 대응해야 하는 불쾌하고 지루한 일이다. 과연 적은 무엇을 알아냈을까?

어떤 피해보고는 이런 질문에 대해 다른 보고보다 훨씬 완전하게 답을 주기도 한다. KGB침투공작원으로서 자기들의 정보기관에서 여러 해 동안 일했던 영국의 킴 필비 또는 서독의 하인즈 펠프의 공작활동과 같은 경우에는, 분명하게 그 피해보고가 절대 완벽할 수가 없었다. 그러나 알게 된 것들을 기록해두면 그것은 그것대로 유용한데, 왜냐하면 그것을 자료관에 있는 다른 보유 자료와 대조함으로써 부대 사항(collateral)으로서 사용될 수 있을 것이기 때문이다(아래 서술을 참고).

부대 사항의 사용

"부대 사항(collateral)"은 *더* 민감한 출처에서 얻은 정보를 포함하거나 그와 유사한 내용을 담고 있으면서 상대적으로 *덜* 민감한 출처로부터 획득한 첩보에 대해 붙이는 기술적 전문용어이다. 이 용어가 냉전시대에 적용되었던 사례 하나가 있다. 당신은 침투공작원으로부터 얻은 북베트남 정부에 대한 첩보항목을 하나 가지고 있다. 그런데 당신이 그것을 널리 전파하고 싶지만, 당신 출처에서 온 모든 보고에서는 그것이 높은 비밀등급으로 분류되어 있기 때문에 그렇게 할 수가 없다. 그러나 당신은 북베트남 국가보안기관(보 콩 안)이, 모든 소련의 위성기관이 그러는 것처럼, 자문체계라고 부르는 것을 통해 KGB에 의해 조종되고 있음을 알고 있다. 그런데 KGB로부터 망명자 한 명이 발생함에 따라 당신이 전파하고 싶어 한 그 첩보항목을 파악할 수 있었다. 당신에게도 그런 망명자가 있으면, 그에게 그런 항목에 관해 물어라(물론 당신 신원을 밝히지 않은 채). 그가 그것을 보고한다면, 그는 부대 첩보사항을 당신에게 제공한 것이다. 당신은 이제 그 첩보항목을 널리 전파할 수 있게 되었고, 또한 그것의 출처를 러시아인 망명자로 돌릴 수 있으며, 당신의 북베트남 침투공작원 존재는 계속해서 은폐할 수 있게 되었다.

당신의 포장자료관에서 첩보를 대조하면, 당신 또는 당신 분석관은 적이 이미 무엇을 알고 있는지에 관한 포괄적 그림을(당신의 X-선 기계 아래에 놓인 다층의 그림 중에서 한 층에 있는 그림) 구성할 수 있다. 이렇게 해서 당신은 공작활동 경로 하나에 이미 넣어 두었던 포장 항목을 또 다른 경로를 거쳐 안전하게 적에게 흘려 넘길 수 있게 되었고, 나아가서 적의 인식 속에 두 가지의 경로를 구축할 수 있게 된 것이다.

C/H/A/P/T/E/R 13

적 정원의 두더지: 최선의 무기

영국 작가 데이비드 콘웰은 이름을 새로 만들기를 즐겨 하였다. 자기 자신은 “스퀘어 존”을 프랑스어로 번역해서 “존 르 카레”로 필명을 지었는데, 그 당시의 속어로 “스퀘어(square)”는 존경스럽고 정직하다는 의미였고, “존(john)”은 매춘부의 고객이라는 뜻이었다. 그는 정감이 가는 소재인 “옥수수”를 능란하게 사용하는 사람을 의미하는 자기 자신의 이름보다 이 필명을 더 선호하였다.

르 카레라는 필명으로 알려진 콘웰은 적국 정보기관에 침투해서 장기간 활동하는 고급 침투공작원을 의미하는 “두더지(mole)”라는 용어를 만들어 냈다. 이 용어는 즉각적으로 언론인 및 윌리엄 후드 작품 *두더지*의 출판사(W.W. Norton & Company)를 포함한 출판업자들 사이에서 각광을 받았다. 윌리엄 후드는 정보 분야의 오랜 전문가인데 그 자신이 직접 그 용어를 전혀 사용하지는 않았었을 것이다. 무밭에서 무작정 땅을 파는 작은 동물인 "두더지"는 아주 적절한 비유로서 지금은 스파이들이 영어를 사용하는 곳이면 어디에서든지 스파이 세계에서 사용되고 있는 비공식적 전문용어 속에 포함되어 있다.

후드의 *두더지*는, 한 정보기관이 잘 운용하고 있던 침투공작원인 GRU(소련 군사정보부)의 표트르 세묘노비치 포포프 중령을, 공개할 수 있는 부분에 한해서는 가능한 최고의 묘사로써 그려낸 작품으로서 남아 있다. 그는 CIA를 위해 비엔나, 모스크바, 베를린에서 일했고, KGB에 의해 탐지되어 죽기 전까지는 모스크바에서 다시 일하였다. 다른 첩보공작 사례들도 언론인과 정치적 선전원에 의해 많이 쓰였지만, 어느 것도 기관 내부 사람들이 "스파이기술(tradecraft)"이라고 부를 수 있을 만큼 후드의 전문가적 관심에 필적할 수준을 보이지 못하였다.

대스파이활동 목적이 적 정보기관을 기만하는 것이라면, 문자 그대로, 통제하에 있는 첩보원을 적 정보기관의 직원으로서 두는 것이 방첩의 가장 중요한 목적이 될 수 있다.

이와 관련되는 관료주의적 관점을 하나 지적하고자 한다. 방첩활동을 낮은 수준의 탐정놀이, 즉 염탐하고 잠입해서 열쇠구멍으로 살펴보는 것과 같은 정도로 생각하고 있는 정보 수집관들에게 감히 말하겠는데, 군사, 기술, 그리고 정치적 첩보를 획득하기 위해 누가 정보관이나 방첩관보다 더 잘 접근하고, 더 잘 가장하는가를 당신들 자신에게 스스로 물어보라. 누가 비밀취급인가를 보유하고 있는가? 누가 기동성을 확보하고 있는가? 누가 비밀 메시지를 보내는 방법을 더 잘 알고 있는가? 누가 자기 자신을 더 잘 보호할 줄 아는가?

당신이 방첩관으로서 당신 나라를 위해 할 수 있는 절대적으로 최선의 직무가 바로 적대 정보기관 내에 침투공작원을 육성하고 관리하는 것임을 결코 잊어서는 안 된다. 당신이 정확하게 알고 있듯, 냉전기간 동안, 소련 진영에 있던 당신 상대방은 이것을 자기들의 최우선적 임무로 삼았다. 동시에 적국은 소련뿐만이 아니었다. CIA의 국가비밀공작국(National Clandestine Service)에 침투했던 가나 첩보원 샤론 스크라네지, CIA의 해외방송번역국에 침투했던 중국 첩보원

래리 우타이, 미국의 해군정보국에 침투했던 이스라엘 첩보원 조나단 제이 폴라드(역자 주: 1985년 이래 종신형으로 복역 중 2015년 11월 석방됨), 미국의 국가안보국(NSA)에 침투했던 네덜란드 첩보원 조셉 시드니 피터슨 주니어를 기억하여라. 이들 첩보원들은 모두 미국의 시민이었지만, 그들의 공작관들은 결코 소련이 지배하지 않고 있던 정부의 관리들이었다.

전략적 기획

스파이활동 및 대스파이활동의 모든 면에서 그렇듯, 최상의 침투공작이 되려면 조기에 계획해서 시작하는 것, 즉 *전략적으로* 기획해야 한다. 여기서 *정책, 전략* 및 *전술* 간 의미 차이를 파악해 있으면 매우 유용할 것이다. *정책(policy)*은 국가가 다른 국가들과의 관계에서 의도하고 있는 행동과정이다. *전략(strategy)*은 정책을 집행하기 위해 모든 인력과 모든 자원을 할당하는 행위이다. 그리고 *전술(tactics)*은 전략이 실행되게 하는 구체적 수단이다.

스파이 업무에서, 정책은 스파이활동이 대항해 수행되어야 하는 장기 표적을 선정하는 결정이며, 전략은 미래 어느 시기에 필요하게 될 첩보를 훔칠 첩보원을 채용하고 육성하는 일이다. 전술은 매 공작활동 단계마다 사용하는 스파이활동 및 대스파이활동에서의 스파이 전문기술을 각각 말한다.

스파이활동 전략에서 세계적인 마스터들은, 체스에서와 같이, 거의 모두 러시아인들이다. 소련정권 시대 동안에 대부분의 "두더지"는, 대중에게 알려져 있든 그렇지 않든, 조기에 포섭된 사람들로서 표적으로 설정한 조직의 내부에서 권한과 존경을 상당히 받는 지위에 도달하기 이전까지 신중하게 육성되었다. 가장 잘 알려진 것이 영국 정보기관에 대한 침투공작원들이다. 스페인 내전 기간에 캠브리지대학교에서 포섭되었던 헤럴드 아드리안 러셀("킴")과 안소니 블런트, 그리고 캠브리지에서 아마 러시아어를 공부하던 동안에 포섭되었던 조지 브레이크가 있다. 서독 기관에 침투한 공작원, 하인즈 펠프는 전후에 폐허가 된

드레스덴에서 실직하고 굶주릴 당시에 포섭되었었다.

하인즈 펠프를 사례로서 들어 보자. 그는 사람들이 익숙하게 부르는 엽피(yuppie)와 같은 부류이었다. 즉, 상류로 이동하려는 강한 욕망이 있는 젊은 전문직업인으로 2차 세계대전 중에 나치기관(국가안전최고본부, RSHA의 제6부대, 나치친위대 SS의 한 구성성분)에서 일하였다. 그는 점령지인 네덜란드에서 활동하면서, 나치제복을 입고 거리를 걸을 때는 "하일 히틀러!"라고 소리치면서 경례하는 것을 무척 좋아 하였다. 그는 또한 훌륭한 기술자였는데, 비밀통신, 심문, 그리고 공작 분석 등의 모든 비결을 훤히 알고 있었다. 종전으로 나치친위대가 해체되기 이전까지 나치친위대 내에서 그에게는 찬란한 미래가 앞에 전개되고 있었다. 그런데 공교롭게도 그는 드레스덴 출신이었다. 아름다운 바로크풍의 도시인 드레스덴은 종전 무렵에 미국의 폭격으로 파괴되었고 전쟁이 끝났을 때에는 러시아가 점령한 동독의 일부로 되어 있었다. (드레스덴에 대한 폭격의 향미를 좀 느껴보려면, 쿠르트 본네구트의 작품, *제5 도살장*[뉴욕: 델코트 출판사, 1969]을 읽어 보아라.)

펠프가 폐허로 바뀌어버린 드레스덴 고향으로 왔을 때, 한 소련 정보장교가 그를 거둬들였고, 그에게 좋은 음식을 대접했으며, 그러면서 그가 폐허를 둘러보도록 하였다. "보게, 미국이 어떤 짓을 했는지. 여기에는 군사표적이 하나도 없지 않은가. 미국인들이 이 문명 기념탑을 파괴했는데, 왜 그랬는가 하면, 그들은 예술 감정도, 역사의식도 없고, 최고인 독일 문화의 특성을 향해 오로지 악의만 가졌기 때문이라오. 이 야만인들과 싸우는 우리를 도와주오."

고향의 파괴를 보고 있는 펠프의 비통함은 아마 깊은 감정의 수용능력이 출생에서부터 저지당해버린 사람으로서는 충분히 진정성이 있었다. 그렇다고 해서 복수가 그의 행동 동기는 아니었으며, 또한, 이 열렬했던 나치 요원이 이제는 열렬한 공산주의자가 된 것도 아니었다. 그는 오직 한 가지 일, 즉 영리한 수완가로서 신분상승만을 계속 열렬히 바랐다. 공산주의 체제가 그에게는 나치 체제만큼이나 잘 어울렸다. 둘 다 체계적이었다. 그에게 있어서 이념은 그 이전에도, 나중에도, 또는 동독 감옥에 잡혀있던 11명의 포로와 교환되어 마지막에 동독에 돌아왔을 때도, 결코 그의 그런 행동의 동기는 아니었다. 그는 KGB의 전문직업주의와 전문가적 수완에 대해 찬탄해 하였고, 특히 전문기관으로서 잠재 적국에게 침투하기 수년 전에, 혹은 수십 년 전에 미리 계획을 세워서 추진한다는 개념을 좋아 하였다. 여기에 그가 참여할 수 있는 프로젝트가 있었으며, 그는 그의 KGB공작관과 이 프로젝트를 함께 하기로 합의했던 것이다.

그는 신생 독일연방공화국(서독)의 막 출범한 정보기관이 자기 자신을 이용할 수 있도록 전념하였다. 그 기관은 나중에 BND(연방정보부)가 되었으며, 라인하드 게흐렌 전임 장군에 의해 지휘되었고 미국에 의해 지원되었다. KGB는 미국 일반시민들이 냉전이 시작되었다고 듣기 이전에 이미 미국을 "제1의 적성국"으로 간주하고 있었다. BND에서 펠프는 KGB의 보이지 않는 도움을 통해 KGB에 대항하는 방첩부문의 수장으로 승진하였다.

이들, 필비, 블런트, 브레이크 및 펠프가 제각기 성공적으로 했던 침투는 정보기관에서 전략적 계획에 의해 그들이 언젠가 중요한 직위로 오를 거라는 장래성이 약간이라도 보였을 때 첩보원으로 포섭되면서부터 시작되었던 것이다. 정말로 펠프는, 그가 결국 침투했던 정보기관이 채 조직되기도 전에 이미 포섭되어 있었다.

침투공작원 확보방법

때로는 "현지에서 첩보원이 된 망명자(defectors in place)"라고 부르는 침투공작원을 획득하는 요령과 기법은 실제적으로 망명자를 획득하는 것과 동일하다. 따라서 이 장(章)의 많은 부분이 망명자를 자세하게 다룰 다음 장에서 반복될 수 있다. 그런데, 차이점이 있음을 꼭 주목해야 하는데, 그것은 자발적 침투공작원(volunteer penetration) 모두가 가까운 미래에 물러나기를 바랐던 것은 아니었으며, 그리고 자발적 망명자(volunteer defector) 모두가 자국에서부터 담장을 넘기 이전에 스파이로서 일하기를 바랐거나 그렇게 설득되었던 것도 아니라는 점이다.

러시아의 협박(Blackmail)

앞서 언급했던 러시아가 전략적으로 계획했던 비밀공작원들은 스파이가 되라고 협박받지는 않았다. 그렇지만, 공개된 기록, 다른 수백 건의 시기별 공작상황, 그리고 수천 가지의 비밀 파일 등에서는 소련진영 기관이 침투공작원을 포섭하는데 협박을 사용했거나 사용하려고 시도했다는 사실이 밝혀졌다.

러시아가 스파이활동에서 협박을 사용한 전통은 1917년 혁명 이전 시기에 시작되었다. 러시아 제국과 오스트리아 제국 사이에 전쟁(즉, 1차 세계대전)이 일어나기 수년 전에 제정(Tsar)러시아의 정보기관이 오스트리아 기관인 보안국(Evidenzbüro)의 우두머리를 올가미에 걸려고 동성애자인 첩보원을 사용하였으며, 그 우두머리를 협박하여 오스트리아의 동원계획을 포함하여 많은 분량의 군사첩보를 제공하도록 하였다. 이 오스트리아 스파이 우두머리인 알프레드 레들 대령은 개인적 행동(남자친구, 도박, 알코올)에 부주의했는데 그의 부관, 막시밀리언 롱게로부터 의심을 받았다. 롱게는 그를 조사하여 혐의를 밝혀냈고, 그의 유죄 문제로 그와 대치하였는데, 결국 제국장교단이 사용하던 군인명예규약에 의거하여 그가 자살하도록 허락하였다. 롱게는 1차 세계대전 기간 동안 내내 보안국을 이끌어 가기 시작하였으며, 1938년 나치독일에 의한 합병(Anschluss) 시기까지 제1차 오스트리아 공화국의 정보기관을 설립해서 지휘하였다. 그 후 그는 2차 세계대전을 통하여 나치의 정치범으로 살다가 90을 넘긴 나이에 비엔나에서 조용히 생을 마쳤다. 롱게가 죽기 직전 그 해에 한 젊은 미국 방첩장교와 레들의 경우를 이야기했을 때, 롱게 장군은 레들을 철저하게 끝까지 심문하지 않았었던 것을 자주 후회하였다. 그는 KUK(오스트리아 황제 및 국왕)의 군인명예규약은 그렇게 보잘 것 없는 편의주의적 절차를 쉽게 허락하지는 않았었을 것이라고 반복해서 지적하였다. 젊은 소령 롱게는 늙은 프란츠 조셉 황제가 승인하지 않았을 것은 할 수가 없었던 것이다. 지금 우리의 명예규약은 얼마나 달라져 있는가!

서방의 유인: 자발적 침투공작원

서방 기관들은 협박을 사용하려고 거의 시도하지 않는데, 시도하면 거의 항상 실패한다. 아 그렇지, 분명한 것은, 어떠한 스파이활동이든 *포섭행위(recruitment)*가 있고 난 이후에는 협박 요소가 들어 있기 마련인데, 노출 위협이 양측 모두에게 항상 잠재되어 있기 때문이다. 그러나 소련이 탐닉했었던 종류의 협박은, 마치 엉뚱한 침대에 있던 사람을 사진 찍어서 스파이로 전향하지 않는다면 그 사진을 유포시키겠다고 위협하는 것과 같은 것으로서, 서방에서는 보편적인 관행이 전혀 아니었다. 그렇게 해서는 열정적인 첩보원을 배출하지 못하는데, 서방측 공작관들 대부분은 그런 종류의 통제에 대해서는 덜 열정적이었던 셈이다.

서방 기관에게 좋은 스파이는, 특히 정보기관에게 침투하기 좋은 침투공작원은, 과거에 소련 진영에서 발견되었던 침투공작원들처럼, 자기 조직을 배반하려면 자기 자신만의 이유를 지니고 있어야 한다. 서방측 포섭담당자의 임무는 그 스파이가 그와 같은 이유를 스스로 발견하도록 도와주는 데에 있다.

두 종류의 자원자

모든 침투공작원은 자원한 사람들인데, 그러나 어떤 사람의 경우는 자기가 이미 알고 있던 사람과 사전에 미리 개인적인 접촉을 통해서 자원하는가 하면, 다른 사람의 경우에는 멀리서 접근을 시도함으로써 자원한다. 우리에게 공개되어 있는 사례는 대체적으로 두 번째 부류이다. 포포프는 비엔나에서 미국 관리의 차 속으로 쪽지를 던져 넣었었다. 골레니이브스키는 스위스에 있는 미국 대사에게 익명의 편지를 썼다. 올레그 펜코브스키야는 모스크바에 있는 미국 대사관 안으로 유유히 걸어 들어갔지만, 거부당했는데, 그러자 캐나다 대사관으로 바꿔 갔으나 다시 거부당하였고, 결국 영국 사업가를 통하여 접촉하게 되었다.

나머지 부류의 자원자들은 어떻게 해서 침투공작원이 되는가에 관해서는 그들이 종국적으로 그 일에서 물러나고 "모습을 드러냄으로써" 공개적인 관심의 대상이 될 수 있어도 당신은 읽어볼 기회가 없을 것이다. 그들이 바로 개인적 접촉을 통해 직접적으로 포섭된 사람들이다. 그들의 포섭은 데이비드 C. 마틴, 채프만 핀처, 크리스토퍼 앤드루스, 토마스 파워즈, 그리고 에드워드 제이 엡스타인과 같은 작가들에게 전혀 취재대상이 되지 않았다. 그 이유는 간단한데, 포섭을 맡았던 서방 정보관들이 이런 유형의 역사가와 언론인들에게 신원을 밝히지 않았었기 때문이다. 그럼에도 불구하고, 그와 같은 포섭이 드물었던 것은 아니다.

가구 배치

당신이 자원자가 스스로 걸어 들어오기를 기대하건, 또는 당신이 직접 개인적 접촉을 통해 포섭하건, 당신은 그들을 관리할 준비를 해 두어야 한다. 이것은 전 세계적 차원에서 훌륭한 지원조직(제4장 참고)을 구성하는 것을 의미한다. 준비가 요구되는 시설 몇 가지는 다음과 같다.

안가(safe house). 자기에게 친숙한 지역에서 접선하려고 하면 안가가 사전에 준비되어야 한다. 갑자기 접촉해 오는 자원자가 상세한 중간설명(debriefing)을 하고 최초의 공작활동을 준비하게 하기 위해서는 그를 안전한 장소로 데려와야 한다. 일반적으로 안가는 장차 망명자가 될 사람이 그대로 있던 그 위치에 머물러 있도록 설득할 수도 있고 그의 부재 상황이 눈에 띄지 않은 채 자기 위치로 되돌려 보낼 수 있는 여건이 될 수 있다. 공작활동이 진행되고 난 이후에는 접선이 예상되는 이 세상 어디에서든 안가가 설치되도록 해야 한다.

스치는 접선(brush meeting) 주선. 많은 침투공작원 활동의 경우, 안가에서 자주 접선하기가 불가능하다. 그렇지만, 첩보원은 공개된 장소에서 겉으로는 낯선 사람에게 "스치듯 하는" 접촉으로 자료를 건네주거나 신호를 보낼 수가 있

다. 이 요령은 펜코브스키야가 공작활동을 하는 동안에 모스크바에서 열두 번 이상 사용되었다. 한 영국 외교관의 부인이 자기 아이들을 데리고 공원에 놀러 갔고 펜코브스키야는 겉으로는 바람을 쐬는 척하면서, 그녀가 편안하게 아이들과 놀고 있는 것처럼 보이는 동안에 마이크로필름을 그녀에게 건네주었다. 내가 기억하는 더욱 정교했던 '스치는 접선'은 한 첩보원이 주말에 자기의 내무보안기관 본부에서 기차를 타고 고향으로 여행을 한 것이었다. 도중에 있는 한 역에서, 기차 하나가 반대 방향으로 지나갈 예정으로 몇 분 동안은 두 기차가 정거장 플랫폼의 반대방향으로 정지해 있었다. 이 몇 분 동안, 첩보원은 자기 공작관과 말 한 마디 없이 이미 식별해 두었던 서류가방을 교환하였고, 그러고 나서 그들은 반대 방향의 기차로 빠져 나가 버렸다.

차량(vehicles). 차와 운전자는 당신을 접선 장소에 데려갈 수 있고, 당신의 첩보원을 안가에 실어다 주고, 또는 그들 자신이 만나는 장소로 가는데 사용될 수 있어야 한다. 적대적이거나 중립적인 지역에서는, 당신은 렌트카나 택시를 사용해야 하는데, 그렇게 하기 위해서는 사전 계획이 요구된다. 택시는 특히 문제가 될 수 있는데, 택시를 여러 번 바꿈으로써 감시와 함께 기사의 호기심을 피하도록 계획해서 매번 탈 때마다 택시 기사에게 목적지를 그럴 듯하게 말해야 한다. 특히, 기억해야 할 것은 택시 기사가 경찰로부터 질문 받는데 익숙해져 있어서 흔히 이들이 기억력이 좋고 주의 있게 운전기록을 유지하고 있다는 점이다.

휴대용 녹음기. 접선에 관해 정확한 기록을 유지하기 위해서는, 보안상의 이유로 작은 녹음기를 지니는 것이 불가능하지 않은 이상, 글을 갈겨쓰는 노트에는 절대로 의존하지 않아야 한다.

휴대용 사진복사 장비. 당신은 소형 카메라 장비, 복사 기구, 보조조명 배터리, 그리고 여분용 필름 등을 언제든 꺼낼 수 있고 또한 침투공작원과 갑작스럽게 만나는 경우에 가져갈 수 있도록 갖추어야 한다. 이런 장구들은 훌쩍 찾아오는 사람이 있을 경우에 대비해 항상 사용할 수 있도록 해야 하는데, 예컨대, 만약 누가 자기의 진실한 성의를 증명해 보이겠다고 첩보가 포함된 서류를 가져

온다면, 당신은 이것들을 잃어버리기 전에 복사하고서 그가 도로 가져가도록 할 수 있어야 한다. 최소한, 당신은 그의 신원에 관한 자료는 사진을 찍어 두어야 할 것이다.

전화 수수소(telephone drop). 사교 목적으로 만나는 잠재적 침투공작원에게 말하기를 "들어보게, 보리스. 집으로 전화하지 말고, 이 전화로 하면 우리 둘 양쪽 다 별 문제가 없을 걸세." 그리고 포섭된 비밀공작원에게 말하기를 "여기, 이것이 당신이 만나고 싶을 때나, 당신이 혐의를 받고 있다고 생각할 때나, 혹은 당신이 수수소를 채웠을 때 기억해 둘 전화번호이고 (네 번 울리고, 이 분 쉬고, 다시 네 번 울리는 경우) 신호 코드일세." 등과 같은 전화는 *미래에 사용하기* 위해 설치해놓고 잘 준비해 두어라.

감시(surveillance). 당신의 감시팀이나 또는 당신이 즉석에서 변통해야 하는 어떠한 감시 시설이라도 일단 접선에 관해서는 가장해야 한다. 당신의 첩보원에 대한 적대적 감시에 관한 신호나 또는 접선 장소에 대해 그 지역 경찰과 같은 제3자에 의한 우연한 감시에 관한 신호를 탐지하기 위해서 그렇게 할 필요가 있다.

무인수수소(dead drop). 동일한 무인수수소를 절대로 두 번 사용하지 말라. 당신이 선정한 무인수수소를 주의해서 조사하고, 첩보원이 선정하는 무인수수소를 전혀 의도를 노출하지 않고 자연스럽게 적어도 한 차례는 미리 점검해 두어야 한다. 만약 당신이 한 번 이상 그 지역에서 이동하는 위험을 감당할 수 없으면, 그 무인수수소를 비우지 않은 채로 두도록 하여라.

유인수수소(live drop). 첩보원이 방문해야 하는 유인수수소는 위험스런 자산에 해당한다. 정말, 접촉을 하기 위한 가장은 매우 중요하다. 단일한 임시주소(예컨대, 영국의 어느 "편지함") 만으로 되어 있는 유인수수소는 위험한데, 그 이유는 단지 이것만으로는 전혀 충분하지 않기 때문이다. 당신이 향후 사용할 것으로 예견되는 것보다 두 배 많이 유인수수소로 활용할 임시주소를 포섭해서 유지하는 것이 현명하다.

조사와 표적 설정

이 책의 제16장에서 파일 체계를 이야기할 예정인데, *표적 파일*(target files)은 그 일부이다. 이것은 당신이 침투하도록 지명된 정보조직, 방첩조직 및 다른 비밀관련 조직과 유관한 모든 정보출처로부터 획득해서 총망라한 자료를 편집한 파일이다. 당신의 본부에 있는 파일은 대체로 대규모의 것이어서, 만약 당신이 외교 리셉션에서 표적이 되는 조직의 소속원을 만나거나, 그의 이름을 이중스파이를 통해 손에 넣거나, 또는 감시를 통해 그를 관측하거나, 그리고 그를 집에서부터 추적하도록 요청받는 경우에는, 모든 출처로부터 획득해놓은 그의 이력을 요약해 두어야 할 것이다.

구체적인 사례 하나를 들어보겠다. 내가 동유럽의 외교관 한 사람을 사교적으로 만난 기억이 나는데, 그는 축구에 대한 정열이 대단해서 십 년 전에 전혀 다른 지역에서 있었던 한 국제시합에 관한 이야기를 꺼냈다. 그를 추적해 보니까 그 나라 국가 축구팀의 코치를 가장해서 그의 동료 한 사람이 실종된 것을 조사하는 임무로 그 시합에 파견되었던 국무부 보안담당관으로 확인되었다. 그의 동료는 실제적으로 서방에 망명했었고, 내 자신이 지금 접촉하고 있는 이 "외교관"에 관한 전기와 같은 세부적인 첩보를 포함하여 자기 기관의 업무내용을 낱낱이 제공하였었다. 적 기관에 대한 표적파일에서 얻은 그 첩보가 유용하였고 새로 접촉한 그 인물보다 더 유리한 위치에 있도록 해주었다. 나는 그가 절대로 자원하지 않을 것이라고 판단해서 그를 포섭하려고 시도하지 않았는데, 그 대신 우리가 포섭했었던 그의 대사관에 있는 또 다른 "외교관"을 보호하기 위해 그에 대한 나의 지식을 활용하였다. 이 침투공작원은 자기에 대한 당국의 의심을 피할 수 있도록 가르쳐 준 나의 능력에 대해서 아주 고마워했으며, 동시에 우리 기관의 전문성이 자신들의 기관과 대등했었고 또한 지금도 그렇다고 확신하게 되었다. 그 분야에 관한 당신의 현장 표적파일과 본부에 있는 표적파일은 당신의 침투공작원 프로그램에서 당신을 위한 항구적인 참고자료가 되어야 할 것이다.

씨앗 심기

당신은 서방 정보기관의 한 요원이며 서방 정보기관 공동체의 한 회원이기 때문에, 잠재적 지원자들은 이미 당신 기관을 자기들의 친구가 될 가능성이 큰 기관의 하나로서 인지하고 있다. 그런데 그들이 알지 못하고 있을 수 있는 것은 만약 자원한다면 어디로 가야 하는가의 문제이다. 즉, 그들은 *접근(access)*을 필요로 한다. 그래서 그들에게 당신한테 접근할 방법을 알려주기 위해서라면, 당신이 그들에게 접근할 방법을 먼저 고안해 내야 한다. 이것은 서로 적대적인 정보관들 사이에서 벌어지는 어리석어 보이는 게임에 당신이 개입하게 되는 것으로서, 리셉션 및 칵테일파티와 고심해서 준비한 사적인 식사모임 등에서, 축구와 오페라와 낚시에 관해 환담을 하는 가운데, 각자 서로 다른 사람을 포섭하기를 희망하고, 그러고서 각자 자기 사무실로 돌아가서 제각기 접촉결과를 보고서로 작성하고 그 사람의 이력자료나 개인적 관찰에서 발견되는 단편적인 화제거리를 그의 파일에 발췌해 넣기도 한다.

더 잦게는, 그 게임이 양측에 있는 "접근용 첩보원(access agent)"에 의해 수행되기도 한다. 당신이 함께 브리지 게임을 하는 헝가리인 무역관이 당신의 헝가리인 상대방에게 당신에 관한 화젯거리를 아마 이야기할 것인데, 이 화젯거리가 당신이 당신 정부와 인식을 같이하면서 정부에 충성스런 관료의 모습을 주고 있는 것이라면 전혀 해가 없다. 만약 그 헝가리 정보관이 바란다면, 그 무역관은 그에게 조용히 들르도록 함으로써 3판2승 승부의 마지막 게임을 시작할 것이다. 그렇게 되면 누가 누구를 포섭하느냐의 게임에 착수하는 셈이다.

때로는 이중스파이 채널을 통해 표적에 대한 접근을 달성할 수 있다. 만약 적 공작관이 당신에 대항해서 이중스파이를 운용해 오고 있다면, 그는 그 이중스파이를 활용하여 당신에게 메시지를 보내오거나 또는 접촉 기회를 마련할 것이다. 이중스파이에게서 속았던 것에 대해 당신이 혹시 황당해 한다면 사이드포켓 게임에서 첫 당구를 힘껏 쳐 맞추는 즐거움으로써 풀어야 할 것이다.

동기: 이념은 죽었는가?

침투공작원을 "현지에서 첩보원이 된 망명자"라는 이름으로 부르는 것이 유행하고 있다. 이론적으로는, 이 스파이들의 마음속 한 구석에서는 자기들이 "자유를 선택"했으며, 그러면서 자기들이 자라났고 그 승리를 위해 경력을 추구해오던 그 체제에 대항해서 지금은 자기들이 택한 체제를 위하고 자기들이 포기한 체제의 파괴를 위해 일하고 있다는 생각을 한다. 이들의 동기가 보기에 따라서는 일부 이념적일 것으로 생각된다.

필비, 1930년대의 공산주의자

킴 필비(Kim Philby)의 경우에, 그 동기는 명백히 이념적이다. 그는, 자기가 말하듯, 캠브리지 대학의 학부 마지막 학기 때부터 독실한 공산주의자였다. "나는 학위와 함께 나의 일생을 공산주의에 바쳐야 한다는 신념을 가지고 대학을 떠났다." (나의 *조용한 전쟁,* 1968). 그러나 이것은 그가 모스크바에 정착하고 난 뒤에 KGB의 지시에 따라 작성했던 것이다. 수십 년 동안, 그는 그의 모든 뛰어난 역량을 자기의 친구와 적을 *기만하기* 위한 음모와 전문수완에 쏟았었다. 그의 이념은 그가 기만자로서의 경력세계로 들어가는 문이었다고 말할 수 있다. 그러나 그의 출생에서부터 죽음에 이르기까지 그의 *동기*는 기만으로부터, 그리고 비열하고 독선적인 배반 행동 자체로부터 이끌어냈던 만족에 불과하였다. 그는 자기의 조국, 조직, 동료, 그리고 생명을 잃은 수많은 첩보원 등을 배반하고 난 후에, 모스크바에 정착하려고 왔다. 여기서 그는 자기의 유일한 친구, 도날드 맥크린의 처를 범함으로써 또 한번 그를 배반하였다.

펠프, 공산주의자로 전향한 나치

하인즈 펠프(Heinz Felfe)의 경우에는, 동기가 지극히 우연하게 이념적이었을 뿐이다. 그는 기술자였는데, 그의 욕망은 자기의 기술을 발휘해서 언제나 자기가 이기는 팀에 속하는 멤버가 되는 것이었다. 이념은 그를 지루하게 하였는데, 그의 적과 친구를 기만하는 수단으로서는 예외였다. 기만과 자기만족을 채우려는 배반 행동에 대한 욕구는 필비와 같이, 그의 인생에 있어서 추동력이 되었다.

필비와 펠프는 현지에서 첩보원이 된 유형의 망명자는 아니었다. 그들은 이중스파이가 되기 훨씬 이전 시기의 망명자들이었다. 그들이 이념에 의해 동기부여가 되지 않았다면, 그런데 사실 그들은 그렇지 않았지만, 그들은 어떤 침투공작원이었는가? 내가 약간의 예외가 있는 일반적 원칙에 기초해서 믿기로는, 공산주의 이념은 통상적으로 소련 진영의 정보기관에 의해 운용되어 서방 정보기관으로 진입한 필비와 펠프와 같은 효과적인 침투공작원에게는 근본적이고 실질적인 동기는 결코 아니었다.

아지, 불안정한 미국인

첫 눈에 보면, 미국인 필립 아지(Philip Agee)는 이런 일반적 원칙의 예외에 해당한다. 그러나 실질적으로는 그렇지도 않았다. 아지는 CIA의 국가비밀공작국에서 십 이년간 봉직하면서 워싱턴, 에콰도르, 우루과이, 그리고 멕시코 등에서 일하였다. 그는 CIA의 쿠바 침투공작원으로서 오랫동안 활동하기 직전에 망명하였다. 비록 그가 자기 자신을 이념적으로 막스주의자로서 그렸었지만(*기업 내부: CIA일기* [뉴욕: 스톤힐, 1975], 쿠바의 정보총괄위원회의 상당한 도움으로 집필되었음), CIA에 있는 그의 전임 동료들은 그가 경력관리에 좌절했고, 감독관들에게 불만을 품었으며, 자기가 스스로를 막스주의자라고 생각하기 훨씬 이전에 이미 복잡한 결혼생활을 해오고 있던 기혼자로서 그를 알고 있었다. 그의 쿠바/러시아 공작관들이 그를 침투공작원으로서 제 자리에 붙잡아 둘 수가 없었다는 사실은 그가 정신적 그리고 정서적으로 불안정성을 면치 못했음을 재차 증명해준다.

내 경험으로 보면, 소련 진영의 표적으로 들어간 서방측 침투공작원들 또한 이념에 의해 동기가 부여된 것은 아니었다. 그들의 동기는 전술적이지, 전략적이지는 않았다. 그들은 공산주의 이념을 지루해 하였는데, 왜냐하면, 소련 진영에 있는 모든 사람들이 공산주의 이념에 싫증내고 있었기 때문이다. 그들은 그들이 태어날 때부터 있었던 공산주의 시스템에 대항해 자발적으로 반역을 하였거나, 자기 스스로를 그렇게 하도록 포섭하게 하였는데, 그 배경에는, 그들이 그렇게 자기들의 국가 관료체제를 파괴하는 행동을 하게 된 개인적인 어떤 이유가 있었기 때문이었다.

냉전 기간 동안, 효과적인 침투공작원들은 대개 공산주의나 *또는* 반공주의 이념에 의해 동기부여가 된 것은 아니라는 일반적 원칙은 (원한다면, 이것을 하나의 이론이라 부를 수도 있음) 철의 장막 어느 양측에서도 활발하지 않았다. 이것이 예산을 위해 로비하고, 대중홍보를 시행하고, 그리고 공작활동 이외에도 선전활동을 운용하는 당신의 동료와 상관들을 불편하게 만들었던 것이다. 내가 그것을 인용하는 이유는 그것을 당신이 명심하고 있다면 당신은 시간과 노력을 절약할 수 있기 때문이다. 냉전기간 당시 그 원칙은, 오늘날에도 비슷하게 이념적으로 적성국에 여전히 적용되는 바, 포섭을 계획하거나 *소련 진영과 비슷한 기관*의 침투공작원을 조종할 때에, 당신의 표적 인물의 개인적 동기에 집중해야지 그가 주장하는 정치성 발언에 집중해서는 안 된다는 것이다. 그가 이념문제를 토론하기를 원하면, 어떻게 해서라도 그렇게 하되, 다만, 이념이야말로 행동을 실질적으로 지배하는 무언가라도 되는 것처럼 전제하지 않아야 한다. 비록 그가 자기 자신은 그렇다고 생각할지라도 말이다.

동서갈등이 발생하고 있는 지역의 외부에서는, 다른 원칙이 적용될 수도 있다. 조나단 제이 폴라드가 이스라엘을 위해 스파이가 되었던 동기는, 그의 성질이 불안정했기는 하지만, 정말 이념과 연관되었다. 누구든지 테러조직에 침투해 들어가는 작전을 할 경우에는, 틀림없이 진지하고, 때로는 열광적이기까지 하면서, 기질적으로는 불안정한 이념문제에 부닥치게 될 것인데, 결과적으로 아마 그런 위장 접근에 오히려 취약해지기가 쉽다. 가상의 예를 들자면, 적을 파괴하기 위한 진정신념세계형제단(TF: True Faith)의 조직 요원은 공식적 기관의 첩보원에 의해 영향 받기보다는 진정신념정의수호단(TB: True Belief)의 요원이라고 생각되는 다른 누군가에 의해 더 영향을 받을 수 있다는 것이다. 만약 당신이 진정신념정의수호단(TB)에 잘 침투해 들어갔다면, 당신은 진정신념세계형제단(TF) 조직에도 당신의 진정한 신분을 보이지 않으면서도 멀리 둘러서 들어가거나 혹은 살금 내려앉으면서 들어갈 수 있을 것이다. 그렇지 않으면 당신은 진정신념정의수호단(TB)에 침투해 들어가기 위해 사용할 의도로 다른 진정신념세계형제단(TF)을 하나 만들어 낼 수도 있을 것이다.

누가 책임을 지는가?

방첩 교육과정에서 항상 강조하는 것이 첩보원, 이중스파이, 그리고 침투공작원에 대한 *통제(control)* 문제이다. *지시(direction)*가 또한 선호되는 말인데, 이 말은 "항상 당신의 첩보원에게 구체적으로 지시를 하여라."라는 의미이며, *교육(training)*이 늘 강조되는 것은, "첩보원 교육은 지속해야 한다."는 의미이다.

그렇지. 아주 지당하고, 아주 건전한 생각이다. 그러나 적대 정보기관에 대한 훌륭한 침투공작원의 경우에는, 통제는 일반적으로 침투공작원 자신에 달려있지, 당신에게 달려 있는 것이 아니다. 왜 그렇게 보느냐고? 무엇을 훔칠 것이고, 어떻게 그것을 훔칠 것이며, 그리고 어떻게 그것을 전달하는가, 등 세 가지의 이유에서 그렇다.

무엇을 훔치는가

침투공작원이 전문성을 갖추고 있고, 제대로 자기 위치를 확보하고 있다면, 자기에 대한 첩보요구사항이 무엇인지를 공작관보다 더 잘 알 것이다. 그는 자기 동료들이 무엇을 민감해하고 중요하다고 생각하는지, 그들이 무엇을 당신과 같은 사람들로부터 보호하기를 바라는지를 당신보다 더 잘 알고 있다. 따라서 그가 당신보다 무엇을 훔칠 것인지 더 잘 알고 있다는 말이다.

어떻게 훔치는가

침투공작원이 전문성을 갖추고 있고, 제대로 자기 위치를 확보하고 있다면, 어떻게 자료를 훔칠 것인가에 대해서 당신보다 더 잘 알 것이다. 저번에 쯔몰카가 범죄조사파견대(HID) 신분증명서와 민감한 통신문서들을 사진 찍을 조사 장비를 사용해야 한다고 말했던 멍청한 헝가리 사람들을 기억해라(제9장 참고). 만약 그가 헝가리 사람들의 통제하에 있었다면, 그는 오히려 자기의 조종관에게 미국 육군이 실제 어떻게 일하는가에 관해 단기과정을 제공했을 것이다. 범죄조사파견대(HID)의 조사관들은 통신 자료에는 접근하지 않는다.

어떻게 전달하는가

침투공작원이 전문성을 갖추고 있고, 제대로 자기 위치를 확보하고 있다면, 어떻게 당신과 의사소통을 하는가에 대해 당신보다 더 잘 알 것이다. 그는 언제 어디로 여행할지 알고 있으며, 무엇을 숨기고 어디에 그것을 숨겨야 하는지도 알고 있으며, 자기가 감시를 받을 것 같은지 또는 아닌지를 알고 있다.

취약점

당신의 전문 비밀공작원은 위에서 말한 자기 책임을 잘 인지하고 있는가? 그렇다, 평소 그렇게 잘 하고 있다고 응답할 것이다. 그럼에도 불구하고, 방심하지 않아야 한다. *무엇을 훔칠지*를 선택하는 일을 그는 별로 점검하지 않을 수도 있다. 그는 개인적으로 친구에 피해를 줄 것 같은 항목을 빼버릴 수 있고, 자기가 무능해보이거나 부주의해 보이는 것을 감출 수 있고, 수행하기를 원하지 않는 임무가 자기에게 부과될 것 같은 사항을 생략해 버릴 수도 있다. 그는 *어떻*

*게 훔칠지*를 판단할 때에 당신이 더 안전한 절차를 몇 가지 알고 있는데도, 자기 자신의 기관에만 알려져 있는 절차를 사용해버림으로써 탐지에 취약해질 수도 있다. *전달할 방법을 선택하는데* 있어서도 그는 전달방법을 임시변통으로 사용하려 할 뿐, 더 실질적인 장치인 유인수수소와 무인수수소, 전화수수소, 스치는 접선, 그리고 당신이 활성화할 수 있는 이러한 조치들을 무시할 가능성도 없지 않다.

전문성을 갖추는 일이 침투공작원 경우에 또 다른 하나의 취약한 점이 될 수 있는데, 그것은 바로 과신(overconfidence) 때문이다. 당신의 침투공작원이 훌륭한 첩보원이라고 말하면, 그 이유는 그가 유능한 전문가이기 때문인데, 흔히 유능한 전문가들은 자기 과신을 많이 하게 된다. 그리고 그들은 자기들이 익숙한 절차, 즉, 자기 자신이 속한 기관의 절차에 대해서는 신뢰하면서도 당신과 같은 외국 기관의 업무절차에 대해서는 불신하는 경향이 없지 않다. 물론, 그들이 항상 옳은 것은 아니다.

미샐 골렌니우스키

자기 자신의 공작활동에 대해 책임을 졌던 전문 침투공작원에 관한 사례 하나가 미샐 골렌니우스키의 경우이다. 그는 폴란드 국가보안기관의 대령이자 KGB의 위임받은 협력자이었다. 그는 자기가 설정해 둔 우편 경로를 통하거나, 혹은 이 우편 경로를 통해 마련해 놓은 무인수수소를 통해서 CIA에 보고했다. 그는 종국적으로 망명하기 직전까지는 자기 신분을 CIA에게 숨겼다. 이런 회피에도 불구하고, 그의 보고를 통해 아주 잘 자리 잡고 있던 다수의 KGB 침투공작원들의 신분이 노출되었는데, 이 책에서 언급했던 몇 사람들(펠프, 브레이크, 몰로디이아/론데일)이 포함되었고, 다른 공개된 출처에서 언급되었던 몇 사람과 그리고 아직 공개되지 않은 몇 사람도 거기에 포함되어 있었다.

골렌니우스키는 유능한 비밀공작 정보관으로서 우연히도 앞서 언급한 취약점을 갖고 있지 않았거나, 아니면 적어도 그에게는 치명적이지 않았다. 생각해볼 가치가 있는 아이러니한 사실 하나는 골렌니우스키가 정신이상이었다는 점이다. 그는 자기 자신이, 나폴레옹은 아니지만, 1918년 7월 16일 볼셰비키에 의해 살해되지 않았었다면 로마노프 왕조의 왕위계승자이었을 짜레비치 알렉세이라고 믿고 있었다. 그의 정신이상이 비밀공작원으로서의 그의 기술에 기여를 했는지 아니면 전혀 영향을 주지 않았는지에 대해서는 우리 모든 정상적인 정신을 가진 공작원들이 잠이 오지 않는 한밤중에 잠깐 생각해볼 문제일 뿐이다.

교육인가 또는 주입인가?

앞에서 서술한 것을 요약하면, 적대 기관에 대한 고위급 침투공작원은 자기 자신이 당신의 공작활동을 책임지고 있다고 생각한다는 점인데, 실제 의미에서도 그가 책임을 맡으려 할 것이다. 이 점이 공작활동을 강화하기보다는 오히려 약화시킬 수도 있다. 당신은 많은 선택권이 없기 때문에, 그저 당신의 침투공작원이 진정으로 역량 있는 전문 비밀공작원이기를 희망하거나 아니면 상황이 당신으로 하여금 그를 교육시키도록 희망해야 할 뿐이다.

신참자 교육(Training)

만약 당신의 침투첩보원이 비밀공작원(clandestine operator)이 아니고 분석관, 행정관, 고위간부, 또는 (소중하지만 드물게) 홍보관이라고 한다면, 그를 교육시키는데 따르는 문제는 주로 공작활동 전반적 사항이 될 것이다. 당신은 그를 안전한 장소에서 얼굴과 얼굴을 맞대면서 만나려는가? 그렇다면 그에게 모든 전문 스파이기술을 위한 모든 교육과정을 마치게 하여라. 만약 그를 장거리에서 운용해야 하면, 그가 일정한 상식, 좋은 관찰력, 그리고 강력한 생존의식을 가지도록 교육하여라. 왜냐하면, 그런 특성이 오직 비밀활동을 위한 교육과 경험을 통해 보충해 줄 수 있는 근본적인 항목들이기 때문이다. 멀리서, 그에게 스파이

전문기술을 교육해야 한다면 무엇이든지 당신이 고안해낼 수 있는 모든 수단을 통해서 하여라. 그리고 첩보활동이 당신의 관리자들로 구성되는 위원회에 의해서는 운용되지 않도록 하라. 고위직들은 모든 훌륭한 첩보활동에는 참견하려들기 때문이다. 그들의 자문은 경청하되, 성공하면 자기들의 덕이라고 말하고, 실패하면 당신 탓으로 돌린다는 것을 기억해라.

전문가에 대한 주입(Indoctrinating)

만약 당신의 침투공작원이 비밀공작원(그렇지 않으면 생존하기가 어렵기 때문에 침투공작원이 대부분 그렇다)이라면, 당신이 해야 하는 일은 교육이라기보다는 오히려 주입(indoctrination) 성격이 될 것이다. 그로 하여금 당신 기관이 일을 어떻게 하는지, 사물을 어떻게 보는지, 그리고 그 일에 대해 어떻게 느끼고 있는지에 대해 익숙해지도록 만들어라. 처음에는 침투공작원은 자기가 모든 것을 알고 있다고 생각할 것이다. 그래서 그는 막연한 선전 및 부분적 보고 등을 통해 수년 동안 봐온 당신이 자신의 마음 속에 형성되어 있어 그 모습에 따라 당신이 반응할 것으로 기대하고 있다. 그는 당신이 그런 모습을 능가하여 공훈을 이루기를 기대하고, 또한 당신이 실제 하는 어떤 일을 보면서는 놀라워 할 수가 있을 것이다.

주입에 성공하기 위한 핵심은 래포(rapport), 즉 우정, 동지의식, 그리고 첩보원과 공작관 간 전문가로서의 존경 등이다. 윌리엄 후드의 작품 *두더지*에서 기록으로 남겨 있던 CIA의 소련군사정보부(GRU)에 대한 침투공작원이던 표트르 세묘노비치 포포프의 사례에서, 공작관은, 그의 미국인 동료이면 누구라도 그랬을 만큼 친밀하게, 그리고 포포프가 자기의 어느 러시아인 동료와도 그랬던 것보다도 더 친밀하게, 그의 첩보원과 래포를 유지하였다. 데이비드 C. 마틴(거울 속의 황무지: *Wilderness of Mirrors*, 뉴욕: 하퍼 & 로우, 1980)에 의해 "조지 키스발터"로, 그리고 후드에 의해 "그레고리 돔닌"으로 확인된 그 공작관은 소련 수상 조지야 말렌코프와 대단히 닮았으며, 또한 마찬가지로 러시아어에도 능숙했다. 러시아식으로 말해 그는 한 마디로 정말 좋은 녀석이었다. (미국식으로, 내가 변명하는데, 그는 정말 좋은 녀석*이다*.)

철수(Evacuation)

적대 정보기관에 침투하는 공작활동은 어떤 것이든 그 수명이 짧다. 당신은 이 사실을 인식하고 공작활동이 종료되더라도 첩보원의 생명을 연장하기 위해 최선을 다해야 한다. 달리 말하면, 당신의 침투공작원이 망명자가 되는 그날을 예상해서, 당일에 정확하게 어떤 행동을 취할지를 그와 함께 계획하여라.

철수를 정확하게 감행해야 한다는 신호는 일반적으로 첩보원 자신으로부터 나와야 하는데, 왜냐하면 그가 당신보다 위험신호를 인식할 가능성이 더 많기 때문이다. 만약 그 첩보원의 조직이 방첩이나 보안 사항에 서툴다면, 그는 자기에 대한 감시를 탐지하거나, 자기 동료들의 자기에 대한 태도 변화를 기록하거나, 또는 다른 직무로 갑작스럽게 이동되거나, 그리고 그가 조사되고 있다는 이야기를 듣거나, 또는 그가 취급하는 자료가 예외적으로 분석되는 경우, 등이 발생할 수가 있다. 그런 시점에서, 그가 이중스파이 활동을 끝장 내버릴지, 그곳에서 벗어나올 수 있는 조치를 취하기 위해 가장 신속한 의사소통 수단을 사용할지는 그 첩보원의 결정에 달려 있다.

간혹, 공작관인 당신과 그 첩보활동을 담당하는 팀 전체가 첩보활동이 발각되었거나(위태롭게 되었거나) 또는 그렇게 되고 있다는 징후를 얻는 경우도 있다. 그런 징후는 다른 침투공작원이나, 망명자에게서나, 또는 이중스파이로부터 나올 수가 있다. 만약 당신 팀이 파일관리 업무를 제대로 하고 있다면, 그런 징후는 다른 정보출처에서 알게 된 모든 첩보를 주의력 있게 분석하면 미리 파악할 수 있다. 당신이 그 징후를 파악했다면 신속하게 움직여야 한다.

당신이 능숙하거나 행운이 있다면, 그 첩보활동의 종결이 또 다른 활동의 진전을 전제할 것이며(제14장), 당신이 만약 미숙하거나 불운하다면, 첩보원의 생명은 당신 손 위에 놓이게 될 것이다. 이것은 그 첩보원을 위해서도 나쁠 뿐만 아니라, 또한 스파이 업무를 위해서도 좋지 않은 일이다.

C/H/A/P/T/E/R 14

망명자: 차선의 무기

침투공작원(두더지) 다음으로, 외국 정보기관에 대항하는 차선의 무기가 망명자들이다. 그들의 정보가 정보의 질이 오래되었다는 사실로 명백하게 한계가 있지만, 양적으로는 훨씬 더 많은 정보를 생산한다. 망명자들은 정보를 다량 산출하면서도 이 다량의 정보를 그 출처를 보호해야 하는 우려를 상대적으로 적게 하면서 처리할 수 있기 때문에 (적은 당신이 그를 데려갔다고 이해하고 있어서 당신에게 무엇으로 복수해야 할지 좋은 생각을 하고 있다), 망명자가 발생할 때마다 전문가적 경계를 이유로 침투공작원과 이중스파이에게는 유보되어 있던 신뢰를 그들에게서는 느끼는 경향이 있다. 당신의 이 신뢰가 가끔 애정으로 더욱 견고해지기도 한다. 그 망명자는 당신의 사랑방에서 자기도 하고, 당신의 음식을 먹기도 하고, 당신과 이야기하기도 하는 사람이 이미 되어 있는 것이다. 더 나아가서, 그는 당신과 함께 일을 도모하게 되었고 그래서 당신과 같은 편이며 당신의 친구가 이미 되어 버린 것이다.

그렇지만, 조심해야 한다. 망명자가 생산적이고 선호하는 정보출처라는 사실이 적에게서는 아직 사라지지 않고 있다. 기만(deception)의 기본 원칙인 (제18장 참고) 사람들이 믿고자 원하는 것을 그 사람들로 하여금 믿도록 만드는 것은 정보뿐만 아니라, 정보출처에도 적용될 수 있다. 당신의 상대방이 마음에 들만한 망명자를 보내라, 그렇게 하면 그가 말해야 하는 것을 진실로 같이 믿으려 할 것이다. 이와 같은 이유로, 냉전기간 동안, 소련 진영의 정보기관들에 의해 위장 망명자를 만들어 보내는 것이 KGB의 모체였던 레닌 및 드제르신스키야의 Cheka(구소련의 반혁명운동비밀조사기관으로서 전체러시아 반혁명비상위원회)가 당시에 활용했었던 전형적인 기법이었다.

그래서 망명자를 어떻게 취급하는지 방법을 알아보기 전에, 언론에 이미 보도되었던 (불가피하게 논란이 있는) 몇몇 사례를 파악해보고자 한다. 예를 들면, KGB 요원인 유리 이바노비치 노센코는 KGB와 존 F. 케네디 대통령을 암살했던 리 하비 오스왈드 사이의 공작활동관계와 같은, 몇 가지 중요한 사항에 관해 미국 CIA를 속이려는 의도로 아마 파견되었을 것이다.

또 다른 생각해볼 논쟁거리가 되는 공작 사례는 KGB 요원인 비탈리 세르게이에비치 유르첸코의 경우다. 많은 망명자의 행동에서와 같이, 유르첸코는 정서적으로 불안정했고, 가족으로부터 별거해 있었으며, 한 동료의 아내와 복잡한 성적관계에 얽혀 있었다. 이탈리아에서 감행했던 그의 망명은 자기가 망명했던 미국의 사람들을 이용해서 남편과 함께 캐나다에 머물고 있던 자기 애인과 재차 회동하려던 개인적 의도의 한 부분같이 보였다. 그는 그때 CIA가 자기 두 사람이 눈이 맞아 미국으로 도망가도록 주선해주고 가치가 무한한 첩보와 자문을 대가로 보상금을 두둑이 주면서 행복하게 살아가도록 해줄 것이라고 기대하였다. 그의 의도는 그 여자가 망명을 거부했을 때 뒤틀렸다. 그녀의 거부로 유르첸코는 침울해졌고, 그 후 즉시 그는 전문기술을 사용해서 자신이 KGB와 접촉을 재개할 수 있도록 하고자 하였다. 동시에 KGB는 자기들이 당초부터 그를 미국에 파견했었던 것처럼 하기 위해 재망명 개념을 사용하였다. 즉, 처음에는 CIA의 납치, 고문, 비리, 무능 등의 행위를 비난하는 대규모 홍보를 한데 이어, 그 다음에는 KGB가 그를 러시아로 철수시켜 모든 인물들, 시설장치, 그리고 CIA가 그에게 요구했다는 정보요구사항 등에 대해 구체적으로 긴 디브리핑을 하게끔 시켰다. 그 다음에는 무엇이 일어났는가? 짐작하기로는 유르첸코의 목 뒤에서 총을 쏘는 것이지만, 그가 할 또 다른 새로운 역할, 즉 나와 같이 KGB를 증오하는 사람들이 당신과 같은 독자들이 보는 앞에서 좌절하도록 만드는 일이 그에게 부여되었을 것이다. 이번 주, 아니면 어느 주에도, 당신이 망명자들이 "표면에 떠올랐다"(언론 미디어 보도가 가능해졌다)는 것을 신문에서 읽을 때는, 그 행간을 잘 읽으면서 KGB가 굶주린 듯 어느 망명자라도 가장 최근에 도착해서 하는 세부적인 디브리핑을 듣는 동안에도 당신의 정보기관들이 방첩활동을 전개하고 있을 것이라는 희망을 가져라.

한 가지 더 언급할 사항이 있다. 우리는 실질적인 망명자에 관해 말하고 있지, 난민이나 상업적인 기업가에 관해 말하는 것이 아니다. 테니스 선수, 발레 댄서, 반체제 작가, 그리고 유대 시온주의자는 우리가 사용하고 있는 용어인 망명자에는 속하지 않는다. 그렇지만 어떤 일이 있더라도, 이민업무 담당기관은 이 사람 모두를 환영하도록 하자. 그 사람들이 우리 사회 내에서 도움을 얻고 안전한 곳에 정착하기를 희망하지만, 그들은 방첩활동 안내, 상세중간설명 및 재정착을 위한 자료가 결코 아니다. 다시 말하면, 그들이 첩보원으로서 보내진 것이 아니라면, 우리의 다른 활동을 통해 그들을 확인하고 파악해야 할 것이다.

유인(Inducement)

"유인(inducement)"은 누군가를 당신쪽으로 망명하도록 설득하는데 사용되는 특수 용어이다. 이 용어는, 구체적으로는 어떠한 명분으로 방첩표적과 접촉하는 경우에 사용되거나, 혹은 일반적으로는 잠재적인 망명자가 망명하겠다고 결심하면 어떻게 당신에게 올 수 있는지 알 수 있도록 그 과정에 단순히 장치를 마련해 두는 경우에도 사용될 수 있다. 제13장의 "침투공작원 획득방법"("현지에서 첩보원이 된 망명자" 부분)에 관한 절이, 어떠한 이유에서든, 현지에서 비밀공작원으로서 유지할 수 없는 성격의 망명자에게 직접 적용된다.

망명자 관리와 계층 편제

침투공작원으로서 도로 내보낼 수 없는 망명자는 마치 전투상황에서 잡은 전쟁포로와 상당히 유사하다. 전장에서 잡힌 포로는 각 단계, 즉 지휘수준이 다른 각 사령부에서 서로 다른 종류의 첩보를 목적으로 하는 심문을 각각 받아야 한다. 포로를 가장 먼저 취급하는 연대 또는 여단 급의 전쟁포로 심문팀(IPW)은 중화기의 소재위치, 부대의 경계범위, 분대, 소대 및 중대의 전투력, 경계 및 공격 계획 등과 같은 즉각적으로 사용하는 작전차원의 첩보를 얻으려고 한다. 그 포로가 사단에 돌아오면, 여기에 있는 전쟁포로 심문팀(IPW)은 각 단위부대 식별(전투부대 서열), 최근의 사단급 이동, 지휘관의 인적 첩보, 그리고 (전쟁포로가 지휘관이거나 참모장교이었다면) *작전계획* 등에 관한 첩보를 원한다. 이 단계의 전장심문에서는 또한, 포로의 지식수준을 알 수 있다. 전략적 군사사항에 관하여 그가 무엇을 알고 있는지? 자기 나라의 정치와 경제 문제에 관해서는 얼마나 알고 있는지? 과학과 기술 부문은 어떤 수준에 있는가? 그가 더 이상의 상위 편제에서 추가적으로 심문을 받을 것인가의 여부와 방법은 이와 같은 그의 지식수준에 좌우된다. 이 문제는 가끔 그의 계급에 무관할 수도 있다. 장군의 연락병이 장군과 비슷하게 많이 알 수도 있으며, 또는 사항에 따라서는 더 많이 알고 있을 수가 있다.

적 정보기관 소속으로서 망명한 사람 또한 각 단계마다 그리고 다른 계층 편제에서마다 심문을 받아야 한다. 첫 단계가 중요한데, 이 단계에서 하는 질문 내용이 다른 계층에서 할 질문과 중복될 수 있는 다섯 가지에 대해서 예비응답을 미리 받아내야 한다.

첫째, 그는 의료진단을 받을 필요가 있는가? 어떤 망명자는 상당히 폭력적 방법으로 탈출을 기도해서 붕대나 접골부목을 필요로 한다. 어떤 사람은 음주에 취한 채 도착해서 긴급히 정신을 차리도록 해야 하기 때문에 첫 단계의 심문이 신속하게 시작되도록 해야 한다. 모두가 매우 정신적으로 예민한 상태로 도착하고, 분노와 공포에 놓인다. 그들은 진정이 필요한데, 만약 의사가 그 부대에 소속되어 있다면, 의사에 의해서만 조치를 해야 하고, 특히 그의 체내에 알코올을 지니고 있으면 더욱 그렇다. 신경안정제나 진정제를 무차별적으로 사용하면 사람을 죽이거나 뇌손상을 쉽게 초래할 수 있다.

둘째, 그는 누구이며, 무엇을 하는가? 그의 응답을 현지에서 즉각 가용한 기록을 조회하여 확인하고 본부에 긴급 추적을 요청하여라. 즉시 회신을 받아야 하는데도, 본부 동료들은 추적하기 위해서 잠에서 일어나 있어야 하는 것에는 조금도 개의치 말고 두려고 하지 않는다. 이들이 봉급을 받으면서 얼마나 자주 그걸 보답할 기회를 갖기나 하겠는가?

셋째, 그가 어떻게 이곳까지 왔는가? 그가 있던 곳에서 떠나기 전날 밤부터 이곳에 도착하기까지 그의 이동, 행동, 관측사항 등을 당신은 구체적으로 알고 있다. 바짝 긴장을 유지하여 그가 경로를 (반복하고 반복해) 재설명할 때 그의 날조, 은닉, 그리고 동기의 왜곡 등을 암시하는 것이 있는지 알아채도록 하여라.

넷째, 왜 망명했는가? 영어 단어 "왜(why)"에는 자주 혼동되는 두 가지 의미, 즉, 이유(reason)와 원인(cause)이 들어 있다. 이유는 다분히 이념적일 수 있으나 원인은 전혀 그렇지 않다. 적 정보기지의 운전사가 그 지역의 매춘부와 흥청망청 마시고 돌아다니고, 술에 취하고, 그래서 차를 박아 박살냈다면 그는 망명할 만한 이유와 원인을 둘 다 가지고 있다. 원인은 그가 궁지에 처해 있다는 점이고, 이유는 당초에는 그가 그 행동의 결과를 회피하자는 것이었으나, 나중에는 그의 이유가 서방에서 자유를 얻으려는 것이었다고 아마 그렇게 인식할 것이다. 그의 상관인 선임 장교가 망명해서 온다면, 그는 더 오래 지속해온 이유를

갖다 댈 것이지만, 원인 또한 인간적 차원에서 보면 대체적으로 그 운전사의 경우와 별로 다르지 않을 것이다. 직업문제와 가족문제가 어느 수준에서든 발생하는 대부분의 망명 원인이 되고 있다. 따라서 이 질문은 두 가지의 하부 질문으로 쪼갤 수 있다.

그의 망명 원인이 무엇이었나? 무엇이 그로 하여금 이 순간을 선택하도록 만들었나, 아니면 무엇이 하필 이 순간에 그를 그렇게 선택하게 했는가?

그의 망명 이유가 무엇이었나? 망명자는 처음에는 주로 망명 원인을 가장 먼저 마음에 두지마는, 시간이 경과함에 따라, 망명한 *이유*를 갖게 되고 그것이 이념적이었다고 인식하게 된다. 그는 소련 체제를 싫어했고, 민주적인 생활방식을 선택했던 것이며, 자유를 지켜 가도록 돕고 싶다는 것이다. 당신과 나, 그리고 당신의 망명자를 포함한 모든 사람들은, 자기의 결정이 이성적이었고, 자기가 하는 어떠한 일이든 논리적이고 도덕적인 이유가 있다고 믿고 싶어 한다는 점을 기억하라. 그렇지 않으면, 우리의 가장 소중한 재산인 자존심을 잃게 된다. 그렇지만, 인간세상에서 이성적이거나, 논리적이거나, 또는 도덕적으로 결정을 하는 경우는 실제로 거의 없다는 점을 또한 기억해라. 만약, 어느 특정한 망명자 경우에, 그의 결정이 오랫동안 숙고한 결과로서, 의도적으로 계획했고, 도덕적으로 검증되었다고 당신이 알게 되면, 그와 같은 드문 가공물, 즉 이념형 망명자를 발견해낸 것은 당신 자신의 행운이라고 생각하여라. 그 대신, 그를 조심스럽게 다루어라, 잘 망가질 수가 있기 때문이다.

다섯째, 그가 순수한가? 첩자(plant: 위장 망명자, 유인첩보원)는 소중한 자산이 될 가능성이 있다. 당신이 그를 정확하게 첩자로서 관측해내지 않는다면, 그의 가치는 적의 몫이 되어버릴 수 있다. 하지만 그를 제대로 관측해 낸다면, 그는 대스파이활동을 위한 공작의 하나로서 소중해질 것이다. 왜냐하면 적이 그를 당신에게 보낸 이유를 당신이 파악해 낼 수만 있으면, 그것이 무엇이든지 전략적으로 중요한 통찰력을 제공할 것이기 때문이다. 위장 망명자가 제공하는 첩보는 물론 중요하지만, 아마 순수한 망명자가 주는 첩보보다 더 중요할 것인데,

그 까닭은, 그것이야말로 적이 당신이 갖게 되기를 원하는 첩보이며, 따라서 당신 정부를 기만하기 위한 적 계획의 일부에 해당할 것이기 때문이다.

노센코 사례를 다시 생각해 볼 필요가 있다. 그는 자발적인 비밀공작원으로서 회동준비와 통신수단을 일 년 이상 조심스럽게 통제하였다(혹은 KGB가 통제하였다?). 그 기간 동안 그는 소련 내부에서 접촉을 거부하였고, 그러면서 딱 잘라 망명하지 않을 것이며, 그의 KGB 요원신분 또는 소련 시민권을 결코 공식적으로 포기하지 않겠다고 반복해서 언급하였다. 그런데 갑자기, 존 F. 케네디 대통령이 암살된 지 두 달이 안 된 시기에, 그는 5년 전에 미래의 암살자인 오스왈드에 대한 KGB 평가를 개인적으로 모스크바에서 취급했었다고 보고했으며, KGB가 전혀 오스왈드를 포섭하지 않았던 것으로 알고 있었다. 이와 같은 시기에, 노센코는 무조건적으로 망명자로서 받아 줄 것을 요청하면서 그의 시민권을 단념하고 모스크바에 있는 가족도 포기하였다.

질문: 왜 KGB는 CIA가 리 하비 오스왈드가 KGB 첩보원이 결코 아니었다고 믿기를 원하였는가?

질문: 노센코에 의해 얼마나 많은 첩보가 이미 다른 출처로부터 받은 사항에 관해서 제공되었는가? KGB가 폐기해 버릴 수 있었던 새로운 첩보는 얼마나 많은가?

질문, 질문, 질문이 쏟아졌다.

이와 같은 노센코 사례는, 당신이 외국 정보기관으로부터 망명자가 생겼을 때 묻고 싶어 하는 거의 모든 질문을 지니고 있다. 그렇지만 다른 한편으로는, 망명자를 받아들일 준비도 갖추어라.

수용준비 갖추기

만약 망명자가 어디에서든 자기가 있던 곳에서부터 이곳에 당도할 때, 당신이 받아들일 준비가 되어 있지 않으면, 당신은 망명 프로그램을 별로 갖고 있지 않은 셈이다. 망명자를 위해 준비할 일은 침투공작원을 위해 가구를 갖추는 일과 거의 중복된다(제13장 참고). 당신이 있는 지역의 지원 조직(제4장 참고)을 구성하고 있는 많은 동일한 요소들이 이들 양측의 공작활동에 공통적으로 사용될 것이다.

안 가

망명자를 수용하기 위한 안가는 단계적으로 마련해야 한다. 왜냐하면, 망명자는 누구든지 당신에 대항하여 당신 시설을 구체적으로 드러내고자 하여 시작할 수 있거나, 혹은 정신을 차린 후에는 마음을 바꾸는 낮은 수준의 유형일 수 있기 때문에, 망명자를 데려 오는 최초의 안가는 일회성으로 폐기되어야 한다. 다시 말해, 이미 적 및 해당 지역 정부당국에게 알려져 있는 낮은 보안단계에서 접선에 사용되었던 것이어야 한다. 최초의 상세경과설명이 완료되고 당신이 그 망명자가 잠재적 가치가 있다고 결정하면, 보다 안전하고 장기간 사용할 다른 안가에 그를 데려오고 전속 직원이 관리인(caretaker)으로서 배치되도록 하며 그 관리인은 경비, 동반자, 그리고 보모로서의 기능도 해야 한다. 달리 말하면, 이들은 첩보원 조종에 관해 교육받았고 자기가 조종하고 있는 공작 건에 익숙해 있는 유능한 공작관이어야 한다. 그들은 망명자와 같은 언어를 사용해야 하는데, 바람직하기는, 비록 망명자가 당신 언어에 얼마나 능숙한가에 상관하지 않고 그가 사용하는 언어를 쓰는 것이 바람직하다. 또한 질문, 언급, 그리고 비평 등을 기록해 둘 비망록을 유지해야 한다.

휴대용 장비

녹취기, 카메라, 그리고 이와 같은 휴대용 장비들은 망명자를 일차적으로 데려 가는 최초의 낮은 보안등급의 안가에서 사용이 가능하도록 해야 한다. 진지한 디브리핑을 시작하는 높은 보안등급의 안가에서는 은닉 녹취기, 카메라, 폐쇄회로 TV 모니터, 안전한 송수신기 및 후방 기지와의 전화 통신장비, 그리고 방어용 무기체계를 완전히 갖추고 있어야 한다.

심문관 및 폴리그래프 운용원

폴리그래프를 최초로 사용하는 심문은 아마 최초의, 낮은 보안등급을 받은 안가에서 할 것이다. 당신이 망명자를 예상해서 언제든지 가용하도록, 심문팀 요원들은 망명자의 조직에 관해 설명을 듣고, 폴리그래프 운용원들의 지원을 받아서 24시간 운영준비를 갖추어야 한다.

심리적 분석평가

망명자에 대한 첫 폴리그래프에 의한 분석평가는 당초의 심문팀에 의해 실시되어야 하며 여기에는 전문적인 심리학자나 의사가 포함될 필요는 없다. 진지한 디브리핑이 시작되면서부터는 당신이 어떠한 지원이라도 동원하거나 혹은 전문적인 정신심리측정학자, 정신병의사, 그리고 내과의사로 구성하고 예비해서 지원을 준비해야 한다. 이들 전문가들은 당신의 망명자가 별다른 경험이 없는 경우, 당신이 필요로 하는 통찰력을 제공하며, 나중에 있을 수 있는 어떤 불행으로부터 당신을 구하고, 또한 그를 구할 것이다.

감 시

만약 당신 참모직원 한 사람이, 혹은 서기, 비서, 또는 운전사가 사라지면, 당신은 가용한 모든 수단을 동원해서 그를 찾을 것이다. 그래서 그를 발견하면 도로 그를 데려 오고자 한다. 이와 마찬가지로, 당신에게 다른 기관으로부터 온 망명자가 있으면, 당신의 상대 기관은 최선의 노력을 다해서 그를 찾아서 당신으로부터 다시 데려 가고자 할 것임은 명백하다. 만약 그들이 그를 도로 데려가지 못한다면, 그를 죽이려 할 것이다. 그런 까닭에 적의 감시 신호나 당신 망명자와의 통신 시도를 탐지하기 위해 안가 및 그 주변에 대한 감시를 부지런히 실시하는 것이 당신 방어체계의 기본 구성요소가 되어야 한다. 위장 망명자 비탈리 유르첸코를 다시 기억해라. 그는 CIA의 안가 내부에서 그의 고정거주스파이들과의 비밀통신을 자신이 설치해서 적의 목적과 합치하면 급히 도주하는 데에 이것을 사용하였다. 감시를 망명자의 주변과 함께 그 자신에게도 유지하여라. 중요한 망명자의 경우에, 그의 진실성을 의심하든 안 하든 간에, 두 가지 수준의 감시를 유지하는 것이 안전하다. 즉, 한 단계는 그가 탐지해서 알고 있는 것에 대해 감시하고, 다른 한 단계는 당신이 그가 관측하지 않기를 희망하는 것에 대해 감시하는 것이다. 나는 전임 CIA동료들이 이 값비싼 계책을 유르첸코에게 사용하려 했는지 의아스럽다.

차량, 국제수송 및 문서

어떠한 수준에서든 모든 망명자를 다루는데 기초가 되는 것이 이동성(mobility)이다. 당신은 망명자 및 그 취급 팀의 모든 구비요소를 신속하게 안가에서 다른 안가로, 도시에서 다른 도시로, 그리고 나라에서 다른 나라로 이동시킬 수 있어야 한다. 만약 당신 기관이 이러한 이동을 관리할 수 있는 은밀한 병참지원 능력이 없다면, 그 망명자를 당신의 우호적인 기관으로 위임해서 그 공작 건을 합동으로 관리하는 것도 바람직하다. 사실, 연합국의 서방 기관 사이에 망명자에 대한 합동심문 관리가 이미 하나의 절차로서 구축되어 있으며, 병참관련 적 준비상황이 어찌되었든 간에 대부분의 경우에 이를 생각해 볼 필요가 있다. 단지 불리한 점이 있다면, 다음 장에서 연락업무(liaison)의 주제하에서 논의하는 구획화 및 보안 문제일 것이다.

재정착 문제(Resettlement)

냉전이 전개되던 즈음부터 시작되었던 동쪽에서 서쪽으로의 줄기찬 망명자 홍수로 인해 이들의 재정착 문제가 서방 정보기관의 대형 사업의 내부에 소규모

부문으로 조성되었다. 그것은 경영주를 위해 이익을 남기는 사업이 아니기 때문에(모든 이익이 이미 실현되었음), 자주 예산당국에게는 부정적인 시각으로 비춰지고 있다. 이들은 최소한 그 숫자가 달러로 표시되든, 파운드로 표시되든, 혹은 마르크나 또는 첩보의 수량으로 표시되든 간에, 숫자의 앞자리에는 플러스 부호가 붙는 것을 좋아한다. 애석하면서도 이해가 되는 이러한 상황의 결과에 따라 예산당국은 망명자들의 재정착 문제에 관한 예산을 감축하는 방법을 통상적으로 모색하고 있다. 이들은 적어도 법적으로 계약된 최초정착 이후에는 예산을 바짝 줄인다. 최초정착 문제는, 일종의 보험정책으로서, 또는 연금지급으로서, 혹은 하나의 현명한 투자 결과에 대한 현금지급으로서 인정을 받았으며, 지금은 폐쇄되어 예산당국의 장부에서도 삭제된 계좌로서 증빙되고 있다. 예산당국이 재정착 문제를 예산체계에 부합시키기 어려운 점은 바로 재정착한 망명자들에 대한 정보기관의 활동이 계속되고 있기 때문이다.

한 번 더 명기해야 할 사항을 적시하면, 거의 예외가 없이, 망명자들은 그들의 환경에, 그것이 어떠한 환경이든, 적응하는데 어려움이 있는 사람들이다. 그들이 태어나고 자랐던 환경에 적응하지 못했다면, 우리는 그들이 망명한 외국환경, 즉 당신의 환경에 즐겁고 감사하게 적응하기를 기대해서는 안 된다. 부디 한 번 더 명기한다면, 망명자는 자기들의 성격에서 이념과 정치에 관한 단지 조그마한 부분에서 이념적이고 정치적일 뿐이지, 그 나머지는 인간적이며, 그들이 무엇을 했고 나중에 무엇을 경험한 것과 상관없이, 그들은 항상 마음 속에 두고 있는 어린 시기와 세계에 의해 좌우될 뿐이라는 점이다. 그들이 상세한 디브리핑을 마쳤을 때, 최종적으로 약간의 자문에 기여했을 때, 연금 받고서는 버려질 때, 이상하게 생긴 외국인이 낯선 악센트로 말하는데 그들의 주변에 친구가 없을 때, 그들은 정말 힘든 시간이 될 것이다. 그들은 향수에 젖을 것이고, 이런 병은 고통스러워 제대로 치료받지 못하면, 때때로 인생의 종말에 이르기까지도 한다.

그들은 도움이 필요하다. 그러나 (예산당국은 묻는다), 그들은 자기 일을 끝냈고, 그들의 유용성도 끝났으며, 그들이 자기 기회를 활용할 수 있고 당신 나라의 다른 많은 사람들과 같이 자기 문제에 직면해 있을 뿐인데 왜 그들을 계속 도와야 한다는 것인가? 두 가지 이유가 있다. *실제적인* 이유는 그들이 잠재적 위험이기 때문이다. 그들은 평생 동안, 적이 포섭하고자 하는 표적이 된다. 그들은 평생 동안, 늙을망정 결코 죽지 않는, 당신의 운용 과정에서 비밀이 될 수 있다. 그리고 그들을 도와야 하는 *인도적* 이유는 그들이 당신의 도움을 이미 *획득했다*는 것이다. 우리의 업무세계에서는, 획득한 것에 대해 비록 그 지불사항이 구체적으로 "만료 계약"상에는 작성되어 있지 않더라도, 그에 상응하게 지불해야 한다. 그렇지 않으면, 스파이 업무는 대중에게서 악명을 얻을 것이고 당신의 스파이 기관은 스파이들 가운데서도 악명을 얻을 것이며, 그래서 당신 자신도 나쁜 스파이로 되어있기 때문에 당신도 기분이 좋지 않을 것이다.

재정착한 망명자를 돕는 최선의 방법은 그를 재정착시키는 것이 아니고 그에게 나이가 차서 퇴직할 때까지 생산적으로 일할 수 있는 직업을 갖게 해주는 것이다. 내 친구 한 명은, 소련 진영의 기관으로부터 초기에 망명했던 사람 중의 한 명인데, "조우(Joe)"라고 불리는 것을 좋아했다. 왜냐하면 영어를 배우고 나서, 그는 우리의 속어로 그가 "joe(하찮은 일만 하는 남자)"라는 것을 알았기 때문이다. 그는 상세한 디브리핑을 끝낸 후에, 활동적인 첩보원이 되기를 원하였다. 그래서 우리는 성형수술을 약간 해서 외모를 바꿔 주었고 문서에는 그가 망명해 나왔던 기관의 장교로서 (실제로는 두 세 명의 장교가 있었다) 기재하도록 하였다. 수 년 동안 그는 우리 공작관 한 사람 또는 다른 사람과 함께 전 세계에 걸쳐 이곳저곳으로 옮겨 다녔고, 전임자로서 즉 지금은 위장 신분으로 그의 전임 정부의 관리들을 포섭하였고, 그들의 파일에서 믿을 만한 상당한 정보를 산출해 냈다. 우리는 그가 위장했던 가장(cover)이 닳아버렸다고 판단했을 때, 그가 일상적인 관리로서 가장하도록 해서 수년 간 첩보원을 조종하게 하였던 것이며, 아주 훌륭한 조우가 되었다. 드디어 은퇴할 시기가 오자, 그는 백발이지만 만족하면서 퇴직했다. 지금은 건강한 가운데 시간을 보내면서 그의 아들의 축구팀을 가르치거나, 우리가 은퇴 후에 흔히 하는 활동을 하고 있다. 우리는 그를 전혀 재정착시켜 주지 않았다. 다만, 그가 할 수 있던 일(스파이)을 계속 하도록 어떻게 하는지를 도왔을 뿐이다.

조우는 전혀 책을 쓰지 않았지만, 다른 망명자들이 쓴 책을 찾아 읽는다. 그 책들은 당신 기관의 교육부서에 있는 긴 서가를 채우고 있다. 절대로, 절대로, 절대로 재정착 문제를 폐기처분(disposal) 문제로 생각해서는 안 된다. 어떤 망명자도 폐기되었을 사람으로 생각해서는 안 될 것이다.

C/H/A/P/T/E/R 15

국내외 “우호적” 기관의 활용

모든 관료주의의 원칙은, 군사조직이든 민간조직이든, 거대한 정부기관이든 아니면 작은 기업이든, 권한은 위임될 수 있으나 책임은 그럴 수 없다는 것이다. 그렇지만, 방첩의 세계에서는 예외이다. 여기서는, 책임이 연락업무(liaison)라고 부르는 방식을 통해 항상 위임될 수 있다.

그래서 연락업무는 방첩업무를 맡은 고위간부에게 소화기 궤양, 고혈압, 불안, 의기소침, 과대망상 행동, 그리고 악몽 등의 원인 가운데 하나가 된다. 매일, 연락업무를 통해, 그들은 실제로는 권한을 행사할 수 없는 외국 조직에 대한 공작활동의 안전을 위하여 관련되는 책임을 위임한다. 이것이 무엇을 뜻하는지 알게 되면서부터 걱정이 초래되고, 궤양과 기타 등등의 징후가 나타나는 것이다.

2차 세계대전 이래 아마 가장 가깝고 우호적인 연락업무 관계는 영어권 동맹국, 즉, 영국, 미국, 오스트레일리아, 뉴질랜드, 그리고 캐나다 간의 것일 것이다. 이들의 우호협력에 관한 전통은 1차 세계대전에서부터 시작되었다. 그 당시 워싱턴에 있던 영국 정보기지의 우두머리이던 윌리엄 와이즈만 경이 우드로 윌슨 대통령의 에드워드 멘델 하우스 대령과 밀접하게 일을 했었고, 하우스 대령의 비공식적 조직은 미국이 그 전쟁 동안에 가동했던 중앙정보기관에 가장 유사한 모습이었다.

2차 세계 대전 당시에 시작된 연락업무의 전통은 중앙정보국(CIA)의 직접적 모체였던 전략정보국(OSS)의 방첩(CI) 구성요소이던 X-2라는 이름에 의해 설명된다. X-2라는 이름은 "이중스파이의 교차적 활동(double cross operations)"을 공동으로 수행했던 정보기관들의 연합체였던 영국의 한 정보기구인 이십인위원회(Twenty Committee)를 본 따서 붙여진 것이다("20"을 뜻하는 로마자인 XX로 표기했는데, 타자기에는 십자 기호가 없어 "X-2"로 표기했음). 영국과 미국의 정보 및 방첩 기관들은 지속적으로 상대방의 기관을, 많은 가족관계에 거의 공통적이듯, 분노와 애정이 교차하는 관계인 "사촌"이라는 이름으로 불렀다.

그런데 잠깐 영국의 몇몇 정보관들의 이름, 브레이크, 블런트, 필비, 그리고 의문부호가 붙여진 홀리스를 생각해 봐라. 그들을 통하여 미국 첩보원의 신원, 미국의 세부 공작활동, 미국의 조사대상 용의자 명단 등이 소련의 정보기관으로 흘러갔다. 이 모두가 연락업무를 통해 획득되었던 것이다. 우리의 사촌 기관에 대한 소련의 침투공작원이 영국만큼이나 많은 피해를 미국에게 야기하였던 셈이다. 만약 그 연락업무가 덜 우호적이었다면, 피해가 줄어들 수 있었을까?

연락업무를 하는 이유

소련 첩보원들이 자기들 사이에 수수께끼 알아맞히기에서 영국 기관에 대한 이미지가 사격훈련장의 표적과 같다는 말을 하는데, 이 말은 이 기관과의 연락업무를 반대하는 주장처럼 들릴 수 있다. 실제, 영국만이 적 첩보원에 의해 침투되고 있는 것이 아니므로, 그 말은 누구와의 어떠한 종류의 연락업무에 대해서도 반대한다는 주장이 될 수 있다. 이와 다른 한편으로, 정보기관 간 상호관계의 특이한 기하학적 측면을 몇 가지 생각해볼 필요가 있다.

1. 블레이크는 러시아 통제하에서 영국 기관에 침투한 공작원인데, 미국과의 연락업무를 통해 얻은 첩보로 미국 통제하의 GRU 침투공작원(포포프)을 배반하였다. 미국은 영국과의 연락업무관계를 단절했어야 했는가?
2. 골렌니우스키는 미국 통제하에서 폴란드 기관에 침투한 공작원인데, KGB와의 연락업무로 획득한 첩보를 통해 미국과 영국에 대해 블레이크를 배반하였다. 러시아는 폴란드와의 연락업무를 단절했어야 했는가?
3. 마이클 스트레이트는 영국에서 교육받은 미국 시민으로서 소련 정보기관의 첩보원 지위에서 미국 FBI로 1941년 망명하면서 러시아 통제하의 영국 보안부(MI5)에 침투한 블런트를 배반하였다. 그러나 FBI는 영국의 연락업무 상대로부터 얻은 첩보를 보류했는데, MI5의 보안을 불신했기 때문이라고 추측되었으며, MI5의 블런트-(홀리스?)- 버게스- 맥크린- 필비 간의 복잡한 사건에 대한 조사가 연기되었다. 영국은 미국 FBI와의 연락업무를 단절했어야 했는가?

이들 각각의 사례에서, 연락업무는 계속되었으며, 각 경우마다, 고통의 시간이 없진 않았다. 회동이 취소되었고, 책상이 주변으로 옮겨졌으며, 절차가 변경되었고 예정에 없던 인사이동도 발생하였다. 그럼에도 불구하고 연락업무는 계속되었다. 왜 그랬을까? 왜냐하면, 한 마디로 말해 그렇게 해야 했기 때문이었다. 연락업무는 브레르 래비트의 작품에서 타르 베이비(tar baby)와 같이, 일단 한번 손을 대면, 달라붙게 하는 성질이 있다.

해외에서의 기관 간 연락업무는 국내에서의 기관 간 연락업무가 확장된 것이다. 각각 경우에 그 원인이 똑같다. 즉, 범인이 한 도시에서 다른 도시로 자주 이동하는 것과 같이, 스파이도 국경을 자주 넘는다. 뮌헨의 경찰이 비스바덴 경찰과 한 도시에서 다른 도시로 이동하는 강도에 관한 첩보를 공유하지 않는다면, 그를 체포할 기회가 더 줄어든다. 만약 한 스파이가 비밀을 뉴저지의 포트 몬무쓰에서 훔쳐서 오타와에 있는 소련 장교에게 전달한다면, FBI와 캐나다 기마경찰대(RCMP)가 첩보를 공유하도록, 아마 그 사건을 합동으로 취급하라는 간곡한 조언을 들을 것이다. 실제로, 그들은 양측 기관의 효과를 제고하기 위하여 모든 활동에서 각자가 획득하는 많은 일반 지식을 공유하고 있다. 나아가, RCMP 및 FBI 양측 모두는 다른 많은 나라의 방첩(CI) 기관은 물론, 자국의 많은 다른 정부 기관들과도 연락업무를 취한다.

적어도 이것은 어떻게 연락업무가 진행되는가를 이론적으로 말한 것이며, 동시에 그 이론이 어떻게 실행되고 있는지를 말해주고 있다. 보안에 드는 비용은 이론상으로는, 효율 증대로 얻는 이득보다 중요하지 않다. 실제적으로는, 우리가 아침 신문에서 읽어서 알게 되는 적의 성공에도 불구하고, 아마 이득이 손실을 능가할 것이다.

연락업무의 실제 수행

단순화시킨 가상의 사례로써 어떻게 연락업무가 수행되는가 생각해보기로 하자.

1. 시드니에 있는 이중스파이가 그의 오스트레일리아의 공작관에게 체코 공작관으로부터 자기에게 토론토에 있는 임시주소(AA) 하나를 받았다고 통지한다.
2. 오스트레일리아 보안정보기구(ASIO)가 RCMP와의 연락업무 경로를 통해 그 주소에 대한 확인을, 그 첩보가 필요한 이유

를 밝히지 않은 가운데 요청한다.

3. RCMP가 토론토 경찰과의 연락업무 경로를 통하여 그 주소에 대한 파일 확인과 조사를 요청한다. 그 주소는 요아침 크라머라고 불리는 함부르크에 본적을 두고 있는 독일인 사업가가 임대한 아파트로 밝혀졌다. RCMP의 본부 파일에는 그 토론토 주소가 과거에 말레이시아 보안기관의 연락업무 요청으로 확인된 명단에 포함되어 있었다. RCMP는 말레이시아 요청으로 "크라머"에 대한 감시를 연기했으며, 말레이시아 당국은 누군가가 그에 대해 관심이 있다는 사실을 그 표적이 알아차리고 경계하기를 바라지 않는 것도 당연시하였다.
4. RCMP가 ASIO에 그 주소는 "크라머"로 등록되어 있고 본적은 함부르크로 나타나 있다고 통지한다. 그러면서 RCMP는 독일연방헌법보호청(BfV)에게 문의하기를 제의한다.
5. ASIO가 연락업무 경로를 통해 쾰른에 있는 BfV에 그 이름과 함부르크 주소를 확인해주기를 요청한다.
6. BfV는 연락업무 경로를 통해 함부르크 경찰에게 그 이름과 주소 확인을 요청한다. 함부르크 경찰은 그 첩보가 요청된 바가 있었고 이전에 제공되었던 적이 있다고 알리면서 응신한다. 즉, 그 주소는 여전히 소방서 주소이고, 요아침 크라머의 기록은 여전히 없다는 것이다. BfV의 파일확인에는 말레이시아 보안기관으로부터 과거 요청이 있었으며, 그 표적을 놀라게 할 수 있는 어떠한 액션도 취하지 않도록 하는 말레이시아측의 요청도 함께 있었다고 기록되어 있다.
7. BfV가 ASIO에게 그 주소는 소방서 것이고 함부르크에는 "크라머"라는 기록이 없다고 통보한다. *확인되지 않은* 또 다른 해외기관이 동일한 요청을 해온 적이 있다고 참고자료로 추가로 붙인다.

참고: 연락업무규정에 의하면, 독일 BfV는 말레이시아 보안

기관이 이전에 추적했음을 확인해줄 수 없다. 만약 확인해준다면, “첫 번째 상대방”인 오스트레일리아에 대하여 “세 번째 상대방”인 말레이시아 이익을 배반하는 것이다. 그럼에도, 본 기관 자체의 목적에 일치함을 지적할 수 있으며, 그 주소에 대한 감시를 착수하는 것은 금지되고 있지만, 그 주소는 계속 용의대상 리스트에 올릴 것이며, 향후 부정한 거래가 보이면 특별취급을 할 것이다.

추가 참고: ASIO가 이미 두 가지 위험을 안고 있는데, 하나는 캐나다에, 다른 하나는 독일에 있으며, 만약 누설되어서 방첩의 관심이 “크라머”에 있거나 혹은 그의 두 주소 중 하나에 있다는 표시가 나오면, 이중스파이 활동이 구성될 것이다.

부가적 참고: ASIO가 현재 캐나다 및 독일 양측의 보안에 영향 주는 방첩 첩보를 갖고 있는데, ASIO는 그 공작활동을 전개하려고 그 연락업무 경로를 추가로 사용하는 위험을 부담할 것인지에 대해 지금 결정해야 한다.

8. ASIO는 신경안정제인 말록스 한 알과 고혈압 약을 약간 먹은 후에 낚시를 하기로 결정한다. ASIO는 BfV 응신에서 말한 다른 어떤 기관은 우호국가임을 알게 된다. 왜냐하면 ASIO가 BfV와 연락업무를 취하고 있기 때문이며, 그 어떤 기관이 ASIO가 이중스파이를 대항해 운용하고 있는 체코 공작활동과 같은 것을 하고 있음을 안다. ASIO는 독일과 우호적 접촉을 하고 있는 것으로 알려진 모든 기관의 명단을 작성해서 그 연락관들에게 ASIO는 체코의 첩보원 통신체계에 관한 유용한 첩보를 다수 갖고 있고 이를 보상차원에서 공유할 수 있음을 비공식적으로 언급하도록 지시한다.
9. 쿠알라룸푸르에서 상당히 많은 논쟁 끝에, 협상이 이루어진다. 그 두 기관(말레이시아 및 ASIO)이 머쓱해 하는 태도로 서로 두 기관 각자의 이중스파이가 토론토의 숙소 주소와 동일

한 곳에 보고토록 하고 있으며, 상호 이익을 위해 첩보를 공유할 수 있으며, 다만 자기들 각자의 이중스파이 신원을 보호하기 위해 암호명을 통하기로 협상의 일부로서 합의한다.

10. 두 공작 건이 그 시점부터 진행된다. 궁극적으로, 캐나다가 끌려들었는데, 왜냐하면 토론토에 있는 편지 수수소의 포섭은 RCMP의 관할에 속하기 때문이다. 독일 또한 참여 기회를 얻는데, "크라머" 조사에 독일 지원이 요구되기 때문이다.

협력 대 경쟁

앞에서 본 사례는 우리로 하여금 연락업무가 방첩세계를 지배한다는 생각을 갖게 할 수도 있다. 그러나 그렇지는 않다. 앞에서 언급된 네 기관, 즉 오스트레일리아, 캐나다, 독일 및 말레이시아의 정보기관들은, 이 세상의 다른 모든 기관들도 그렇듯, 자기들의 활동을 극도의 경계심을 가지면서 보호하려 할 것이다. 한 예를 들면, 보안의 기초원칙이 바로 민감한 첩보에 관한 지득범위는 알아야 할 필요가 있는 사람에게 한정되어야 한다는 것인데, 오스트레일리아인 중 어느 누구도 캐나다인 어느 누군가가 오스트레일리아의 첩보활동에 대해 알 필요가 있다고 생각하지는 않는다. 다만, 부분적인 첩보 교환이 오스트레일리아 기관을 돕는 경우는 예외일 것이다.

연락업무의 상호관계는 사업하는 사람들의 경쟁관계와 비슷하다. 나의 고향에 있는 모든 식당은 식당업협회에 가입함으로써 이 협회에서 판매세 처리, 신용카드사기, 주차 규제, 그리고 경찰의 보호 등과 같은 문제에 관한 첩보를 교환하기 위해 정기적으로 회동한다. 그렇지만 그들의 개별적인 요리 비법은 비밀로서 남는다.

소형 기관들은 다른 대형 기관으로부터 오는 요청을 분류해 내는 한편, 서로가 서로에 대해 경쟁하기 위해 그 차이점을 이용하는데 익숙하다. 미국과 영국이 해외의 동일한 수도에서 일하지만, 서로 자국의 일상적 업무비밀은 유지한다. 그러면서 상호 연락을 유지함은 물론 주재국의 각 기관과도 연락업무를 수행한다. 주재국 기관도 양국이 서로에 대해 알고 있는 것보다 더 많이 이들 각 기관에 대해 알게 되었다고 생각한다. 그렇지만, 그러한 자신감은 잘못 설정된 것 같다. 나는 그와 같은 소형 주재국 기관의 한 우두머리가 새벽 3시에 전혀 들어보지 못했던 공작 활동에 대해 합동으로 일을 하게 되었으니 지원을 요구한다면서 어깨를 맞댄 채 서 있는 영국과 미국의 두 정보기지 우두머리를 만나기 위해 잠자리에서 뛰쳐 나왔을 때 놀란 얼굴 표정을 했었던 장면을 즐거이 기억하고 있다.

방첩업무를 지배하고, 따라서 연락업무를 지배하는 개념은 바로 활동보안(operational security)이다(제1장 참고). 연락업무의 이름으로 당신이 하고 있는 그 게임은 이 점을 기본원칙으로 하고 있는 것이다.

연락업무와 기관침투

모든 연락업무의 우선적이고 궁극적인 목적은 침투공작에 있다는 것이 오랜 인식으로 되어 있다. 기관들은 첩보를 서로 교환하게 되어 있고, 그래서 소속 요원들은 서로 포섭하는 것을 주된 목적으로 해서 사교모임에 참석해야 했다. 현금이 부족한 "다른 기관에 소속된 상대방"에게 우호적으로 대출을 제공해서 그가 당신이 끌어들이는 첩보원이 되는 방향으로 움직이게 하기도 하였다. 아주 비열하다고? 뭐, 그렇지. 오히려 간단하고, 그리고 오히려 순진한 접근이 아니겠는가.

그러나 잠깐 생각해보라. 어느 계기로 한 방첩기관이 생산적인 연락업무를 계속해 왔던 다른 기관에 침투할 이유가 있을 수 있는가? 적어도 세 가지 유형의 경우가 있다.

국가정책의 상이성

어떠한 두 나라도 동일한 대외정책을 가질 수가 없다. 독일과 일본이, 미국과 캐나다가 그렇게 하듯, 상이한 국제무역정책을 가지고 있다. 스웨덴과 프랑스가 인도차이나 반도에 대해 상이한 정책을 갖고 있고, 인도와 미국이 파키스탄에 대해 서로 다른 정책을 갖고 있다. 즉, 연락업무용 경로를 통한 첩보교환이, 설령 그런 것이 존재한다고 해도, 전부는 아니라는 결론에 도달한다. 이러한 경우에 방첩기관은 비밀 침투공작을 통해 부인된 첩보(denied information)를 얻으려고 모색한다.

폴라드 사례가 이에 적합한 경우이다. 미국과 이스라엘은 이슬람 국가에 대한 그들의 입장이 서로 다르다. 이스라엘 정보기관은 미국 정보기관이 수집한 이슬람국가에 대한 정보가 모두는 이스라엘로 넘겨지지 않고 있다는 점을 의심하는데 그렇게 의심하는 이유가 있다. 그렇게 거부된 첩보를 훔칠 기회가 생기게 되거나, 아니면 만들 수 있게 된다면, 이런 절도행위를 중단시킬 수 있는 유일한 방법은 체포될 가능성에 대해 방첩기관이 판단을 내리는 것이다. 조나단 폴라드는 붙잡혔으며, 미국의 언론과 정치인들은 미국이 많은 자금을 지원했던 이 조그마한 나라인 이스라엘이 빅터 유고의 소설 *레 미제라블*에서의 장 발장처럼 오히려 착한 목사의 촛대를 훔쳐 그의 자비에 배신하는 배은망덕과 같은 태도에 대해 요란스럽게 분개해 했다.

그와 같은 정당해 보이는 분개는 언론과 정치인들이 사용하도록 유보하기로 하자. 방첩관의 생각 속에는 그것이 들어 설 자리가 없다. 왜냐하면 그는 현실세계에서 일해야 하기 때문이다.

미래 국가정책의 변화

오늘의 친구가 내일의 적이 될 수 있다. 영국이 프랑스에 대항해서 러시아와 함께 연합했던 시기가, 그리고 그 후에 독일에 대항하여 러시아와 프랑스가 함께 한편을 했던 시기가 각각 그렇게 오래되지 않는다. 미국은 멕시코의 맥시

밀리언 시대만큼이나 최근 시기에 프랑스에 대하여, 그리고 남북전쟁만큼이나 최근 영국에 대하여 각각 적대적이었다. 1차 세계대전 당시에 이탈리아가 영국의 동맹이었지만, 2차 세계대전에서는 영국의 적이 되었으며, 지금은 NATO에서 다시 동맹이 되어 있다.

그러나 한 국가의 외교정책이 급속하게 바뀌는데, 그 관료체제의 구성원들은 덜 바뀌거나 서서히 바뀐다. 오래된 연락업무관계도 이렇게 지탱되는 경향이 있는데, 이것은 침투공작 기회를 분명하게 시사해준다.

들여다 보려는 욕구

많은 자금이 한 기업에 묶여 있는 투자가는 그 회사가 내부적으로 어떻게 돌아가고 있는지 알고 싶을 것이다. 그에게 그 기업의 경영진 한 사람이 어떻게 사업이 매일매일 진행되는지, 어떤 집행결정이 이뤄지고 있는지, 현금흐름의 상태는 어떤지, 그리고 인사 문제는 어떤 것이 있는지 등을 이야기해준다면 그는 안심할 것이다. 마찬가지로 방첩기관(CI service)에 있어서도, 그의 자금은 첩보인데, 연락기관(liaison service)의 내부 활동을 계속 지켜보기 위하여 그 속에 침투첩보원을 두고 싶을 때가 가끔 있다. 특히 연락기관이 침투당해 있거나 보안을 등한시하고 있다는 의심을 가질만한 이유가 있을 경우에는 그런 욕구를 가장 강력하게 느낄 것이다.

간섭하려는 충동

어느 기관도 다른 기관이 운영하고 있는 방식에 만족해하는 경우가 있었던 적이 없다. 연락업무관계가 긴밀하면 긴밀할수록, 다른 기관의 관리능력을 향상시키려는 충동도 더 강렬해진다. 다른 기관의 관리에 영향을 주려고 하는 대부분의 시도는 진지한 충고, 간곡한 권고, 그리고 의견 교환 등의 형식을 취한다. 그렇지만 그 기관에 정말 당신 자신의 사람을 심어 두고 있다면, 일을 더 잘 해줄 수 있을 것이라는 생각에 가끔 집착할 것이다. 그러나 매우 조심해서 하여라.

당신이 침투해 들어가고자 하는 연락기관이 아주 무능해서 서로 연락을 할 가치가 없는 것이 아니라면, 아마 당신의 잘못으로 충분히 간파될 수 있을 것이며, 당신이 우호적인 연락업무 상대를 포섭하려는 시도가 포착되기라도 하면, 당신은 대단히 큰 난관에 부딪힐 수도 있다. 표적 기관의 전문가들은 이해하고 슬며시 웃어줄 수도 있을 것이다. 그러나 첫째, 표적 국가의 정치인들, 둘째, 당신 나라의 정치인들, 셋째, 국제사회의 신문은 무자비하다. 오히려 연락업무가 한동안 유예될 수도 있다.

C/H/A/P/T/E/R 16

파일관리

방첩관에게 파일(files)은 운전하는 자동차, 타는 비행기, 걷는 다리만큼이나 생활의 필수적인 부분이다. 방첩관은 조직적인 정보 없이는 가야 할 곳에 갈 수가 없다. 방첩관은 자기 파일의 노예이자 동시에 주인인 셈이다. 방첩업무를 수행하려면 이 점을 인정하여야 한다. 즉, 파일의 구조는 자동차에 대한 설계나 구조만큼이나 방첩업무에 대한 효과와 보안에 있어서 근본적이다.

파일이라고 하면 폴더, 마이크로필름, 또는 컴퓨터 기록뿐만 아니라, 그 정보를 관리하고, 대조하고, 조사하는 사람까지도 포함한다. 특히, 당신, 당신자신도 포함된다. 내가 알고 있는 한 방첩관은 서류업무를 지겨워하고 외근하는 것에 자부심을 가지면서 주로 예감에 의존하고 대조조사는 문서정리 직원에게 맡겨두고 있는데, 그렇다면 이 사람은 단지 절반만의 방첩관일 뿐이다. 그는 준군사적 활동이나 스포츠 중계와 같은 직업으로 전환하는 것이 자기 자신이나 자기 조직에게 차라리 성의를 베푸는 길일 것이다. 그의 일을 오히려 문서정리 직원에게 인계하면, 이 직원은, 늘 그렇듯, 길거리로 나가 외근하는 기회도 개의하지 않을 것이며, 화약 냄새를 맡아야 하는 일도 개의치 않을 것이고, 또한, 공작활동 하나를 온전하게 다루는 것도 전혀 마다하지 않을 것이다.

시간대순 파일

지휘본부에서나, 현장 사무소나, 또는 본기지에서나 기본 방첩파일은 시간대순 파일(chronological file), 즉 "크로노(chrono)"라고 부르는 것으로서, 방첩 정보를 포함하거나 또는 그렇게 할 수 있는 모든 보고를 시간적으로 가급적 멀리 과거로 올라가서부터 수집하는 것이다. 시간대순으로 조직화한다고 해서 문헌사서가 말하는 "취득 일자순"이 아니라 통상적으로 그 자료의 내용이 해당하는 "첩보의 발생순"에 의하는 것이다.

크로노 파일은 부피가 커지게 되는데, 부동산 관리자의 경우에는 서류, 마이크로필름, 혹은 거의 검색하지 않는 기록저장 디스크 등이 차지하는 공간 때문에 매우 언짢아해 한다. 그들은 "왜, 완전히 종결한 사건이나 죽은 사람에 관계되는 기록을 수년, 수십 년 동안 갖고 있느냐? 3년 이상 또는 그렇지 않다면 적어도 30년 이상 된 것은 모조리 없애기로 하자."라고 문제를 제기한다. 전문 방첩관들은 이런 부동산 관리자를 "말끔하고 깔끔한 사람(neat and tidy people: N&Tniks)"이라고 비아냥되는데, 그들 사이에서 특히, 예산을 의식하는 고위층이 N&Tniks 입장을 지지할 때면 갑자기 낭패감 때문에 성화를 부리기도 한다.

양측 입장이 다 타당하다. 1945년부터 로테 카펠로(2차 세계대전 당시 "붉은 오케스트라"라고 번역되는 러시아 복합 간첩조직의 독일식 암호명)에 관한 보고서 또는 1948년부터 상하이 경찰의 잔존 파일, 아니면 1975년부터 보 콩 안(KGB의 북베트남'판' 기관) 구조에 관한 보고서, 등은 20년 내지 40년이 지난 후에는, 필리핀의 신인민군 요원 한 명의 명단을 조사하려고 거의 들추지 않을 것이다. 그와 같은 승산 없는 일이 대규모의 역사기록과 같은 소장 자료를 유지하는데 비용을 들일 가치가 있겠는가?

그러나 가끔은 그 응답은 '예'라고 말할 수 있다. 지금은 랭글리, 콜론, 또는 멜버른에 있는 주 파일체계에 합본되어 있지만, 로테 카펠레에 관한 당초의 대규모 파일을 제대로 대조한다면, 그 필리핀인의 아버지와 1944년 스위스에서 소련 스파이마스터 산드로 라도를 위해 일했던 한 첩보원과의 컨넥션을 잘 파악해 낼 수가 있다. 생각보다 훨씬 이상한 일들이 방첩세계에서는 매일 발생한다. 첩보가 언제 역사로 바뀔 것인가? 단정할 수가 없다.

그렇다면 부피(bulk) 문제에 대해서는 어떻게 할 것인가? 글쎄, 방첩업무는 출판사가 효율적이라고 말하고 있는 방법과 동일한 방법으로써는 효율적일 수가 없다는 점을 우선 기억해라. 저장하고 대조하는 첩보의 매 항목당 드는 비용으로써 그 항목의 가치를 측정하지 않으며, 잘 팔리는 책에 필적하는 사용 빈도로도 그렇게 하지 않는다. 수많은 장미로 가득한 당신의 파일에서 장미 한 송이가 남모르게 얼굴을 붉히며 피어나 있다는 사실을 받아들여라. 그런 까닭에, 지나치게 말끔하고 깔끔한 파일에만 기대려고 하지 말고, 대형 파일, 구식 파일, 그리고 잘 정비된 대조파일 등에도 기대어라. 대형 파일을 유지하는 가운데서, 연한을 쌓아 가면서 그 파일을 없애버리지 않고도 가능한 한 말끔하고 깔끔하게 만들도록 하여라. 최신 기술을 사용해서 부피를 줄이면서도 사용도 손쉽게 할 수 있도록 하여라.

2차 세계대전이 끝난 지 수년 후에, 영국 보안부(MI5)가 두 가지 사실을 적시하였는데, 첫째, 보안부에서 가장 경험이 많은 직원들이 은퇴연령에 도달하였으며, 둘째, 본부의 파일이 한편으로는 부피 때문에 그리고 또 다른 한편으로는 운영유지 절차가 진부하기 때문에 관리하기가 불가능해지고 있다는 점이었다. MI5의 파일체계를 정리하고, 재구성하고, 현대화할 수 있는 최고의 적임자들이 은퇴를 하면서 기관에서 눈에 띄게 사라져 버렸다. 그래서 MI5는 나이 든 공작관들과 분석관들을 비전임 파일 개선담당관(file redresser)으로서 불러들여 활용하는 프로그램을 시작하였다. 은퇴자들은, 자기들이 원한다면, 연금에 부가하여 소액의 수입을 챙길 수 있었고, 오랜 공작 건에 대한 그들의 특별한 지식을 사용하여 파일 자료의 가치 경중을 가릴 수 있었으며, 항상 자기들이 만들고자 원했던 파일체계를 만들 수 있도록 변화를 가할 수도 있었다. 이 모든 것을 하는데 상대적으로 적은 비용을 들였다. 더구나, 이 유경험자들은 미해결 공작 건 다수를 해결하였고, 그렇게 하지 않았었다면 오랜 문서 속에 갇힌 채로 있었을 공작 건 다수를 새로 생성해 낼 수 있었다. 기분 좋게도, 이 절차가 서방세계의 다른 곳으로도 그대로 전파되었다.

인명색인 파일

과거에는, 보고서를 색인화 하는 유일한 방법이 그 속에 있는 인명 중심으로 하는 것이었다. 군 대대의 파일 담당서기는 새벽부터 저녁까지 보고서를 읽고 고통스럽게 3×5인치짜리의 카드에 인명을 일일이 가려내서 기재하고 거기에 보고서의 제목과 일자도 기입하였다. 그러면 카드는 알파벳순으로 파일화되어 당신이 공작 사례에서 떠오른 이름을 추적하게 해달라고 요청하면, 파일 서기는 그 보고서 전부를 가져와서 당신이 읽도록 해 주었다.

오늘날도 그와 같은 과정이 그대로 계속되고 있다. 다만, "카드작업"이 CD나 DVD에 저장된 리스트에 기입되어 컴퓨터 제어장치에서 처리되고 있고, 보고서가 마이크로필름, 마이크로피시, 혹은 CD나 DVD에 저장되어 있는 것이 다를 뿐이다. 오늘날, 세계적인 대형 기관에서는, 대부분의 보고서가 전자적 방식으로 작성되고 전송되며, 이미 디지털 언어로 바뀌어 있어서 컴퓨터 소프트웨어에 의한 색인작업이 가능해졌다. 옛 자료, 디지털시대 이전 보고서, 유선 전송자료, 메모, 그리고 이와 같은 것들은, 공작 사례에 따라서는, 광학 스캐너로 읽어 컴퓨터 파일에 저장하기 위해 디지털 언어로 번역되고 있다. 그 결과, 인명 추적을 컴퓨터로 하는 것이 문서방식으로 하는 것보다 훨씬 빨라졌다. 대대급에서 파일을 담당하는 문서서기는 중대급 또는 소대급의 컴퓨터 오퍼레이터로 대체되었다.

그러나 방첩 업무에서 보고서를 검색하는 경우, 주된 정보 분류는 여전히 "성씨, 중간이름, 개인 이름"이고 여기에다 가능한 경우에는 출생 일자와 장소, 지역, 부친 성명(아시아), 그리고 사건종합파일(dossier) 번호(아래 참조)가 보조적으로 사용되고 있다. 추가되는 정보에서 파일 담당서기나 컴퓨터로 하여금 존 스미쓰, 코박스 이스트반, 또는 응엔 씨 마이 등, 잘 찾지 않게 되는 단어는 삭제하도록 하고 있다. "피에르 레로이"를 그 이름라벨이 붙은 3×5카드가 모두 2야드나 되는 엄청나는 분량에서 수작업으로 찾는 일은 아주 성가셨으나, 지금은 컴퓨터가 디스크에서 더욱 신속하게 걸러 찾아낸다. 하지만 프린트아웃 하는데 여전히 시간이 걸린다. 그것에 "지역: 캐나다"라고 구체적으로 기입하면 벨기에 및 프랑스 사람을 프린트에서 제거할 수 있다면 아주 도움이 될 것이다.

덧붙여 말하면, 자료추적을 하는데 파일담당 서기는 유지기능의 일부로서 선택적 제거를 상당히 할 수 있게 되었다. 나는 수십 년 전에 "OPEL, Captain fnu(fnu는 first name unknown으로 '이름은 불명'을 의미한다)"라고 라벨이 적힌 3×5카드를 본 기억이 있다. 카드의 한쪽에는 1946년 미국 육군 방첩단(CIC) 독일 보고서라고 표시되어 있었고 잔혹한 심문과 관련 있는 것이었다. 그 보고서를 카드로 작성했던 사람과는 달리, 흥미를 느낀 파일담당 서기는 그 카드를 발견하고서 1946년에 방첩단(CIC)이 오펠 자동차를 많이 사용했다는 것을 우연히 알게 되었는데, 그것은 Kapitän이라고 부르는 차량모델이었다. 단순히 미 육군방첩단 첩보원이 감시에 어떤 차를 사용하였는지 기록하였던 것이다. 우리는 그 카드를 폐기했으나, 그 보고서는 그렇게 하지 않았다. 그 보고서에는 몇몇의 다른 실제 이름들이 적혀 있었기 때문이다.

공작 파일(Case Files)

현장에서는, 당신 또는 당신 팀이 운영하는 공작활동으로부터 그리고 그에 관련된 모든 정보를 폴더 하나로, 그렇지 않으면 여러 폴더세트로 유지한다. 물론, 기본 파일은 공작별 크로노이지만, 공작활동이 일정한 상태에 도달하게 되면, 크로노에서 일부를 다른 섹션으로, 예컨대, 접촉보고, 감시보고, 지침/지시, 로지스틱스/금융, 그리고 P-파일(dossiers)로 복사하거나 발췌하여야 한다. P-파일은 모든 추적 명단과 공작에 등장하는 사람들에 관한 이력정보(그래서 personalities의 "P"로 표기)의 약어이다. 이중스파이 공작활동에서는 가공이야기, 수신된 정보요구사항, 인가된 포장, 처리된 포장, 미인가 포장, 등등과 같은 다른 섹션을 두어야 한다. 대부분의 방첩관들은 "운용중인 명단" 또는 "곤란한 상황"이라고 라벨을 붙인 일지파일(log)을 유지해서 자기의 기억을 보완하고 여러 생각을 떠올리고, 상황 전체에 잘 맞지 않은 이상한 이야기 거리를 모으는데 활용한다.

이것들은 현장에서의 작업파일이면서도 추적, 대조, 지침 등과 같은 업무지원을 받을 본부 사무실의 책상에 두는 파일이기도 하다. 물론, 현장 상황 모두가 정교한 파일을 유지하거나 꾸밀 수 있게 해주지는 않는다. 현장에서 방첩관이 그것들을 직접 지닐 수 없다면, 그런 파일을 가까운 곳에 두거나, 또는 본부에 보조 사무실을 두는 것이 낫고, 그 사무실과 긴밀히 연락하는 것이 필요하다. 그렇지 않으면, 파일활용이 어렵게 되어, 얇은 얼음판 위에서 8자 피겨 스케이팅만 계속하는 꼴이 된다.

이와 같은 체계가 복잡해 보이는데, 사실 그렇긴 하다. 시간 소모도 많이 소요될 것으로 보이는데, 또한 사실 그렇다. 그러나 절제하고 근면함으로써 장기적으로 시간을 줄이고 또한 있을 수 있는 재앙을 막을 수가 있다.

현장과 본부 사이의 모든 통신문을 결합하는 일은 본부에서 할 일이다. 일차적으로 크로노 파일에 들어가고 그 다음에 인명색인 파일(위에서의 설명 참조)

에 기입하고, 그러고 나서 대조에 착수하는 것이 바른 순서다. 공작파일은 그 자체를 하나로서 유지하고 해당 공작 이름이나 암호명을 써서 온전하게 관리되어야 한다. 미래 세대가 이 공작파일을 연구함으로써 많은 편익을 도모할 것이다. 즉, 미래의 공작이 이것에서 영향을 받을 것이고, 미래의 많은 발견들이 가능할 것이며, 미래의 생명들이 구해질 것이다.

오랜 경험을 한 방첩관들은 모두 자기가 선호하는 과거 공작 사례를 가지고 있다. 나의 경우는 "트러스트(trust)" 사례인데, 이것은 러시아 정보 우두머리인 펠릭스 드제르진스키가 1차 세계대전 직후에 영국을 낭패에 빠뜨렸던 사례이다(이 이야기는 BBC TV에서 *Reily: Master Spy* 시리즈로 방영된 적 있다). 이 공작에 관해 가용한 파일이 완전하지는 않지만, 어떻게 하면 낭패를 당하지 않는가에 관해 교훈을 (그 이후 종종 잊고 지내왔지만) 주기에는 충분하다.

인물파일(Dossier)과 P-파일

대중이 당신의 사망에 관해 관심을 가질 정도로 당신이 저명한 인물이라면, 지방신문의 부고면 담당 편집자는 당신이 사망한 다음날 아침에 당신에 관해 사용할 수 있는 정보가 포함된 파일을 평소에 구비하고 있다. 물론, 이것은 당신의 사망 이전에도 당신에 관해 언급하는 리포터가 참고용으로서 이용될 수 있다. 이 파일은 사람들 이름을 알파벳순으로 정리해둔 신문사의 "자료집(morgue)"이다. 방첩조직에서는 이런 파일을 인물파일(dossier)이라고 부른다. 이 단어는 프랑스어에서 유래한 것으로 원래는 노트르담의 꼽추에 나오는 콰시모도의 등에 있는 혹과 같이 툭 튀어나온 신문더미를 의미하였다(프랑스어 do는 "등"을 의미한다).

당신이 만약 미국 시민이라면, 아마 사회보장번호(SSN)를 가지고 있을 것이다. 그 번호는 당신이 정부에 소득세를 내면 (국세청 또는 IRS가 왜곡하지 않는다면), 국세청이 당신의 모든 연도별 "환급액"과 거래자료를 유지하고 있는 파일에, 그들이 이 파일을 분실하지 않았다면, 추가로 저장한다. 국세청 파일과 신문사 파일 간 유일한 차이점은 신문사는 알파벳순으로 이름을 파악("검색")할 수 있으나, 국세청은 그 대신 번호를 사용한다는 것이다. 왜 그럴까? 왜냐하면, 만약 당신의 이름이 빌 존슨이라면, 국세청은 빌 존슨의 이름으로 된 서로 다른 파일을 7,419,387개를 갖게 되기 때문이다. 당신도 마찬가지이겠지만, 국세청은 그들 중 단 한 사람이 *당신의* 사회보장번호를 갖고 있기를 희망할 것이다.

그래서, 크로노와 공작파일에 추가해 당신 조직은 각 개인 단위로 영구적인 인물파일을 본부에 유지하면서, 당신은 임시적 인물파일로서, 현장에서 순간적으로 필요로 하는 것을 담은 P-파일을 유지하고 사용한다. P-파일은 본부의 해당 인물파일을 통째 복사한 것을 포함해 해당 인물의 모든 행적을 담고 있다. 또한 그것은 당신이 어떠한 출처에서든 수집하는 자료를 새로운 자료로서 수록하고 있는데, 그 한 카피를 즉각적으로 본부로 송부해야 한다. 본부야말로 당신을 위한 도움이 나오는 당신의 지지대이면서 요새이기 때문이다.

인물파일은 통상적으로 좀 더 형식적으로 관리되는 문서에 부가하여 기밀이 아니면서 색인되지 않은 자료를 담고 있다. 예컨대, 누구 딸의 혼례에 관한 신문 기사, 누구의 학교 또는 대학의 학적기록(yearbook) 발췌, 누구 조직의 출간된 직원명부 발췌 등, 현행 공작 건에 연관되든 안 되든, 관련된 사람의 일대기에 유관성이 있는 자료이면 모두 수록될 수 있다. 방첩업무는 사람을 다루는 일이다. 방첩관이 자기가 다루는 사람을 이해하는데 도움이 되는 것이라면 무엇이든 자기에게 유익하다. 공개된 출처를 결코 등한시 하지 마라. 신문을 읽어라. 신문에 있는 정보가 기껏해야 불과 40퍼센트 정도만이 정확하다고 기억해라. 그렇지만 신문이 당신에게 유용한 사실을 주지 않더라도, 그와 유관한 *태도나 의견*을 전달해준다. 한 사람이 자주 거론되는 글의 전후 문맥이 그에 관한 주장이나 서술보다 더 그 사람에 대해 잘 알려 줄 수 있다. 그래서 그 글 조각들을 그 사람의 인물파일에 전부 모아라.

직접적으로 범죄나 파괴행위와 유관성이 없어 보이는 인물파일을 유지하는 것은 그 사람의 시민권과 사생활을 위반하는 것이 아닌가? 믿을 수 있거나 말거나, 어떤 사람들은 당신처럼 그렇게 생각하기도 한다. 나는 미국의 공식 외교정책을 강경하게 *또한 법적으로* 반대한다고 주장했던 한 미국 잡지의 편집자와 선의의 논쟁을 했던 적이 있다. 그가 정보자유법(FIA)의 절차를 이용하여 자기에 관한 FBI 인물파일의 카피를 획득했을 때, 그가 발간했던 기사들, 그의 친척의 병력기록, 그리고 그의 대학학적기록의 발췌("성공 가능성이 가장 높음"? "가장 똑똑함"? "경솔함"?) 등이 포함되어 있는 것을 알고서는 괴로워하였다. 만약 *Who's Who* 의 파일이나 *뉴욕타임즈*의 인물자료파일(morgue)에 그와 동일한 정보가 포함되어 있다면(아마 그럴 것이기도 하다), 그는 우쭐했을 것이고 핍박당했다는 기분이 전혀 안 들었을 것이다. 나는 그에게 그 잡지에서 주장하는 글이 소련의 그것과 아주 유사해 보이면, 방첩관의 시각에서는 그 잡지가 소련이나 체코의 정보기관에서 자금을 받는 것이 아닌가, 그리고 글의 자료가 소련, 체코, 또는 동독의 기만정보 조직에서 나온 것이 아닌가 하는 의문이 순리적으로 발생한다고 설명하려 하였다. 그에 대한 인물파일을 생산하기 위해 했던 조사는 실제로는 그가 아니고 소련을 겨냥했었던 것이다. 만약 그 조사에서 그의 잡지사 직원과 공산권 진영 정보관 사이에 비밀 접촉이 있었다는 증거가 나왔다면, 그 조사관은 적대 기관에 대응하는 한 공작활동의 단서를 확보했었을 것이다. 이 경우에, 그 편집자가 선택하기에 따라서는, 자기의 정부를 돕게 되는 기회를 가졌을지도 알 수 없는 일이다.

인물파일 번호

당신 본부의 인물파일이 방대하면서 유사하거나 동일한 많은 이름을 보유하고 있기 때문에, 이름 하나하나에 번호를 부여해야 한다. 이것은, 실제로, 많은 또는 대부분의 사람들이 인물파일에 전혀 오르지 않겠지만, 방첩 보고에서 언급되는 거의 모든 인물들에게는 번호가 부여되어야 한다는 의미이다. 낭비라고? 그렇지 않다. 번호부여는 값이 싼 일이고 특히 컴퓨터에서는 그렇다. 또한, 확인해야 하는 다른 정보, 즉, 출생 장소, 생활지역, 기타 등등에 관해 편리하게 속기할 수 있게 한다.

대부분 나라의 군대는 모든 장병에게 일련번호를 부여하는데, 구식 미국 군대체계에서는 인물파일에 "201"을 앞에 붙여 일련번호를 구성하였다. 방첩 업무에서 이 유사한 체계를 통상적으로 사용하는데, 접두번호 "1"은 개인에 대한 인물파일을, "2"는 표적이 되는 단체를, "3"은 표적이 되는 조직(제17장의 대조 참고)을, "4"는 직원 행정, 등으로 표시하였다. 번호는 자동추적처리의 일부로서 연속해서 부여된다. 그렇게 해서, 현장에서 엘머 누드닉, 1962년 4월 12일생에 대해 추적을 요청하는 연락이 오면, 응답에서는 "1"로 진행되는 새로운 번호가 부여된다. 누드닉에 관한 향후 모든 조회에서는 그 이름이 모두 색인처리 되면서, 이 번호가 포함된다.

현장에서 하는 보고가 단편적이거나 도쿄에 사는 사람이 출생일 기록이 없이 누드닉이란 동일한 이름을 쓰거나 스톡홀름에서 동일 이름을 가진 여러 사람이 주소가 없다면, 불가피하게 동일한 개인에게 복수 번호가 부여될 수 있다. 도쿄의 누드닉이 스톡홀름에서 같은 이름의 별명을 사용하는 경우가 또한 발생할 수 있어서, 뜻하지 않게 그는 번호 두 개를 갖게 된다. 이러한 중복이 발견되면, 번호 하나는 취소되고 두 파일의 정보는 통합되어야 한다. 그래서 작년에 번호 999,999개를 수용하도록 했던 여섯 자리 체계는 일곱 자리 또는 여덟 자리로 확장되어야 할 것이다. 당신의 컴퓨터는 그렇게 하더라도 피로를 거의 느끼지 않을 것이다.

인물파일과 사생활

사람들은 자기에 대한 파일이 유지되는 것을 좋아하지 않는다. 나도 좋아하지 않고, 위에서 인용된 편집자도 좋아하지 않는다. 당신이 만약 그런 것에 개의치 않는다고 말한다면, 내가 폴리그래프 기계로 당신이 거짓말쟁이임을 증명하겠다. 사생활은 소중하다. 궁극적으로, 당신이 정말로 소유하는 유일한 것은 바로 당신 자신인데, 당신의 사적 행동에 대해 기록을 보유하고 있는 신용조사 회사, 전화회사, 또는 경찰서는 당신의 가장 소중한 자산에 대한 통제권을 다소 가져가는 셈이 된다.

당신은, 원시 마법을 믿지 않겠지만, 나바호족 여자들이 담요의 둘레를 밝은 색의 실로 짜서 그들의 영혼이 탈출할 수 있도록 했던 것에 동감할 것이다. 그 "원시시대" 사람들은 사진 찍는 것을 좋아하지 않는데, 그들에게는, 사진 찍는 것이 그들 자신의 존재 일부를 가져가게 하는 것이어서 너와 나의 차이가 없어진다고 보기 때문이다. 사생활을 소중히 여기는 성향은 우리 내부에 구축되어 있다. 우리가 그렇게 프로그램 되어 있는 것이다. 그것은 생물학적 영역이다. 한 가내공장이 어디서나 유지되고 있는 인물파일을 매도하는 언론에 떠올랐다고 해서 이상할 것이 없는 것과 같다(물론, 기관신문은 예외다). 생물학적으로 선천적인 사생활을 위한 요구사항과 방첩관이 꽝하고 직접적으로 충돌하는 것은 사실이다. 방첩관은 참견하라고 봉급 받고 있고, 방첩기관의 인물파일은 사람들의 사생활을 침해하기도 한다. 그렇다고 해서 설득해서 해결할 방법이 없다.

그러나 유감스럽게도 오늘날 인구가 과밀하게 살고 있는 이 세계는 우리 인류가 수백 만 년 동안 적응하면서 진화해 왔던 그런 세계가 아니다. 과거 수백 년 동안, 우리는 갑자기 국민을, 협회를, 산업을, 조합을, 기구를, 연방을, 그리고 동맹을 생성해 왔다. 조그만 부족과 마을에 살면서 진화과정을 통해 적응했던 우리는 이제 거대한 도시와 거대한 나라에서 살아오고 있다. 수천 년 전부터 우리의 유전자에 각인된 사생활에 대한 열망, 즉 본능에도 불구하고, 우리의 사생활은 파괴된 것과 진배가 없다. 대략 오천 년 전부터 우리의 인류의 생활이 질과 양적으로 복잡해지기 시작하였다. 지금 우리는 그 갈망, 즉, 사생활에 대한 선천적 욕구를 지니고 있지만, 정치적으로나 사회적으로는 그렇게 할 수 있는 형편이 아니다. 우리는 가엾게도, 전혀 개미처럼 단순하게 살 수가 없는 일이다.

가엾은 방첩관이여! 당신 직무는 사생활을 위배하는 것이고, 그 과정에서 많은 친구도 만들 수가 없다. 당신의 인물파일이 원망 받고, 비난받고, 개탄의 대상이 되고 있으며, 많은 규정들이 이를 깎아 내리고, 그 내용을 제한하고, 이를 파괴하려고 고안되고 있다. 그것 때문에 많은 사람들이 언론계에 종사하고, 적지 않은 정치계 종사자가, 당신과 나 같은 독자와 투표권자 때문에, 자기들에 관한 파일이 유지되는 것을 싫어한다.

당신은 그저 참고 견뎌야 할 것이다. 인물파일을 구축하되, 엉뚱한 손에 닿지 않도록 하여라. 당신은 처음부터 사생활을 침해해오고 있는데, 이 점을 이제부터 존중하여라. 당신의 동료들에게 가장 귀중한 것, 그들의 정체성 모습인 그 파일을 지탱하도록 하여라. 당신의 역할은 존경받는 관리인이지 신이 아니라는 것을 명심하여라.

C/H/A/P/T/E/R 17

방첩업무의 대조

별칭이 록(Rock)인 레이먼드 로카가 한때 특정업무를 맡은 방첩 분석관에게 "하이랜드 방직공"이란 용어를 붙여 주었다. 록은 파일을 설치하고 사용하는 전문분야에 관해 두루 걸쳐 가장 잘 알고 있는 사람으로 인식되고 있는데, 그가 세계 최상의 트위드 천(역자 주: 스코틀랜드 산 굵은 양모를 쓴 순모 홈스펀 종류의 천)은 스코틀랜드 하이랜드에서 여자들이 손베틀로 짠 것이라고 기록했던 적이 있다. 매번 짜는 천마다 아름답고, 오래 가고, 그리고 독특해서, 런던의 양복장이가 아름답고, 오래 가고 그리고 독특한 양복을 만들기에 충분하였다. 만약 고객이 헐렁한 반바지 한 벌이나 양복에 받쳐 입을 조끼를 내년에 추가로 원한다면, 그는 운이 없을 것이다. 하이랜드 방직공들의 다음 번 직조량이 달라질 것이기 때문이다.

방첩분야 분석관을 포함해 모든 수사관의 의식 속에는 키가 작은 하이랜드 방직공이 한 명씩 들어있다. 나는 내 속에 많은 하이랜드 방직공을 두고 있으며, 내가 공작활동을 할 때면, 나는 전문가이기 때문에 그 공작활동과 관련해서 당신이 나에게 혹은 나의 파일에 올 것이라고 생각하지, 이해하는데 나의 월등한 전문지식이 요구되지도 않은 그저 평범한 활동사례들이 저장된 중앙전산시스템을 사용하지 않을 것이라고 기대한다. 나는 이 공작파일을 내 금고와 내 개인용 컴퓨터에 넣어 유지하고 있으며, 하이랜드에서 트위드 천을 짜고 있는 나의 다른 짝인 방직공처럼, 나는 이 일을 소유하고 있다. 바로 나의 일부로서 말이다.

부끄럽게도, 내가 짠 하이랜드 방직작업의 결과는 폴더 한 세트와 메인체계에 통합될 수 없는 내부용 색인 하나로 구성된 공작파일이 고작이다. 이런 상황은 여러 가지의 카드파일, 여백에 갈겨쓴 문구들, 표시해둔 문서상 위치, 그리고 오래된 종이 위에 쓴 요약 초안 등을 수작업으로써 대조해야 했을 때에는 괜찮았다. 그러나 컴퓨터의 등장으로 모든 것이 변하였다. 이제 분석관의 작업이 옆 사무실 동료의 그것과, 강 건너 동료의 그것과, 혹은 지구의 반대편에 있는 동료의 그것과 딱 들어맞아야 ("컴퓨터 소프트웨어가 서로 인터페이스 해야 한다") 한다. 그리고 양측의 작업이 중앙 색인체계를 보유해 있고 기본 기록을 저장해 있는 메인 프레임을 포함하여, 기관의 모든 컴퓨터에서 사용되고 있는 체계에 부합해야 한다.

아아, 그런데도 애석하게, 하이랜드 방직작업이 컴퓨터 시대에 와서도 공작분석관뿐만 아니라 이 분석관이 따라야 하는 대형 시스템의 설계자에 의해서도 고집되고 있다. 예를 들면, 첫째, 말하자면, 영국 보안부(MI5)와 미국 FBI가 긴밀하게 함께 일하지만, "체계 호환성"이 둘 사이에서 안정적이지 않은 것 같다. 둘째, FBI 내에서도 방첩분야 및 조직범죄 대응분야 양측에서 다 사용되고 있는 소프트웨어가 어느 한 쪽을 만족시키지 못하고 있다. 그래서 하이랜드 방직행위가 존속하고 있는 것이다.

하이랜드 방직행위가 근절되도록 도와라! 글쎄, 어쨌거나, 그것을 억제하여라.

대조(Collation)란 무엇인가?

대조(collation)는, 첫째, 분류별로 색인을 달고, 둘째, 분류에 따라 구분하고, 셋째, 분석하는 일이다. 한 가지 분류로서, 유일한 것이 있다면 "이름"이다. 이름별 색인의 일반적인 예가 전화번호부로서, 오래된 찰리의 전화번호를 찾는데 유익하다. 그러나 이름은 모르지만 찰리 옆집에 사는 사람의 번호를 알아내기에는 별로 도움이 되지 않는다. 그 옆집 사람을 알려면, "도로 주소" 분류를 사용해야 한다.

전화번호부는 "이름"만을 검색하는데 유익한 분류인데, 얼마나 더 많은 분류가 전화번호부에 있는가? "이름," "도로번호," "전화번호"가 있고, 네 가지가 더 있는데, "도시 이름"과 "주(州) 명칭"이 "정보 일자"(출판일자)와 함께 전화번호부 앞에 인쇄되어 있고, "국가이름"도 당연히 있다.

방첩 공작활동에서 옆집 사람을 알아내야 하는 사례를 하나 들어보자. 당신의 본 기지로부터 체코의 비밀 무선연락이 오슬로의 지도에서 1Km 범위 이내의 어디에선가 취해지고 있다고 당신에게 알려왔고, 나아가, 당신이 무선연락을 하는 안가의 소재를 파악하는데 노르웨이 당국으로부터 도움을 받을 수 없다고 가정하자. 또한 소유자 이름이 적힌 도로주소 책자와 같은 참고할 것(실제, 많은 도시에는 광고, 정당 등에 의한 사용목적에서 그런 책자가 많이 있음)도 없다고 가정하자. 오슬로 전화번호부는 별로 도움이 되지 않는다. 당신은 그것을 잘 검토해서 그 지역범위 내에서 도로명에 앞선 모든 인명을 뽑아낸다. 그리고 중앙 색인 파일을 통해 모든 사람의 이름을 추적한다. 당신이 정확히 뽑아내지 못하면, 주소 명단을 구분하고 감시팀을 파견해서 당신의 리스트에 없는 모든 주소, 아마 전화가 없는 주소를 기록하도록 한다. 그러면 비밀리에 하는 모든 조사기법을 통해, 전화가 없는 주소지에 사는 사람을 확인하기 시작하고 그들을 추적할 것이다. 힘들고 단조로운 일이다.

만약 당신의 본부가 이미 오슬로 및 다른 도시의 전화번호부 사본(광학 스캐닝을 해서)을 갖고 있고, 이름, 도로주소, 그리고 전화번호로 구분할 수 있다면 얼마나 많이 쉬워질까? 당신의 본부가 체코 스파이 공작에 관한 모든 보고를 또한 이름뿐 아니라 주소로도 색인해 두고 있다면 얼마나 많이 쉬워질까? 당초의 힘들고 단조로운 일의 절반은 당신이 그 공작에 관해 듣기 이전에 컴퓨터가 처리해버린 셈이다.

대조용 분류

방첩 분석관이 대조하는데 사용하는 분류 몇 가지를 설명한다.

이 름

대조할 때, 흔히 당신은 알지 못하는 이름을 가진 사람이나 가명을 사용하고 있는 사람에 대한 작업을 하는 경우가 있다. 그런고로 "이름"은 당신이 사용하는 분류체계가 거의 되지 않는다. 왜냐하면 당신은 다른 분류체계를 사용하면 이름이 나올 것이라고 희망하기 때문이다.

식별 데이터(Identifying Data)

식별 데이터로 분류하는 목적은 많은 존 스미쓰와 빌 존슨의 이름을 제각기 구별하려는 것이다. 가장 보편적으로 사용되는 데이터가 "DPOB," 즉, 출생일 및 출생 장소인데, 이것은 대부분의 여권에 있는 항목이다. 중앙 컴퓨터에 있는 종합파일에는 이것이 두 가지 기재란(field)을 차지하는데, 하나는 쉽게 구분 가능한 일자별 숫자(270423은 1927년 4월 23일)이며, 다른 하나는 알파벳 순(CAN Calgary)이다. 왜냐하면, 대조체계에 "위치"와 "활동"의 분류가 있으므로, "출생지"는 "위치"에 그리고 "출생"은 "활동"에 각각 기입할 수 있다.

직위(Position)

"직위" 분류는 구분하는데 흔히 사용되지 않는다. 대상자에 대해 신속히 처리하는데 필요하며, 별도의 기재란에 둬서 다른 분류로 구분하는데 방해되지 않도록 해야 한다. 주로 직업("잡지 편집인," "암호분야 서기")을 포함하지만 "안가 관리인"과 같이 활동상의 담당기능도 지정할 수 있다.

특이점(Idiosyncrasy)

"특이점"은 흔히 형사경찰에 의해 "MO(modus operandi: 일하는 방식)"로서 사용되는 것과 같다. 금고털이가 습관적으로 자기 도구를 어느 쪽에 놓는가, 왼쪽인가, 오른쪽인가?

또한 특별히 드러나는 상처나 자국에도 적용된다. 내가 한때 이중스파이의 보고서에서 소련 스파이마스터를 식별해낸 경우가 있었다. 그 이중스파이는 그의 러시아인 조종관이, 즉, 그가 일종의 탁구공이 되었던 게임에서 나의 상대방이었는데, 세 손가락의 바깥쪽에 "A," "H," 그리고 "R"이라고 문신해 있는 것을 목격했던 것이다. 이것은 러시아어로 철자 "아냐(Anya)"로서 소련 대사관의 일등서기관의 아내 이름이었다. KGB로부터 망명한 한 사람에게 아내의 이름이 아냐인 남자의 감시용 사진을 보여주었더니, 그 사람은 그를 소련 KGB 산하 제1수석위원회(FCD) 소속의 전임 동료라고 기억하였는데, 물론, 그는 그 위원회에서는 다른 이름을 사용하였다.

그가 파이프 담배를 피우는가? 그의 구두에 광택이 나는가? 왼쪽 아니면 오른쪽 손에 결혼반지를 끼는가? 먹을 때 포크를 왼손(미국 스타일)에서 오른손으로 옮기는가? 손수건을 소매 안에 두는가? 안경은? 무기를 (어떤 종류를) 지니는가? 정기적으로 교회에, 유대교 회당, 이슬람 사원, 또는 불교사찰에 다니는가? 이런 것들이 특이점이 될 수 있다.

일자/시간

모든 데이터는 날짜가 기입되어야 하는데, 그렇지 않으면 파일에서 사라질 수 있다. 만약 @Kusnetsov ("@"는 "alias(일명, 가명)" 혹은 "aka = ...라고 알려진: also known as"의 관습적인 축약형임)가 아테네에 15일에 있었고 @Petrov가 20일 이전에는 거기에 도착해 있지 않았다면, 이 둘은 동일하지 않다. 만약 그들이 같은 일자에 거기 있었다면, 그들은 동일한 사람일 것이다.

때때로 예컨대, 무선송신이 예정된 경우, 그날의 시간이 중요하다. 종합파일에서 일자/시간에 대한 컴퓨터 대조 칼럼(세로 열)은, 따라서, 열자리로 확장되어야 하는데, 예를 들면, "6602211403" = 1966년 2월 21일 오후 2시 3분이 되고, 일자가 불완전하면, 예컨대, "6602" = 1966년 2월은 간단한 "만약, 그러면" 명령어(macro)로써 공란을 오른쪽에서 왼쪽으로 영(zero)을 채움으로써 종합파일에서 혼합해 기입될 수 있다. 즉, "6602"는 구분 목적에 따라서 "6602000000"가 된다.

위치(Location)

당신이 일을 하는데 이름이 없거나 단지 가명만 있는 경우, 당신은 "누가 그 시간에 그 곳에 있었느냐?" 그리고 "X는 그 시간에 다른 어느 곳에 있었느냐?"고 묻는다. 만약 당신의 이중스파이가 @Kusnetsov를 4월 20일 스톡홀름에서 만났다면, 당신은 그 전 주의 항공기 탑승자 명단을 구할 수 있는가? 만약 그렇다면, 탑승자 명단 및 식별된 소련 공작관 리스트를 확인해서 출발시점을 점검할 수 있다. 만약 당신이 헬싱키에 주재하는 GRU(소련군사정보부) 장교인 2등 서기관 발킨이 그 주에 스톡홀름에서 짧은 휴가를 가진 것을 알았다면, 당신은 이상하게 그려진 그림퍼즐의 한 조작을 얻은 셈이다. @Kusnetsov가 "i/w"(식별된) 발킨이다. 발킨에 대한 인물파일을 점검하라. 이제 당신은 그와 밀담을 할 정도로 그에 관해 잘 알고 있다. 그는 아마 아내와 갈등에 처해 있을 수 있다. 아마 관광 마지막에 집에 가야하는가를 걱정할지도 모른다. *아마 그를 포섭할*

수도 있다. 아무튼, 그를 식별해냈다는 것은 방첩업무가 항상 최종 목표로 삼고 있는 *대스파이활동*(counterespionage operation)을 향해 한 걸음을 진전한 것이다. 당신은 봉급을 벌었다. 그러나 발킨이 당신에 대항해 동일한 술책을 사용할 수 있음을 잊지 말아라.

"일자/시간"에 관련해서, "위치" 대조에 필요한 정확성은 변할 수 있다. 중앙 컴퓨터에 있는 종합파일은 복잡한 공작활동 대부분을 위해 가능한 한 상세하게 준비되어야 하고, 국가, 지역(도, 주 등), 도시, 그리고 거리주소별로 분리된 기재란을 두어야 한다. 그러나 당신이 개인 컴퓨터에서 특정한 공작활동을 취급하면, 흔히 한 가지 아니면 두 가지에만 관심을 두게 된다. 토론토에서 일어나는 모든 행동들을 조사하는 일을 중앙컴퓨터에 맡겨 국가 기재란에 있는 캐나다 사항을 "CAN"에 채우도록 한다.

활동(Activity)

활동을 어떻게 하느냐고? 이것은 암호화할 수 있다. 예를 들면, "RV"= 첩보원 접선, "FD"= 수수소 채움, "PR"= 참석 통지 등등이다. 그렇지 않으면, 짧은 어구에 대해 분명한 문맥을 달려면 엄청 길어져야 한다. 어떻든, 이 분류에서 구분하려면 엄격한 획일성이 필요하다. 당신의 컴퓨터가 아주 멍청해서 만약에 어떤 것은 "첩보원 접선"이라 이름 붙이고, 다른 것은 "랑데부"라고 한다면, 모조리 첩보원 접선으로 기재해야 할 것이다. 이것은 당신 마음속에 있는 하이랜드 방직공의 말을 들어야 하는 사례에 해당한다. (물론, 자료가 주 전산체계로 이동되면, '찾아–바꾸기' 컴퓨터 루틴이 작동한다. 그러나 이에 의존하지 말라) "일자/시간"과 "위치"를 함께 대조하면, 행동 규칙성(패턴)을 산출할 수가 있다.

접촉(Contacts)

"접촉"과 "단체"는 서로 연관되게 하고 상세하게 기입한다. 어떤 점에서는, 방첩활동 분석의 가장 중요한 부분이기도 한데, 이것들이 개괄적인 행동 규칙성,

그리고 당신 적의 전반적인 활동역량을 산출하기 때문이다. 불행히도, 그러려면 방대한 양의 분석자료를 컴퓨터체계에 입력해야 하고, 그래서 컴퓨터의 기억용량을 엄청 차지하게 된다.

"접촉"은 활동 중인 공작활동에서 예견되는 모든 인물파일 섹션이 되어야 한다. 가장 간단한 이 섹션의 편집 도구는 구분 가능하도록 세로 열로 설치되는 응용프로그램인 컴퓨터 스프레드시트이다. 데이터는 인물파일에서 순서없이 발췌되어 스프레드시트 소프트웨어에 의해 접촉자 이름, 상대방 이름, 일자, 위치, 하부 "활동," 접촉 유형 등으로 편성되고 구분된다. 상대방 이름과 일자에 따라 구분하면, "접촉자 이름" 칼럼에서 이들 첫 두 항목은 접촉자의 원천기관이 되는데, 일자는 접촉자의 생일이고 "접촉 유형"은 "가족"을 "F"로 하듯 암호화한다. 당신의 접촉자가 이중스파이라면, "상대방 이름" 아래의 마지막 기입은 NU(name unknown: 알 수 없는 이름)으로 하는 것이 낫고, "접촉 유형"은 "적 공작관과의 공작회동"을 의미하는 "RvE"가 된다.

당신의 접촉자에 대한 스프레드시트의 접촉파일은 다른 접촉파일 및 다른 기록들과 대조하기가 용이하다. "접촉자 이름" 칼럼에 있는 이름은 쉽게 기계적으로 추적될 수 있고, 각 접촉자에 대한 접촉파일은, 이미 만들어져 있지 않다면, 새로 산출해낼 수 있다. 다수의 접촉파일을 합쳐서 교차대조(칼럼 사이에 이름을 옮기는 어셈블리 명령어인 매크로를 사용)를 하면 "단체"를 생성할 수 있다. 이것에, 예컨대, "발킨 합성자료"와 같이 이름을 부여할 수 있고 또한, 다른 접촉자나 또는 다른 단체와 대조할 수 있다. 결과적으로 더욱 분명해진 "규칙성(pattern)"이 드러나게 되고 이와 동시에, 도넛츠와 같이, 구멍도 보이는데, 이것은 당신이 현재 알고 있지 않은 것과 과거 알지 못했던 사항들, 그리고 당신이 알지 못했다는 그 사실에 해당한다. 명백하게, 다른 파일의 동일한 분류에 대응하여 "시간"과 "위치"에 의해 "NU(name unknown: 알 수 없는 이름)"엔트리를 구분해보면, "NU"를 또 다른 공작활동에서 이미 기록되어 있는 이름으로 대체할 수 있다.

마치 마술에 의한 것과 같이, 이런 식의 대조로 때때로 간첩활동의 전반적 조직에 대한 윤곽을 그려낼 수 있다. 그리고 때로는 잠시 동안 저장되어 있었을 뿐, 결국 아무 것도 없음을 분명하게 보여주기도 한다.

단 체

방첩 분석에서 사용되지 않는 것은 아니지만, 단순한 종류의 단체는 "가족"이다. 성인(聖人) 매튜가 남성 조상들을 직접적 계통에 따라 뒤로 나사렛의 예수의 양부에서부터 족장 아브라함에 이르기까지 열거하고 있다. 즉, "아브라함은 이삭을 낳고, 이삭은 야곱을 낳고.....그리고 [몇 십 세대 이후에] 마탄은 야곱을 낳고, 야곱은 마리아의 남편 요셉을 낳고, 마리아에서 예수가 낳았고...." 그 계통의 여기저기에 여성이 언급되지만, 여자는 그 성인의 목적과는 상관이 없었다. 그는 자기가 가지고 있지 않았던 컴퓨터가 필요하지도 않았던 것이다.

아시아와 아랍 국가에서는, 가족 상호관계의 대조로 복합적인 정보와 함께 정치 경제적 상호관계를 종종 들춰낼 수 있다. 예를 들면, 필리핀 정치가 복잡하게 얽힌 상황을 가족 집단과 대조해보면, 이해가 갑자기 훨씬 쉬워질 수 있다. 또한 정보, 보안, 그리고 준군사 단체의 강점들이 더 뚜렷해진다.

당신이 파일을 구축하려는 대부분의 단체는 앞에서 언급한 다른 분류들에 대한 대조로써 산출될 수 있다. 추가로 각각에 대해 대조해서 "접촉자 이름" 칼럼에서 열거되는 이들 단체에 이름을 부여할 수 있다. 그러면 당신이 접촉을 중심으로 구분할 때, 단체 이름은 복잡한 사항을 전반적으로 단기에 파악할 수 있게 하며, 부피가 큰 작업파일을 축소시킬 것이다. 만약 당신이 인물파일 번호를 이름과 관련해서 사용하고 있다면, 단체 번호는 별도의 일련번호로 부여할 수 있다. 즉, 단체를 위해 유보해둔 한 자리 수를 사용할 수 있는 것이다. 이렇게 해서 "1"은 개인에게 부여되는 모든 인물파일 번호로서 시작하고, "2"는 모든 단체에게 부여하고, 그리고 "3"은 조직에 부여할 수 있다(다음 참고).

조 직

공식적인 직원 명단을 가지고 있는 공식적 조직은 단체의 한 유형이다. 그러나 그 조직에 대해 가용한 정보가 대용량이기 때문에 별도의 파일을 설치해야 한다. 정당, 대학 사교단체, 바느질 클럽, 정보기관, 전문직업협회, 군대... 등, 그 수는 수천 개이고 사람은 몇 백만 명이다. 기본 파일은 P－파일 즉, 개인인물파일에서 그 모형을 찾을 수 있다. 대부분의 조직분류 파일은 다른 분류에 대해 하는 대조를 직접적으로 지원하는 경우에만 설치되어야 한다. 그 자료의 대부분은 기록보관소로 가야하고 혹은 필요가 없게 된 시기에 파괴되어야 하기 때문이다. 왜 그렇게 해야 하느냐고? 부피가 커서 당신의 체계를 혼란시키기 때문이다. 오직 첩보를 은밀하게 획득해오는 조직에 한해서, 정보기관의 경우에서처럼, 조직 파일을 보유해야 할 것이다. 예를 들면, 축구팀의 선수명단은 향후 조사에서 필요하다면 언제나 공개된 출처에서 즉시 합쳐 만들어 질 수 있으나, 테러조직의 비밀요원에 관한 도둑맞은 명단은 그럴 수가 없다. (믿거나 말거나, 국제적인 축구선수들은, 단지 발로써만 생각하는 것을 중지하라고 하면, 아주 훌륭한 스파이가 될 수 있다.)

컴퓨터의 활용

스파이 업무분야의 컴퓨터 기술자들에게 실직위험이 당장 닥쳐올 것 같지는 않다. 컴퓨터가 그 분야의 모든 부문에서 기본적인 도구가 되었다. 자기 자신을 존 르 카레라고 부르는 영국 작가가 그의 소설 *완전한 스파이*(Perfect Spy)(뉴욕: 알프레드 A. 크노프, 1986)에서 한 가지를 예시하고 있다. (르 카레의 많은 픽션이 사실이며, 그가 창작했던 것으로 보이는 많은 것들은 확실한 근거가 있었는데, 침투공작원에 대한 "두더지"용어는 예외로서, 그가 무언가를 고심한 결과 만들어 낸 것이다.) 그 소설에서, 비엔나에 있는 한 미국인 방첩관이 영국 기관의 체코 비밀공작원을 식별해내려고 애쓰면서 다음과 같이 말한다. "컴퓨터 앞에서 밤 시간 내내 엄청 많은 끊겨진 데이터를 처리한다고 빌어먹을 일일이 손가락으로 타이핑쳐 넣었다..... 워싱턴에 과거 있었거나 현재 있는, 중앙이든 변두리이든 체코인 표적에 접근한 모든 서방 정보관들의 이름과 기록..... 그들이 접촉한 모든 사람들의 이름, 그들의 여행이동 내역, 행동 패턴, 성생활 및 여가생활 취미..... 모든 체코인 안내원, 미국을 합법적으로 또는 불법적으로 통과하고 출국한 여행객, 위조여권을 만들려고 별도로 입국한 사람들의 설명까지를 포함해서, 여행 일자와 표기된 여행목적, 빈도와 체재 기간 등"(239쪽). 그 후에는 "버턴을 한 번 누르니까 모든 것이 한꺼번에 나왔고, 내용들이 결합되었으며, 50대 후반의 세 언론인이 유일한 체코인 스파이로 파악되었다." 그래서 그 비밀공작원의 체코인 조종관의 신원을 결국 발견해냈는데, 핌이 바로 그 비밀공작원인이었다. "페즈-함펠-자보르스키가 미국의 모든 도시를 1981년에 방문했고 핌은 1982년에 똑같은 일자에 그렇게 했다"(246쪽 및 그 이후). 그 글은, 더 이상 진실이 아닐지라도, 픽션치고는 사실보다 더 간결하였다.

컴퓨터를 현장에서든 본부 기지에서든 도구로 사용하는 방첩관은 옐로스톤이나 뉴질랜드의 간헐천 분지의 가장자리에 서 있는 것처럼 집중해서 컴퓨터를 바라다 보아야 한다. 약한 유황 성분의 냄새를 풍기는 소프트웨어와 하드웨어를 진흙이 끓어오르고, 부글부글 솟구치면서 작은 토악질이나 혹은 큰 폭발을 통해 쏟아낼 것이다. 확실히 해둘 수 있는 사항 하나는 어떤 시스템을 사더라도, 판단기준에 따라서는, 실제적으로 금방 진부해질 수 있다는 점이다. 작업을 하는 동안은 이미 가지고 있는 컴퓨터가 무슨 종류이든 그것에 계속 매달리지 않을 수 없고, 또한, 방첩 업무에서 다양한 상대방이 사용하고 있는 다양한 장비의 종류에도 계속 매달리지 않을 수 없게 된다. 왜냐하면, 정보를 CD나 온라인을 통해서 교환하는 것이 불가피하기 때문이다. 당신과 다른 기관의 상대방 사이에서, 그리고 당신 조직 내의 다른 부서의 상대방과의 사이에도 하드웨어와 소프트웨어가 반드시 호환성이 있어야 하고 그렇게 되도록 고안해야 한다.

방첩기관이 대규모 조직이라면, 에어컨이 잘 설치되어 있는 방에 모든 인적 기록, 장비목록, 재무회계, 예산 판단, 외부통신, 법무팀의 재판기록, 그리고 십여 개의 다른 거대한 파일 등으로 (최소한) 구성된 모든 방첩기록들이 저장된 "컴퓨터 본체(mainframe)"가, 마치 덩치 큰 사람들처럼 자리 잡고 있을 것이다. 미국 CIA와 같이 방첩 범위를 넘어 비밀공작 및 공개방식에 의한 정보를 수집하고, 사라져버린 정보를 산출하고, 준군사적 작전과 선전공작 및 은밀한 정치공작을 수행하는 대형복합형 정보기관이면, 컴퓨터 본체에 이어진 하부 시스템 장치에서 사용되는 수많은 소프트웨어가 있을 것이며, 그들 사이의 전달체계가 당신의 센터에 있는 기술자들과 그들의 관리자들에게 주요한 관심사가 될 것이다.

일상적으로 당신 자신이 다루는 컴퓨터는 조그마한 기기, 즉 개인용 컴퓨터와 랩 탑에 관한 것이다. 그 이전 시대에서처럼, 즉 현장 공작관이나 조사관이 타이프라이터를 다룰 수 있는 능력이 필요하고, 자기 보고서를 최소한 한 쪽도 타이핑할 수 없으면 직장생활에서 뒤쳐지던 당시처럼, 지금은 방첩관이나 조사관이 컴퓨터를 다루는 방법을 알고 있는 것이 나을 것이며, 구식인 타이핑을 이미 대체한 워드 프로세싱뿐만 아니라, 자기 공작활동에 대한 초보적인 대조작업을 어떻게 하는지를 알고 있는 것이 훨씬 유리할 것이다.

C/H/A/P/T/E/R 18

빅게임: 기만

당신이 러시아 공산주의 독재자에게 독일 나치 독재자가 공격하려고 한다고 말한다면, 그는 당신을 믿으려 들지 않을 것이다. 그들 둘 사이에는 유럽을 분할하기로 하는 합리적인 협상을 방금 했었는데, 독일이 왜 그 협상으로써 얻게 될 모든 유리한 점들을 포기하려고 한다는 것인가. 특히 독일은 이미 서부에서 큰 전쟁을 벌여 놓고 있는 상태가 아닌가? 스탈린이 "히틀러가 양쪽 전선에서 싸우겠다고?"라고 물었다. "말도 안 되는 소리지." 그러나 그 일은 실제로 발생하였고, 폴란드 분할이라는 협상은 독일의 완전한 기만으로 드러났다. 이 기만으로 스탈린은 거의 독일의 노예로 바뀔 뻔하였거나 아니면 독일의 교수대에 매달려 있는 시신이 될 뻔하였다.

만약 당신이 성공적으로 공세를 펴고 있는 장군에게 적이 예비해둔 장소로 철수하고 있다고 말한다면, 그는 당신을 믿으려 할 것이다. 왜냐하면, 그 장군도 자기가 적이라면 철수하려고 했던 것이었기 때문이다. 그런데 당신이 그렇게 생각하는 장군에게 적이 역공세를 펴려고 하고 있다고 말한다면, 그는 당신을 믿으려 하지 않을 것인데, 왜냐하면, 그러한 작전은 비논리적이고 자살행위일 것이기 때문이다. 그런데 그와 같은 일이 1944년 크리스마스 직전에 아르덴에서 발생하였다. 독일군이 어떠한 논리에서 보더라도, 라인강 전선 쪽으로 후퇴할 것이라고 생각되었었는데, 그 대신에 오히려 역공격을 취하였다. 그 정보를 믿으려 하지 않았었던 연합군 측은 독일군측의 기만계획의 희생물이 되어버렸던 것이다. 벌지(Bulge) 전투가 끝나고 나자, 연합군 지휘관들은 독일군이 서부전선에서 확실하게 패전했었다는 사실에서 조그마한 위안을 얻었다. 독일군은 갈가리 찢겨졌으며, 베를린으로 통하는 길에는 거의 아무 것도 없었다. 그러나 전장의 눈으로 덮힌 길에는 연합군 탱크와 트럭들이 흐트러져 있었고 아르덴 전장은 연합군 사병들의 주검으로 어질러져 있었다. 미국과 영국의 사상자는 전투가 시작하기 전에, 이용 가능한 정보에 근거해서 부대를 달리 배치했었다면 방지되었거나 경감시킬 수 있었을 것이다.

냉전 기간 동안에, 만약 당신이 서방 정보기관에게 동구 공산정권 하나가 그 나라의 비공산주의자인 노련한 퇴역 군인들로 구성된 내부저항조직에 의해 무너지고 있다고 말했다면, 그 기관은 당신을 믿었었을 것이다. 왜냐하면, 그 기관은 그 나라의 시민들이 공산정권에 대해 반대하고 있는 것을 이미 알고 있었기 때문이었다. 그렇게 해서 폴란드의 국가보안부(State Security Service)가 미국 정보기관을 기만하였고, 당분간, 폴란드에 대항하는 서방 간첩활동에 대해 통제를 가할 수 있었던 것이다. 그들은 그 공작활동의 모델을 러시아인 헬릭스 드제르진스키가 영국기관에 대응해 운용했던 오래된 조직인 "트러스트(Trust)"에 두었으며, "WiN"("자유와 독립")이라 부르는 가공된 저항조직을 중심으로 구축하였다. 드제르진스키의 합동국가정치보안부(OGPU: KGB의 전신)는 순수한 반 볼셰비키 조직인 중앙러시아군주연합(MUCR)의 요원 한 명을 체포해서 이중스파이로 만들어서 MUCR의 우두머리, 보리스 사빈코프를 포섭하는데 이용하였다. 볼셰비키의 통제하에서, 사빈코프는 시드니 레일리(역자 주: 1873－1925, 20세기 최초의 수퍼스파이로서 기만의 달인)와 영국 비밀정보기관(SIS)을 속였는데, 영국비밀정보기관은 드제르진스키의 공작활동 대가로 MUCR에 수백만 파운드의 자금을 지불하였던 것이다.

이와 같은 정보 "실패"에 관한 사례를 많이 연구하면 할수록, 정보수집의 실패보다도 그 정보 해독의 실패가 훨씬 더 많았음을 알 수 있다. 이런 경험으로부터 얻는 교훈은 무엇인가? 의사결정자들은 믿고 싶어 하는 것만을 믿으며, 따라서 그들을 기만하는 최상의 방법은 그들의 선입관과 편견에 합치되는 정보를 제공하는 것이라는 점이다.

조건 하나가 더 있다. 과거 소련 진영에서는 정보를 대하는 태도가 서방과는 달랐다는 점이다. 소련은 간첩활동을 통해 직접 훔쳐낸 정보를 언론이나 학술적 논문에서 무료로 얻는 정보보다 훨씬 더 신뢰하는 경향이었다. 서방에서는, 특히 미국에서는, 그와 정반대다. 미국의 정보 분석관들은 (그리고 정치인들, 교수들, 그리고 용어가 모순적이지만 "이에 유관한 과학자들"도) 스파이의 보고보다 *뉴욕타임즈*를 더 신뢰하려 하고, 공작기관이 보고한 사실을 깎아 내리려 하는데 반해 소련의 정치선전을 더 자주 믿으려고 한다.

이런 결과로서 서방측 기만활동이 공산정권의 간첩기관을 상대로 해야 했던 것과는 달리, 소련의 기만활동은 (적극적 조치, 기만정보, 위장행동 등 다양하게) 미디어를 직접 상대해서 대중적으로 심중하게 영향을 미치려고 하였던 것이다. 간단히 말하면, 소련 기만꾼들은 자기들의 정보내용을 서방에서 선전되도록 하는 방안을 고안해냈고, 우리는 우리 정보내용을 소련 사람과 그들 제국의 모든 하부 정보기관에 의해 도둑맞으려고 애썼던 셈이다.

기만 수단

*방첩활동(counterintelligence)*의 수단은, 이 책을 통틀어 이야기했듯, 적 정보

를 들춰내고 그 속으로 침투하는 것, 다시 말해 적 정보를 수집, 분석하고 평가하는 것이다.

*기만(deception)*의 수단은 방첩활동의 수단과 동일한 것으로서, 적의 정보수집을 조종(manipulation)하는데 사용하고 그렇게 함으로써 분석을 왜곡시키고 나중에는 평가가 왜곡되도록 한다. 이것들은 전술적 수준이고, 기만은 전략적이어야 하기 때문에, 기만 수단을 사용하려면 모든 방첩 및 대간첩 수단들을 조정해야 하고, 그 수단들을 다른 모든 가용한 방법을 응용하여 지원해야 할 것이다. 주축이 되고 있는 기만 기법과 그 양상을 검토해 보고자 한다.

조직화(Orchestration)

관현악 악보를 쓴 베토벤이나 스윙뮤직을 작곡한 베니 굿만은 손가락 하나만을 사용해서 피아노를 칠 수 있는 기본 선율을 만들어 사용한다. 그러나 피아노를 손가락 하나로만 친다면 그런 음악가는 콘서트홀에 청중들을 가득 메울 수 있을 것 같지 않다. 그 선율, 또는 기만이란 주제는 조직화되어야 한다. 이것을 하기 위해서는 바이올린과 플루트 그리고 금관악기와 타악기가 있어야 하고, 그리고 책임을 철저히 맡는 지휘자가 있어야 한다.

과거의 기만활동

만약 독일군들이 1944년 여름에 연합군이 노르망디 해안으로 상륙 공격할 것으로 믿었었다면, 그들은 이 침입군이 확실하게 패망하도록 군대를 배치했었을 것이다. 그러나 사실상, 독일군들은 상륙 주력군이 영국에 가장 가까운 지점인 파드 칼레로 올 것이라는 속임수에 넘어갔다. OVERLORD 작전(노르망디 해안에 대한 해상공격)을 위한 기만계획이었던 FORTITUDE 작전에 그 전쟁의 운명이 달렸었다. 만약 FORTITUDE가 실패했다면, OVERLORD도 또한 실패했을 것이다. 영국, 프랑스, 그리고 미국이 아주 간단하게 전쟁에서 패했을 것이고, 당신이 친애하는 본 저자도 이 책을 집필하기 위해 생존하지 못했을 것이다.

FORTITUDE 기만계획의 주제는 간단하였다. 연합군은 파드 칼레를 통하여 프랑스의 피점령 지역으로 침입하기로 의도하였다. 그 의도는 첫째, 독일 정보기관이 첩보를 획득할 수 있는 상정 가능한 모든 출처를 명확히 점검함으로써, 둘째, 이 출처를 통제하고 조종함으로써, 그리고 마지막으로, 셋째, 실제 침입을 위한 계획에 대해서는 절대비밀로 유지하는 등의 방식으로 조직화되었다.

이러한 조직화는 독일 스파이 조직뿐만 아니라 다른 많은 정보출처들도 조종(manipulation)하도록 요구하였다. 어떠한 "뉴스"든지 새롭게 보이도록 만들어져 호기심을 자극하고 종종 비도덕적인 교란을 일으키면서 세계 언론에게 제공하였다. 가용한 장군 중 가장 대담한 조지 패턴 장군에게 미국 제1집단군(FUSAG) 사령관직을 부여하였고 본부는 파드 칼레의 반대편에 두었다. 이 제1집단군에 통신대대(제3303대대)를 설치해서 영국해협을 가로지르는 공격을 준비하는 과정에서 수십 개의 사단을 가진 집단군에서 발생하는 대규모 무선통신을 취급하는 척 하도록 하였다. 독일의 공중 정찰을 만족시키기 위해서 수백 대의 모형 상륙정, 수백 대의 차 차체에 씌운 합판 탱크, 그리고 수백 에이커의 텅 빈 모조 야영지 등으로 포장해 있는 제1집단군에 다수의 병력도 실제 배치하였다. 스코틀랜드에서는 영국 제4군이 편성되어 스터링에 2군단을, 그리고 던디에 7군단을 각각 두었다. 이 모두가 속임수였다.

독일 방첩부대는 영국에 스무 명의 첩보원을 두고 있었는데, 그 수가 이십인위원회(XX Committee)의 멤버 수와 일치했다. 물론 당시 스무 명이 전체 규모인지는 정확하게 알려지지 않았지만, 이 위원회에 있는 첩보원들은 모두 이중스파이가 되어 있었다. 연합군 방첩기관에 탐지되지 않은 채 잠복해 있다고 추정해야 했던 첩보원들을 경계하기 위해서, 이십인위원회가 제1집단군과 영국 제4군에 관한 첩보를 소문이 잘 퍼지는 근원지에다 누설하였다. 만약, 음침한 1943–44년 겨울에 당신과 내가 런던의 한 술집에 같이 앉아 있었다면, 제1집단군이 자주 언급되는 것을 들었었을 것이지만, 제12집단군(실질적인 미국 최고전투

사령부 본부)에 대해서는 실제로 한 번도 들어보지 않았었을 것이다. 당신은 손잡이가 진주로 장식된 리볼버 권총을 찬 패턴 제1집단군 사령관이 그로스베너 광장에 있는 미국 대사관을 들락거리고 그 뒤를 기자들이 떼를 지어 따라가는 광경을 보았었을 것인데 오마르 브래들리 제12집단군 사령관을 공개적으로 본 적은 없었을 것이다.

이십인위원회에 의해 통제받는 스무 명의 독일 국방방첩부대(Abwehr) 첩보원 중 아홉 명은 무선통신 첩보원으로서 본국에 있는 방첩부대 기지와 교신하였다. 그 당시 무선통신 첩보원들은 모르스 부호로 신호하기 위해 "키즈(keys)" 매뉴얼을 사용하였다. 각자는 자기 나름의 리듬, 스타일 및 속도를 가졌는데, 통신계 사람들은 이것을 각자의 "피스트(fist)"라고 불렀고, 교환원들은 점차 그들 서로의 "피스트"를 친구의 손 글씨의 차별성만큼이나 잘 구별하게 되었다. 그래서 당신이 상대방으로 하여금 당신의 통신 이중스파이가 당신 통제에 있는 것을 알게 하고자 원하면, 당신은 다른 누군가가 피스트를 달리하여 그 이중스파이의 메시지를 보내도록 하였다. 그러면 당신은 그 통신연락 속에 진성 내용을 끼워 넣을 수 있었으며, 그렇게 되면 불신을 받게 될 것이고, 노출시키지 *않았던* 어떠한 적 첩보원으로부터의 유사한 진성 보고에 대해서 어떠한 것도 그렇게 의구심을 내보일 것이라고 알게 되었다.

이십인위원회의 열한 명의 이중스파이들은 우편 경로를 통해 비밀잉크를 사용하였다. 일상적으로, 독일 국방방첩부대는 이들 스파이들에게 "통제신호(control signal)," 즉 그들은 체포되어 있으며 적 통제하에서 보고하고 있다는 내용을 암시하는 메시지의 내부에다 끼워 넣으면서도 드러나 보이지 않는 표시로서 통제신호를 제공하였다. 통제신호를 담고 있는 메시지에 포함된 진성 내용은 이렇게 해서 사실을 믿지 않게 하고 연합군이 다른 곳에서 사용하고 있었던 어떠한 기만공작이라도 강화하는 효과가 있었다. 예컨대, "관측, 미 2보병 사단, 북 아일랜드에서 남 웨일즈로 이동, 미 28보병사단 교체"라는 통신문은, 1944년 봄에 통제신호와 함께 송부된 것으로서 그 진성 내용은 제2사단과 제28사단 둘을 모두 파드 칼레에서 상륙하기 위해 켄트에서 훈련하고 있다는 기만을 강화하려고 했었던 것이었다.

처칠이 "거짓말의 경호원(bodyguard of lies)"이라고 불렀던 영국의 기만공작 프로그램은 2차 세계대전 당시에 영광스러웠으며, 전혀 의심할 것이 없었다. 어떤 역사가의 말을 빌리면, 기만공작이 전쟁을 이겼으며, 피 흘리고, 땀 흘리고, 눈물 흘렸으며, 기만 개념을 조금도 생각해보지 않은 채 싸우다 죽어간 수천 명으로부터 영광을 강도질하려 했던 광신적 나치주의 우상집단으로부터 유럽을(독일, 오스트리아 및 이탈리아를 포함해) 구할 수 있었다. 기만행위가 전쟁을 이긴 것은 아니었지만, 우리가 전쟁에서 패하지 않도록 해주었다. 오늘날의 세계에서 이것이 과연 가능이나 할 이야기인가? 서구 문명에 대한 오늘날의 위협에 기만으로써 대응 가능할 것인가?

아마도 그렇지 않을 것이다. 그 당시 영국의 기만작전에서 조직화를 가능할 수 있도록 했던 조건이 지금은 퍼져 있지 않으며, 냉전 기간 동안에도 철의 장막 너머 있던 우리 적을 제외하고는, 널리 풍미하도록 하지 않았다. 영국은 2차대전 기간 동안에 본토에서 들어가는 모든 것이 통제되었던, 일종의 막혀 있던 섬이었다. 즉, 그 당시에 영국은, 들어가기가 어렵고, 일단 한번 들어가서는 당국 검열을 피하는 것이 불가능했던 소련 진영과 많이 비슷하였다. 엄격한 중앙통제하에 있었고, 그래서 냉전 기간의 동유럽과 소련에서도 그랬던 것과 같이, 모든 주민의 모든 행동이 협조적으로 조정할 수 있었다. 종국적으로, 영국은 전체 주민들 사이에 두루두루 일치된 목적을 가졌는데, 정확하게 말하면 "애국주의(patriotism)"였다. 전시 독재체제를 참아낸 이 애국주의와 불굴의 인내력이 FORTITUDE 기만계획을 성공시킴으로써 전쟁 승리가 가능할 수 있었다. 영국 사람들은 전쟁을 안전하게 이기자마자 곧, 그들이 선출한 독재자 윈스턴 처칠을 전통적인 평시 선거에서 하야시켰다. 그들의 황금시대가 지나갔고, 그들의 사랑을 받았던 처칠도 그 시대와 함께 지나가게 되어 영국은 민주정치로 다시 회복할 수 있었다.

오늘날, 애국주의는 영국, 미국, 그리고 서방세계에서 전반적으로 완전히 무관심해지고 있다. 가끔 나는 역사를 쓰고 가르치는 나의 친구들에게 "어느 시기에 벌써 자유를 찾는 사람들의 땅이 용기를 구가하는 사람들의 고향이 되기를 멈춰 버렸는가?"고 묻는다. 그들은 항상 대화주제를 바꾸는데, 아마, 내가 과거에 너무 많이 살고 있거나, 아니면 미래에 너무 많이 살고 있다고 생각하고 있다.

오늘날의 기만활동

시대가 방첩활동을 어렵게 하고 있지만, 기만은 여전히 방첩활동의 궁극적 목적으로서 남아 있으며, 기만이 성공하기 위해서는 그 수단이 조직화되어야 한다. 그렇다면, 오늘날 어떻게 조직화를 달성할 수 있는가? 냉전 당시 이 일에 친숙했던 소련의 예를 보기로 하자.

소련 정부와 그 위성국가들은 목적 달성을 위하여 하나의 거대하고 획일적인 관료체제를 사용하였다. 꼭대기에는 당의 총비서가 우두머리인 최고통치집단인 정치국(Politburo)의 직접적 휘하에 공산당 국제부(ID)가 있다. 소련이 기만의 수단으로서 사용한 일반적 용어는 "적극적 조치(Active Measures)"이며, 여기에는 "기만정보(disinformation)," 위장(camouflage), 그리고 우리가 흑색선전이라고 부르는 활동이 포함된다. 국제부는 총비서(국가 원수로서 "정상회의" 참석 등)의 공개적 활동에서부터 위장활동과 예를 들면, 중국 국경에 포병부대에 의한 모형을 설치하기에 이르기까지 모든 "적극적 조치"를 수립하고 조정한다(즉, 조직화 한다). 국제정보부(IID)를 통해서는 모든 대내 미디어와 외국 미디어를 위한 정보 출처를 모조리 통제한다. 가장 중요한 것은, KGB 산하 제1수석위원회(해외)의 네 구성요소와 제2수석위원회(국내)의 세 구성요소를 각각 통하여 KGB가 방첩활동에서 사용하는 모든 형태의 기만활동을 조직화했다는 점이다. 여기에는 문서위조, 영향력 있는 첩보원에 의한 정보 이식, 그리고 이중스파이, 침투공작원 및 위장 망명자를 통한 정보 흘려 넘기기, 등이 포함되었다.

당신이 보다시피, 소련 자체가 기만을 조직화하기 위해 구성된 셈이었다.

서방에 있는 우리는 그렇게 조직적이지 않다. 우리는 다원적 사회, 다원적 정치시스템, 그리고 다원적 미디어를 갖추고 있다. 아놀드 웨버가 콜로라도대학교를 떠나 노스웨스턴대학교 총장으로 갔을 때, 시카고의 누군가가 그에게 바로 직전의 직장인 콜로라도대학교가 있는 보울더(Boulder)는 어떤 지역인지 물었다. 그는 "내가 알기로는 자체적으로 외교정책을 가지고 있는 유일한 작은 도시이다."라고 대답했다. 그러나 보울더가 유일하다는 그의 생각은 틀렸다. 미국에서 어느 도시, 어느 단체, 또는 어느 개인도 자신만의 외교정책을 가지고 있는 것 같은데, 이것들이 국가의 공식적 외교정책과 충돌하는 경우가 생기면, 국가로서는 아주 애석한 일이다. 의회의 의원들이 아주 일상적으로 외국을 방문해서 입법부로서의 자기들 입장을 이용해서 행정부의 국무부 정책에 지장을 주기도 한다. 행정부 내부의 각 부처에 있는 파벌들은 일상적으로 자기들이 반대하는 다른 파벌의 업무에 관한 첩보를 신문에 누설한다. 미국 군의 구성요소들은 상투적으로 각자의 거대한 대민홍보 예산을 사용하여 지상무기보다 항공모함에, 구축함보다 전차에, 잠수함용 미사일보다 제트 폭격기에, 정찰위성보다 잠수함용 미사일에 유리하도록 예산을 확보하고자 로비를 하고 있다. 이것들이 대중의 눈에 가득 비춰진 황당한 모습들이다. 대학교에 있는 물리학자가 정치인으로 바뀌어 자기 당의 입장을 옹호하느라고 과학저널을 이용하기도 한다.

이 다원주의가 미국에만 국한된 것은 아니다. 서방세계 전반에 걸쳐 퍼져 있으며, 전체적으로 봐서, 다원주의가 없는 국가, 예컨대 중국, 북한 그리고 베트남보다 서방세계를 더 살기 좋은 곳으로 만들어 가고 있는 것이 바로 다원주의이다. 그러나 당신과 나와 같이 방첩 업무에 종사하는 소수 전문가에게는, 좋기도 하고 나쁘기도 하다. 외교업무, 군사업무, 혹은 스파이 업무에서 기만을 조직화하는 데는 잘 부합되지 않기 때문이다.

실제적 한계

냉전 기간에 소련은 전략적인 선율을 연주하기 위해 어마어마한 오케스트라를 구성했는데, 우리는 무엇을 이룩했는가? 오직 방첩업무이었으며, 지금도 여전히 그렇다. 우리도 방첩 선율을 연주해야 한다. 우리의 청중은 우리의 적대 정보기관에 국한된다. 우리의 악기는, 첫째, 유인첩보원(provocation), 둘째, 이중스파이(double agent), 셋째, 침투공작원(penetration), 그리고 넷째, 지원조직(support apparatus) 등, 적의 호른과 팀파니 그리고 꽥꽥거리는 바순에 대항하는 현악 사중주로서 구성된다. 그러나 이 한계가 생각하는 것만큼 기능발휘에 손상을 주지는 않는다. 소련 시스템의 근본은 음모(conspiracy)에 있었다. 그 정보기관들은 음모를 위한 심장, 폐, 그리고 두뇌였다. KGB(혹은 그 위성국가의 모든 보안 및 군사정보기관 나부랭이들)를 붙들고 씨름하는 것은 소련 시스템의 숨통을 쥐어 잡으려는 것이었다. 우리의 시스템이 음모적이지도 않고 숨통을 별로 쥐어 잡을 것 같지도 않기 때문에, 우리의 정치인, 언론인, 그리고 평화를 사랑하는 시민들이 이 명백한 사실에 대해 믿기를 싫어한다. 그러나 당신은, 방첩관으로서 믿어야 할 것이다.

목적과 정책

기만은 정책의 도구이다. 농담으로 하는 말이 아니다. 그 목적은 바로 당신 정부의 목적이다. 이 말은 기만활동이 당신 정부의 정책을 집행하는 관료체제의 장치에 의해 통제되어야 한다는 것을 의미한다. 지금까지 스파이 세계에서 못된 코끼리(rogue elephant)가 관대하게 취급될 수가 없는 곳이 한 곳이라도 있다면, 그곳은 기만분야이다.

(그런데, "못된 코끼리"는 미국 정치인 프랭크 처치가 처음 만들어낸 용어이다. 그는 기만 또는 어떠한 음모와 관련되는 관리업무는 결코 위임되어서는 안 된다고 생각하는 부류의 전형적인 공직자이었다. 그 이유는 그가 언론홍보의 세계에서 살았으

며, 거기서는 못된 코끼리들도 대중의 관심을 얻으려고 서로 떠밀고 싸웠기 때문이다. 만약 어딘가에 못된 코끼리가 있었다면, 그것은 프랭크 처치였을 것이다. 그는 정말 마음에 드는 "비밀공작" 도자기를 파는 가게, 즉, 정보기관이 비밀업무에 불가피하게 손상을 입히면서 수행하고 있는 비밀이 아닌 활동들을 발견하고서 다수의 고가인 자기제품과 더불어 많은 싸구려 식기류를 박살내버렸던 셈이다. 그는 단지 벙어리 수코끼리이었으므로, 그 차이점을 잘 판단할 수 없었던 것인데, 고위층의 기본적인 잘못에 대해 그가 비난받아서는 안 된다. 그 잘못이란, 대간첩업무 담당관(counterespionage officer)의 시각에서 보면, 좋은 도자기를 싸구려 자기와 함께 같은 가게에 넣어 두었다는 점이다.)

이러한 관점에서, 기만의 실제적 한계 하나는, 명칭이 위원회든 참모조직이든 간에, 기관의 필요성에 있다. 나는 그것을 *기만보드(Deception Board)*라고 부르겠는데, 계획을 수립하고, 활동을 검토하고, 활동을 조정하는 일을 할 수 있다. 이 보드가 위에서 언급한 *조직화* 임무를 담당하도록 한다. 이 보드는 한 사람이 (많은 행정지원을 받으면서) 책임지는 방식이 될 수도 있고, 또는 기관 내부의 최고위층에 위원회로 설치할 수 있거나, 아니면 기관 간 위원회로 설치할 수가 있는데, 그 보드는 반드시 당신 나라의 최고 정책결정자에게 보고하고 그의 결정을 득하여야 한다. 또한, 경험 많고 전문적이면서 영향력 있는 방첩관을 *포함해야* 할 것이다. 비전문가로 구성되는 기만보드는 기만에 실패할 것이고 스스로 기만에 희생당할 수 있다. 열정적인 비전문가는 가끔 기만을 위해 반짝하는 아이디어를 갖고 있지만, 그 계획을 실행에 옮기도록 위임받으면, 그들은 발을 헛디디고 정강이뼈를 다칠 수 있다. 간단히 말해, 경험과 인내력과 기술이 없이는 어둠 속에서 가구가 어디 놓여 있는지 알아 볼 수 없는 것과 같기 때문이다.

기만보드는, 모든 관료체제 조직과 같이, 활동 속도에 있어서는 지체될 수 있으나, 기만활동은 서두르지 않아야 최상으로 수행된다. 그 보드가 당신이 할 일을 정하는데 천천히 하면 할수록, 당신은 세부적으로 주의하는 데 더 많은 시간을 쏟을 것이다.

목적과 실현가능성

구 소련진영에 비교하면, 조직화를 위한 우리의 수용능력 한계는 기본적으로 우리를 전술적 방법에 한정되게 한다. 이것은, 우리가 안전하게 조직화 할 수 있는 유일한 수단이 방첩분야의 것들이기 때문에, 우리의 목적에 이르는 과정에서 외국 정보기관들을 통해야 한다는 의미다. 우리는 자유로운 언론을 조직화할 수 없을 뿐 아니라 자유선거에 의한 의원들을 조직화할 수도 없다. 그렇지만, 우리는 적의 공작을 조종하고 적이 아래에서 언급하는 수단을 계획하고 사용하는 것을 혼란하게 만들 수 있도록 우리 자신의 전술을 조직화 할 수는 있다.

정보기관의 집행부도 모든 집행부와 유사하다. 그 집행부가 자신의 입장을 형성하면 때로는 자문을 묵살하고 참모직원으로부터의 첩보를 무시하기도 한다. 그들은 외국이, 외국정부가, 그리고 외국의 정보기관이 어떻게 일을 하는지에 대해 개인적인 견해를 갖고 있으며, 마치 그들이 읽는 신문이나 듣는 브리핑에 못지않을 정도로 개인적 견해에 기초해서 결정을 하고 있다. 나아가서, 그들의 판단은 그들의 정치적 환경에 의해서 영향을 받는다. 부하와는 달리, 그들은 자국의 정치적 과정의 일부로서 정치적 상관에게 끊임없이 반응을 보여야 하며, 따라서 불가피하게 정치적 편향성을 공유할 수도 있다. 실제로, 어떤 나라에서는 정보의 최고 집행부가 전혀 정보관 출신이 아니고, 정치인 또는 그 나라의 정치 리더십과의 친근성으로 인해 임명되는 군 장성 출신이기도 하다.

이런 상황은 우리 경우에 못지않게 적 정보기관에서도 공통적이다. 우리 경우처럼 저들의 경우에도 이것이 정확하게 동일한 취약점이 되고 있다. 어느 정보기관에서든, 최고위층이 낮은 계급을 거치는 경우보다 더 쉽게 기만당할 수 있는데, 그 이유는 그들은 쉽게 영합되거나 조종될 수 있는, 사전에 형성된 확신을 갖고 있기가 쉽기 때문이다. 경험 많은 관료가 우두머리인 기관에서도, 예를 들면, 영국의 비밀정보기관과 때로는 미국 CIA의 경우도, 선입견이 방첩활동을 결정하는 데 부분적으로 역할을 한다. 냉전 기간 중에 주로 반 소련 활동분야에서 경험을 쌓은 한 미국 정보관은 마치 자기가 러시아인인 것처럼 중국인을 해석하는 경향이 있었는데, 그 반대의 경우도 동일하였다. 다른 한편으로, 유럽에 있는 미국인에 대항해서 경력을 쌓았던 한 소련 우두머리는 이란인인가 아니면 이집트인에게 말려드는 실수를 저질러 자기 부하의 일을 망쳐버렸을 뻔 하였다.

많은 나라에서는, 특히 단일지도체제를 가진 국가의 경우에, 최고 직위에 있는 사람은 종종 자기의 지인으로 구성해서 만든 자신의 개인적 정보조직을 갖고 있다. 이 조직은 정부조직의 외부에서 가동하고 그의 정보기관으로부터 독립되어 있다. 이런 지도자는 특히 기만에 취약하게 되는데, 보통 그 지인들로 구성된 기관이 무경험자들이거나 혹은 주요 부서에 있지 않았던 사람들로 이루어지기 때문인데, 어느 경우이든, 지인에 의한 기관은 지원조직과 방첩 장치가 쉽게 결여되어 있게 된다. 그래서 탐지하기 쉽고, 접선하기 쉽고, 속이기가 쉬우며, 더구나 상관에게 언제든 직접적으로 이야기할 수 있는 여건이기 때문에, 기만을 하기 위한 훌륭한 통로가 된다.

수단의 비인지성 원칙

이 책의 전체를 통 틀어서 논의한 방첩 수단이, 기만에 사용되는 경우, 그 수단 자체가 처음부터 완전히 기만당하도록 하면 가장 효율적일 수 있을 것이다.

왜 이런 황당한 원칙이 필수적이어야 하는 것이냐고? 왜냐하면, 만약 정보를 전달하는 사람이 거짓말하라고 지도받는다면, 그는 그 정보와 함께 공포와 죄책감으로 인한 부담도 함께 전달한다. 즉, 그는 실수를 할 수 있거나 또는 강제로 철회하라고 적대적 심문을 당할 수도 있다. 만약 그가 그 메시지에 대해 확신을 가지면 얼마나 간단해질까? 절대적인 활동보안(operational security)이 되기 위해서는, 기만이 정보전달자 그 자신에게서부터 시작되어야 한다는 추론이 나온다.

당신은 방첩관으로서, 이 원칙과 관련해서 윤리적 문제 하나에 직면할 것인데, 그렇지 않고 직면할 그런 문제가 없다고 하더라도, 당신은 그렇게 직면해야 한다. 전우에게 거짓말을 하는 것은 당신의 도덕적 원칙에 위배하지만, 그렇지 않더라도 위배해야 하는 것이다. 당신의 정보전달자, 즉, 이중스파이, 유인첩보원, 감시원, 그리고 지원조직의 사람들은 모두 당신의 전우들인 셈이다. 더욱 고통스런 경우는 *당신이* 때로는 그 전달자이거나, 부지불식간에 허위 메시지를 당신의 통제하에 있는 전달자에게 넘겨주는 상관이 되는 경우이다. 사실, 당신이 기만활동 업무의 최고위층에 있지 않는다면, 이 원칙이 당신에게도 또한 적용되어야만 오로지 논리적으로 설명이 가능해질 것이다. 즉, 이것은 일차적으로 기본인 최소인원지득 원칙(Rule of Need-to-Know)을 때로는 벗어나서까지 추종해야 하는 일종의 자기 파괴적 상황이 될 수 있다.

이 책 전권을 통하여, 내가 아직 당신에게 이야기하지 않고 있는 점은, 마치 교구목사로서는 차대접이 전부라고 알고 있는 것과 같이, 방첩업무를 당신이 할 일의 전부라고 인식해야 한다는 점이다. 만약 당신이 최소인원지득의 원칙과 이 원칙의 당연한 귀결로서 생각되는 수단의 비인지성 원칙(Rule of Unwitting Tools)을 수용할 수 없다면, 차라리 다른 직업을 찾아보는 것이 나을 것이다.

그렇지만, 주목해야 할 것은 수단의 비인지성 원칙이 적용될 영역은 믿기 어려운 이중스파이, 당신에 대항하기로 전향하였다고 알려진 첩보원, 습관적인 거짓말쟁이, 반사회적 병폐자 등과 같이 기만을 사용할 수 있는 곳이라야 한다는 점이다. 그들이 어디에서든 적과 접촉하고, 당신은 독자적 정보출처를 통해 그 접촉이 실제로 있는지를 확실히 할 수 있으면, 당신은 적에 대한 경로를 하나 확보해 있는 셈이다. 이것을 어떻게 사용하는가는 당신의 창의력에 좌우된다. 그렇다고 단순히 게임을 하려고 들지 말라. 앞에서 서술한 실제적인 한계 내에서 당신의 창의력을 사용하고 당신 프로그램의 목적에 따라 그 창의력을 조직화하여라.

수단의 비인지성 원칙을 적용할 수 있는 또 다른 분야는 기술 분야이다. 도청장치를 한 전화와 은닉 마이크로폰은 둘 다 각색된 대화를 전송할 수 있으며,

차단된 무선송신 신호는 꾸며낸 메시지를 전달할 수 있다. 정말, 당신이 첩보원에게 전송하는 무선송신을 적이 중간에서 가로채고 있음을 당신이 인지하고 있다면, 당신은 존재하지 않는 첩보원에게 연락을 보내서 적 기관이 그 유령 메시지를 추적하도록 할 수 있다. 만약 (오늘날 거의 그럴 것 같지 않은데) 적이 당신의 메시지 암호를 해독할 수 있다면, 당신은 기만목적으로 하는 요구사항을 그 연락에 끼워 넣거나 혹은 아주 순진한 적 관리가 있다면 당신의 통제 아래로 올 것을 암시할 수도 있을 것이다.

거짓말을 경호하라

역사의 흐름, 그리고 새로운 세기의 새벽시간에 세계에서 펼쳐지고 있는 상황은 우리에게 비밀정보활동은 정부의 본질적 기능이며, 기만이야말로 이 비밀정보활동의 근원적 기능임을 말해주고 있다. 이 말은 곧 어떠한 국가도 적국, 잠재 적국, 또는 우방국에 관한 정보 없이는 더 이상 제대로 지탱할 수 없으며, 동시에 이 정보의 긴요한 부분이 첩보활동에 의해 획득되어야 함을 시사하고 있다. 첩보활동은 방첩 없이는 가동될 수가 없으며, 그 방첩의 고유하고 본질적인 요소가 바로 기만인 것이다.

찾 아 보 기

저자 약력

William R. Johnson은 미국 콜로라도 주 러브랜드에서 출생하였다. 그는 커네티컷 주의 호치키스학교와 예일대학에서 수학했으며, 1942년 예일대학을 영문학 학사로서 졸업하였다. 2차 세계대전 동안 그는 미국 제2보병사단의 전투첩보장교로서 오마하 해변(1944년 6월 6일)에서부터 1945년에 체코슬로바키아의 필센에 이르기까지 유럽에서 근무하였다.

전쟁에서 귀국하자마자 그는 미네소타 주의 칼리턴 컬리지에서 영어를 가르쳤고 그러고 나서 1948년 CIA에 합류하였다. 그는 젊은 공작관으로서 대간첩활동 업무분야에서 다수의 최고 지도자로부터 지도를 받았는데, 그 지도자 중에는 미국인은 짐 앵글톤, 빌 하비, 그리고 빌 후드가 포함되어 있었다. 그는 또한 이름을 밝힐 수 없는 몇몇의 영국인 장교로부터도 지도받았다. 그는 CIA의 극동지역 방첩활동을 1960년에서 1973년까지 관리하기 이전에 12년간 오스트리아와 독일에서 근무하였다. 또한, 그는 1975년 4월 베트남이 함락할 때까지 사이공 기지에서 선임지휘관으로서 근무하였다. 그는 CIA 봉직 말년에 젊은 공작관 채용을 위한 방첩교육용 기밀매뉴얼을 작성하였다.

Johnson은 1977년 고향 콜로라도로 은퇴하였으며, 거기서 정부기능으로서의 첩보에 관해 일련의 세미나와 강의를 조직하고 관리하였는데, 이것이 콜로라도대학교의 연도별 세계문제 컨퍼런스의 일부가 되었다. *Thwarting Enemies at Home and Abroad*는 CIA의 출판 인가를 획득한 후에 1987년 스톤 트레일 출판사에서 최초로 발간되었었다. Johnson은 2005년에 작고하였다.

역자 약력

전경만(全庚萬)은 부산 출신으로 서울대학교 경영학과를 졸업하고 미국 랜드(RAND)대학원 및 랜드연구소에서 안보정책학 박사학위를 취득했다. 그는 36년 이상을 한국국방연구원(KIDA)에서 안보전문가로서 근속하는 동안 부원장, 안보전략연구센터장, 정책기획연구부장, 기획조정실장 및 책임연구위원 등으로서 활동하였으며, 통일부 통일교육원장 직을 수행하였다. 또한, 안보통상학회장과 한국국가정보학회장 직도 역임하였고, 안보와 유관한 여러 정부기관에 정책자문을 정규 또는 비정규적으로 제공하였다. 그는 세한대학교에서 통일과 안보분야 특임교수로 활동한 후에 남북사회통합연구원장을 역임하였다. 현재는 한국국가전략연구원의 석좌연구위원으로 활동하고 있다.

기만과 방첩: 스파이들의 전쟁

초판발행 2015년 11월 6일
중판발행 2019년 8월 25일

지은이 William R. Johnson
옮긴이 전경만
펴낸이 안종만 · 안상준

편 집 배근하
기획/마케팅 임재무
표지디자인 김문정
제 작 우인도 · 고철민

펴낸곳 (주) 박영사
서울특별시 종로구 새문안로3길 36, 1601
등록 1959. 3. 11. 제300-1959-1호(倫)
전 화 02)733-6771
f a x 02)736-4818
e-mail pys@pybook.co.kr
homepage www.pybook.co.kr
ISBN 979-11-303-0270-6 93390

정 가 23,000원